臨床工学ライブラリーシリーズ 6

医療専門職のための
二度目の物理学入門

嶋津秀昭【著】

秀潤社

＜初出一覧＞
臨床工学技士のための 二度目の物理学入門
月刊誌『Clinical Engineering（クリニカルエンジニアリング）』
Vol.17, No.4, 2006（2006年4月号）〜 Vol.18, No.11, 2007（2007年11月号）連載，全20回

序文

　本書は，秀潤社の月刊誌『Clinical Engineering（クリニカルエンジニアリング）』に20回（2006年4月〜2007年11月）にわたって連載した「臨床工学技士のための 二度目の物理学入門」を一部修正，加筆したものである．「臨床工学ライブラリーシリーズ」の1つに新たに加わった本書は，医療系の各分野を目標として勉強中の学生のほか，すでにこれらの分野で働いている医療従事者，医療に関連した企業人などを対象にしている．

　物理学は自然科学系で最も基礎となる学問の1つであり，医療系だけでなく21世紀を生きる現代人の誰にとっても大切な知識を含んでいる．小学校や中学校の理科，高校で勉強する物理学など，誰でも一度は勉強した経験があるはずである．しかし，物理や化学，数学などの基礎学問は一般に基礎にさかのぼるほど概念が抽象化されるので，勉強している内容が何の役に立つのかわからないなどの疑問が出てくる．物理学は理科系の分野での受験に必要な科目として，とりわけ計算問題などを解く力を要求されるので，面白さを感じることなく終わってしまうケースが多いことも指摘されている．

　どんなに物理学が嫌いでも，自然科学の基本に変わりはないのだから医療の分野でも物理学は役に立つはずであり，大切であることに疑いはない．私自身も経験しているが，学生時代にあんなに難しいと思っていた分野でも，必要に迫られてもう一度勉強してみると思いのほか容易に理解できたこともある．

　本書は，物理学を一度は勉強したけれど結果として物理が嫌いになってしまった人を念頭に置いて執筆した．現代の物理学は20世紀におけるこの分野の最大の成果である相対性理論や量子学を無視するわけにはいかないが，本書ではこれらに触れることを極力避けて古典的な物理学を解説している．わかりやすさと正確性との両立に苦しんだこともしばしばであったが，日常でみられる現象や医療に関連する現象を平易に説明したつもりである．このため説明に必要となる式も複雑にならないようにして，できるだけ必要最小限に留めた．本書の活用にあたって大切なことは，単に式や原理を覚えるのではなく，なぜそうなるのか考えることに重点を置くことである．「今度こそ少しは楽しく勉強できる物理学を目指してもう一度入門してみよう」，と思っていただければ幸いである．

　最後になりましたが，本書の刊行にあたり，秀潤社「クリニカルエンジニアリング」編集部の皆様にお世話になったことを深謝いたします．

2007年12月
嶋津 秀昭

CONTENTS

第Ⅰ章　単位から考える物理学

Ⅰ-1　単位とは何か ……………………………………………………………… 12
1. はじめに ……………………………………………………………… 12
1-1　物理学は習ったけれど／1-2　もう一度チャレンジしてみよう
2. 単位から考える物理学 ……………………………………………… 13
2-1　単位とは／2-2　単位の四則計算／2-3　内包量と外延量／2-4　単位のない数
3. 単位の決め方 ………………………………………………………… 18
3-1　単位系

Ⅰ-2　SI単位系 …………………………………………………………………… 20
1. はじめに ……………………………………………………………… 20
2. SI単位系 ……………………………………………………………… 21
2-1　SI基本単位
3. SI組立単位 …………………………………………………………… 25
3-1　力学・エネルギーに関する組立単位／3-2　電気に関する組立単位／
3-3　角度に関する組立単位
4. ディメンション ……………………………………………………… 30

第Ⅱ章　力の働き

Ⅱ-1　力の基本法則 ……………………………………………………………… 34
1. はじめに ……………………………………………………………… 34
2. 力とは何か …………………………………………………………… 34
2-1　力の定義／2-2　ニュートンの理論と相対性理論との関係／
2-3　4つの基本的な力
3. ニュートンの運動の法則 …………………………………………… 37
3-1　第1法則（慣性の法則）／3-2　第2法則（運動の法則）／
3-3　第3法則（作用・反作用の法則）
4. 力の数式的取り扱い ………………………………………………… 39
4-1　ベクトルとスカラー／4-2　位置，速度，加速度／4-3　力の数式的定義

II-2 引力・重力，摩擦力，モーメント …………………………… 44
1. はじめに ………………………………………………………… 44
2. 特別な力 ………………………………………………………… 44
    2-1 引力と重力／2-2 摩擦力
3. 剛体に働く力のつり合い ……………………………………… 48
    3-1 剛体とは／3-2 力のモーメント／3-3 平行な力の合成／3-4 重心／3-5 重心と安定性

II-3 力の作用と運動 …………………………………………………… 54
1. はじめに ………………………………………………………… 54
2. 運動と力 ………………………………………………………… 54
    2-1 等速度運動（等速直線運動）／2-2 等加速度運動／2-3 放物運動
3. 円運動 …………………………………………………………… 59
    3-1 円運動における速度と加速度／3-2 角速度／3-3 慣性力と遠心力
4. 物体の衝突と運動量 …………………………………………… 62
    4-1 力積と運動量／4-2 運動量保存則

II-4 物体の変形に関する力学 ……………………………………… 65
1. はじめに ………………………………………………………… 65
2. 物体に作用する外力と内力 …………………………………… 65
    2-1 応力／2-2 応力とひずみ／2-3 弾性率／2-4 ポアソン比
3. 材料の力学的性質と物体の変形 ……………………………… 70
    3-1 弾性／3-2 塑性／3-3 完全弾塑性／3-4 剛性／3-5 靭性／3-6 脆性／3-7 降伏
4. 物体の変形と材料としての強度 ……………………………… 72

第Ⅲ章　流体の力学

Ⅲ-1 流体の特徴と圧力 ……………………………………………… 76
1. はじめに ………………………………………………………… 76
2. 流体の特徴 ……………………………………………………… 77

3. 圧力 ……… 78
3-1 圧力の定義／3-2 医療の場で使われているさまざまな圧力単位／
3-3 気体の圧力／3-4 液体の圧力

4. パスカル（Pascal）の原理 ……… 82

5. 浮力と圧力 ……… 83

Ⅲ-2 表面張力，粘性 ……… 85

1. はじめに ……… 85

2. 表面張力 ……… 86
2-1 表面張力とは／2-2 表面張力の力学

3. 毛管現象 ……… 88

4. 日常生活でみられる表面張力の作用 ……… 89
4-1 親水性と疎水性／4-2 界面活性物質

5. 粘性 ……… 91
5-1 粘性とは／5-2 粘性率（粘性係数）

Ⅲ-3 層流と乱流 ……… 94

1. はじめに ……… 94

2. 流線と連続の式 ……… 94
2-1 流線／2-2 連続の式／2-3 ベルヌーイの定理と連続の式／2-4 ベンチュリ管

3. 流れと圧力 ……… 98
3-1 流れに対する抵抗／3-2 層流と乱流／3-3 ハーゲン・ポアズイユの式

4. レイノルズ数 ……… 101

第Ⅳ章 振動と波動

Ⅳ-1 エネルギー，振動 ……… 106

1. はじめに ……… 106

2. エネルギーと仕事 ……… 107
2-1 エネルギーとは／2-2 力と仕事

3. 力学的エネルギー ……… 108
3-1 ポテンシャルエネルギー／3-2 運動エネルギー

	4. エネルギー保存則 ……………………………………………………… 110
	5. 力学的エネルギーと振動 …………………………………………… 110
	5-1　単振り子／5-2　バネの振動

IV-2　波動の基本的性質 ……………………………………………… 116

　　1. はじめに ……………………………………………………………… 116
　　2. 波の特徴 ……………………………………………………………… 117
　　　　2-1　空間的な周期性と時間的な周期性／2-2　縦波と横波／2-3　いろいろな波
　　3. 波を表す式 …………………………………………………………… 119
　　　　3-1　波に現れる基本的な量／3-2　正弦波で表す波の式
　　4. 波のエネルギー ……………………………………………………… 123
　　5. 波の重ね合わせ ……………………………………………………… 123
　　6. おわりに ……………………………………………………………… 126

IV-3　速度に関連する波の性質 …………………………………… 127

　　1. はじめに ……………………………………………………………… 127
　　2. 波の速度 ……………………………………………………………… 128
　　　　2-1　媒質の弾性率／2-2　弾性率と波の速度
　　3. 波の反射，透過と屈折 ……………………………………………… 134
　　　　3-1　反射波と透過波の大きさと位相／3-2　反射波と透過波の進行方向／3-3　回折

第V章　音波

V-1　耳で聞くことのできる音としての物理学 ……………… 140

　　1. はじめに ……………………………………………………………… 140
　　2. 音の基本的な性質と属性 …………………………………………… 140
　　　　2-1　音の高低／2-2　音の強さ／2-3　音色，音質
　　3. 聴覚器官における音波の伝搬 ……………………………………… 143
　　　　3-1　聴覚器官の構造／3-2　音の反射・透過と音響インピーダンス／
　　　　3-3　インピーダンスマッチング
　　4. 蝸牛における音の周波数弁別 ……………………………………… 148
　　5. おわりに ……………………………………………………………… 149

V-2 ドプラ効果，うなり，共鳴 …… 150
1. はじめに …… 150
2. ドプラ効果 …… 150
   - 2-1 音源が移動する場合／2-2 観測者が移動する場合／
   - 2-3 音源と観測者の双方が移動する場合
3. うなり …… 155
   - 3-1 音波の干渉／3-2 うなり
4. 共鳴と楽器 …… 157
   - 4-1 閉管と開管における共鳴現象／4-2 音階の変化
5. おわりに …… 160

第VI章 光

VI-1 目で見ることのできる光の物理学 …… 162
1. はじめに …… 162
2. 電磁波としての光 …… 163
3. 視覚器と光を感じる仕組み …… 165
   - 3-1 眼球の構造／3-2 網膜の構造と光の感知
4. 可視光に対する用語の定義と単位 …… 166
   - 4-1 光度／4-2 光束／4-3 照度／4-4 輝度／4-5 光と色の関係
5. おわりに …… 170

VI-2 波動性と粒子性 …… 171
1. はじめに …… 171
2. 光の波動性で説明できる現象 …… 172
   - 2-1 光の干渉／2-2 光の屈折
3. 光の波動性と粒子性を考慮する現象 …… 176
   - 3-1 光の反射はなぜ起こるのか／3-2 光の反射法則
4. 光の粒子性で説明される現象 …… 179
   - 4-1 光電効果
5. おわりに …… 179

第VII章　熱

VII-1　熱に関する物理現象 …………………………………………… 182

1. はじめに ………………………………………………………… 182
2. 熱とは何か …………………………………………………… 183
   2-1　熱と温度／2-2　熱と温度の単位
3. 熱に関する基本的な物質量と単位 ………………………… 185
   3-1　比熱と熱容量／3-2　熱伝導
4. 熱膨張 ………………………………………………………… 187
   4-1　固体の熱膨張／4-2　気体の熱膨張／4-3　浸透圧と気体の状態方程式
5. おわりに ……………………………………………………… 191

VII-2　熱エネルギーと仕事 …………………………………………… 192

1. はじめに ………………………………………………………… 192
2. 熱エネルギー ………………………………………………… 192
   2-1　熱エネルギーと相変化／2-2　水の相変化／
   2-3　熱エネルギーと内部エネルギー
3. 熱と仕事 ……………………………………………………… 196
   3-1　熱エネルギーによる仕事
4. 熱力学の法則 ………………………………………………… 198
   4-1　熱力学の第1法則／4-2　熱力学の第2法則
5. 熱機関とエントロピー ………………………………………… 200
   5-1　熱機関／5-2　エントロピー
6. おわりに ……………………………………………………… 203

第VIII章　物質の成り立ち

VIII-1　原子と分子 ……………………………………………………… 206

1. はじめに ………………………………………………………… 206
2. 物質を構成する基本要素 …………………………………… 207
   2-1　原子／2-2　分子

3. 原子の構造 …………………………………………………………… 208
　　3-1　原子の種類と周期表／3-2　原子の構造／3-3　電子の軌道
4. 原子から分子へ ……………………………………………………… 212
5. 物質を構成する究極の粒子 ………………………………………… 214
　　5-1　物質を作る粒子／5-2　力を伝える粒子
6. おわりに ……………………………………………………………… 216

Ⅷ-2　放射線 …………………………………………………………… 217

1. はじめに ……………………………………………………………… 217
2. 放射線とは何か ……………………………………………………… 218
　　2-1　同位元素と原子の崩壊／2-2　放射能と半減期
3. 原子の崩壊と放射線 ………………………………………………… 220
　　3-1　アルファ崩壊／3-2　ベータ崩壊／3-3　ガンマ線の放射／
　　3-4　エックス線とガンマ線
4. さまざまな放射線の物理的性質と作用 …………………………… 224
　　4-1　放射線の物理的な作用／4-2　放射線の単位
5. 人体への放射線の影響 ……………………………………………… 225
　　5-1　放射線の生体に対する作用／5-2　生体への効果における放射線量を表す単位
6. おわりに ……………………………………………………………… 227

参考文献－さらに詳しく知りたい読者のために ………………………… 228

索引 ………………………………………………………………………… 230

第Ⅰ章

単位から考える物理学

第Ⅰ章 単位から考える物理学

I-1. 単位とは何か

医療専門職にとって大切なこととはわかっていても苦手意識をもつ人が多い物理学を，もう一度基礎から勉強し直してみよう．知識の羅列や単純な記憶に頼らず，今度こそ「本当にわかった！」といえる物理学の入門編を考えた．まず，普段何気なく使っている単位や量について根本的なところから始めることにする．

1. はじめに

1-1 物理学は習ったけれど

　医療機器を扱う医療専門職にとって物理学が大切であることはよく理解されていると思う．しかし，単に物理学といっても，古典的なものから最新の学問に至るまで，扱われる内容は広範囲に渡るので，医療専門職に必須の物理学はもっと狭い領域に限定してもよいだろう．もっとも，機器の操作など実際の業務を行ううえで必要だから勉強したわけだが，理解の程度に応じて必要とされる物理学の範囲や，それぞれの項目がもつ意義も違ってくるかもしれない．

　いずれにしても物理学は自然界で起こるさまざまな現象を説明するうえで最も基本となる学問分野である．しかし物理や化学，数学などの基礎学問は一般に本質にさかのぼるほど概念が抽象化されて難しくなる傾向があるのでこれをやさしく勉強するのはそう簡単ではない．特に，初めて勉強する者には，その内容がいったい何の役に立つのかと疑問をもちたくなる．物理学は高校では理科系の分野で受験に必要な科目として勉強すると，とりわけ計算問題などを解く力を要求されるので，面白さを感じないうちに終わってしまうケースが多いことも指摘されている．

　このような人の物理学に対する感想は，「数式が多くて何だかよくわからない」「面白くない」などが一般的で，数字を式に当てはめて計算すると答えが出てくることはわかるが，それ以上の興味はわかず，結果として知識を応用することができなくなってしまっている．

1-2 もう一度チャレンジしてみよう

　どんなに物理が嫌いでも，医療専門職として働いていると，物理学は役に立ち，大切なのだと思っている人も多いだろう．また，一度勉強した内容を改めて眺めてみると，実際に起こっている物理的な現象を経験した場合，以前とは違う観点からなるほどと思えることもあるはずである．私自身も経験しているが，学生時代にあんなに難しいと思っていた分野でも，必要に迫られてもう一度勉強してみると，思いのほか容易に理解できたこともある．

　本書では，一度は勉強したけれど結果として物理が嫌いになってしまった人が，物理学を目指してもう一度入門してみよう，という気になるような楽しく勉強でき

図1　単位を嫌がらずに物理を楽しもう

る内容を目指した．とりあえず，古典的な物理学の項目からおさらいを始める．

2. 単位から考える物理学

　　物理を学ぶうえで最も基本になるのが単位である．多くの教科書でも一番初めに単位系についての解説がなされている．単位は量を表す概念として最も大切であり，これがなければ扱う量は単なる数値にすぎない．計算結果から新しい数値を導いたとしても，単位がなければその意味するところがみえてこない．

　　逆にいえば，単位こそ，物理学がわかってないとよく理解できないばかりか正しい取り扱いができない概念であり，物理学の理解の程度を知る最終的な目標にもなる．そのために，導入部で覚えなければならない単位でいきなり壁にぶつかってしまい，次に進めず，物理が嫌いになってしまうことにもなる．しかし，何とかそこをうまく乗り越えて「単位を楽しむ」ことができるようになることを期待したい（図1）．

2-1　単位とは

　　単位は数値の後ろにつけて量を表す記号である．私たちは時間や長さなどを表すとき，日常的な活動の中でこのような操作を苦もなくこなしている．たとえば，「1」という数値の後ろに「秒」や「分」をつければ1秒，1分という時間を表す量になり，メートル[m]をつければ1 mという長さを表す量となる．時間や長さは直感的にその量が意味する概念を理解できるが，たとえばジュール[J]をつけて1 Jのエネルギーの量とすると，「エネルギーとは何か」という物理的な理解が必要になる．同様に，力の単位であるニュートン[N]や圧力の単位であるパスカル[Pa]は，「力とは何か」「圧力とは何か」を理解しないで単位だけ知っていても役に立たない．

　　その意味で，単位がわかれば物理がわかるといえるのである．単位は量を表すものであるが，その量とは物質自身がもっていることもあるし，状態としての概念を

表すこともある．また，単位はそれを使う人やグループで共通の理解がなされていれば自由に作ることができるので，過去には時代や地域ごとに異なった単位を使っていたこともある．しかし，学問の世界から国境が消え，人類の知識や経験が世界共通のものへと変わってきた結果，単位も国や地域が管理するものではなく国際的な機関で共通に利用できるものへと変わってきた．

このとき，単位としてどれだけのものを用意すればよいかを決めておく根拠となるのが物理学であった．もちろん，単位の中には通貨に代表されるように物理学とは無縁のものもあるが，自然界に起こる現象を表す単位は基本的に物理学にその根拠を置いている．したがって，いろいろな単位を考えることは，それぞれの単位がもつ物理的な概念や現象の意味を感じることであり，似て非なる現象には異なった単位が用いられていることに気付くはずである．

2-2 単位の四則計算

四則とは「加，減，乗，除」の4つである．足したり引いたりは，最も簡単な計算として算数では一番初めに勉強し，この後に掛け算や割り算を覚える．しかし，単位のついた数値の足し算や引き算には特別な注意が必要である．

同じ単位ならばどんな場合にも加減算できるというわけではないが，少なくとも足し算，引き算は同じ単位同士でしか成立しない．たとえば，4 mと2 mを足すと，

$(4+2)\ \mathrm{m} = 6\ \mathrm{m}$

となるが，違う単位の場合，たとえば4 mと2 s(秒)を足すと，

$4\ \mathrm{m} + 2\ \mathrm{s}(秒) = 6 ?$ (単位不明)

となって，意味のない数値が現れてしまう．これに対して，乗除算の場合，

$4\ \mathrm{m} \div 2\ \mathrm{s} = 2\ \mathrm{m/s}$

という量が計算できる．これは1秒間に2 m移動するという速さを表す(速度ではない．その違いがどこにあるかは，「Ⅱ-1．力の基本法則」の「4-2 位置，速度，加速度」で説明する)．

原則として，加減算では単位が変化しないが，乗除算では単位が変化する．このように，単位同士の乗除算を行うと元の単位とは異なる新たな概念を表すことができる．このときに，その違いや類似性を考えるチャンスが生まれ，また正確に理解するには物理的な知識が不可欠になるし，それが物理の勉強そのものへとつながってくる．

今，教科書にA＝Bという式が記述されていたとしよう．もちろんAとBが等しいということであるが，これは同時にAとBが共通の(同一の)単位をもっていることを意味している．たとえばアインシュタイン(Albert Einstein，1879〜1955)によって発表された相対性理論から導き出された非常に有名な式である，

$E = mc^2$

は，エネルギー E が質量 m と光速度 c の二乗との積で表されることを示している．美しい式ではあるが，一方で，質量と速度の積がなぜエネルギーの単位をもち得るのかを考えさせる格好の設問であるともいえる．

もっと古典的なところで，流体力学に現れるベルヌーイ(Bernoulli)の定理では，

理想流体において，流れに外部から力が作用していない状態で，流れのもつ圧力 P は，

$$P = p + \rho \cdot g \cdot h + \frac{1}{2} \cdot \rho \cdot v^2$$

で示される．記号や式の詳細は「Ⅲ-1．流体の特徴と圧力」で説明するが，ここでいいたいのは，右辺の3つの項がすべて圧力（静圧，重力による圧，動圧）の単位をもつということである．この式は各項で示される圧力の総和 P が一定の値を保つことを説明している．

このように，物理現象の記述では，式の形それ自体が現象のもつ意味を示しているといえる．長い式だなと思う前に，項ごとに区切って考えると，もっと簡単に意味を理解できるはずである．

2-3 内包量と外延量

同じ単位であっても足したり引いたりできるとは限らない．もちろん単位の違う量の加減算は意味がない．しかし，同じ単位であっても加減算できない量をいくらでも例示することができる．50℃の水に60℃の水を加えても水が沸騰する（100℃を超える）ことはない．小学校の算数でも，この辺の意味を理解させることが重要な課題になっているようである．

量のもつ意味は，それが何を表しているかによって大きく2種類に分けられる．この分類は物理的な意味に先だって，加減算ができるか否かによって明確に区別できる．

長さ，重さ，時間など，加減算に意味がある量を「外延量」と呼ぶ．これに対して密度，濃度など加減算に意味がない量を「内包量」と呼ぶ．

たとえば，2つの物体A，Bがある量をもつとして，その量を$f(A)$, $f(B)$としよう．AとBを1つにまとめて$f(A+B)$としたとき，

$$f(A+B) = f(A) + f(B)$$

となる量は外延量と呼ばれる．Aの質量を1 kg，Bの質量を5 kgとすると，両者を合わせた物体の質量は1＋5＝6 kgとなる．これに対して，温度や濃度など内包量は，物体を合わせたときにその量同士を加算することができない．

もともと量には「分離量」と「連続量」があり，連続量は外延量と内包量に分けて考えることができる．さらに，内包量は同種の2つの量の割合を表す「率」と異種の2つの量の割合を表す「度」に区分することができる．「度」は「当たりの量」と言い換えることもできる．たとえば，速さは単位時間当たりの移動距離なので内包量である．図2にこれらの量についての分類と乗除算との関係を示した．

ところで，温度は内包量に規定されているが，何を何で割った値と考えればよいのだろうか．温度とは熱いか冷たいかの程度を表す量であり，本質的には物体の原子や分子の振動運動の平均的なエネルギー量に対応する．物体の全運動エネルギー量ではなく，物体内部の平均的な運動エネルギー量である．物体の大きさに比例する全エネルギーを物体の大きさで割ったことになるので，内包量ということになる．したがって，温度同士の加減算には意味がないことになるが，これは必ずしも加減

a) 量の分類

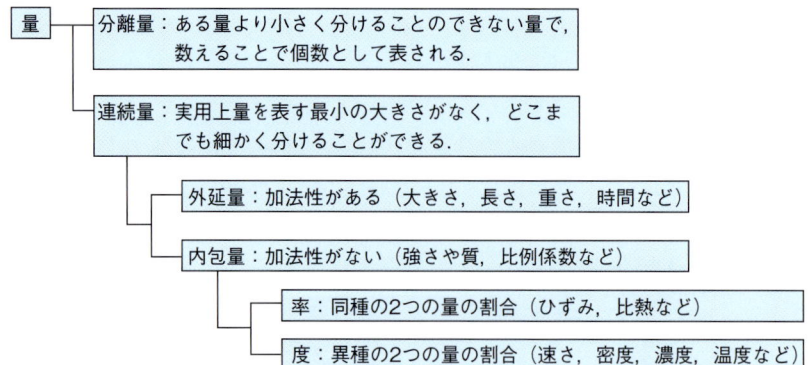

b) 連続量の演算

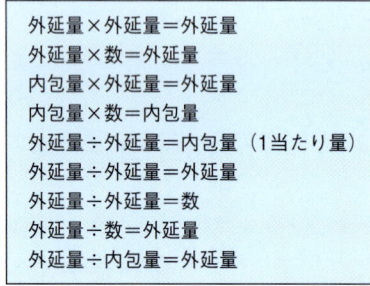

図2　量の分類と演算

算をしてはいけないという意味ではない.

　たとえば，熱の移動を考えてみよう．ある壁を介して熱が移動するときに移動する熱量は，壁の両端の温度差に比例する．したがって，熱流の計算では温度差の計算，すなわち温度から温度を引く計算が必要となる．これは量についての説明と一見矛盾しているような印象を受けるが，よく考えると，温度差そのものは実体のない量であって，壁やその両側のいずれにも温度差そのものを量としてもつ部分は存在していない．

　計算の際に式に現れる四則計算には部分的にこのような現象が出現する．ここでは細かく説明しないが，この矛盾をなくすためには，式の記述に注意して，加法，減法に対応した式については各項を本質的に外延量の形で表現するべきなのかもしれない．形式的に式を簡単にするために因数分解を行ってしまうと，量の意味がわかりにくくなるのはそのためであろう．

　温度や濃度など，内包量のいくつかは直感的に計量可能な量ではない．たとえば，温度は熱いとか寒いという感覚には反映されるが，これはあまりに主観的な指標で，比較可能な量ではない．しかし，我々は温度を水銀柱やアルコール柱の高さ（外延量）やメータの指針の位置（外延量）に置き換えて測定する．これらの表示や値は温度そのものとはいえないが，数学でいう写像[*1]のような演算にも似た操作を行っていることになる．内包量の中にも直感的に理解しやすいものもあって，たとえば，速さ

は感覚的にも比較可能な量である．数学的には「速さ＝距離÷時間」なのか「距離＝速さ×時間」なのか，どちらでもよいような気がするが，定義上は「速さ＝距離÷時間」となって，「内包量＝外延量÷外延量」となっている．

「Ⅰ-2．SI単位系」に実際の単位をいくつか紹介するので，そのときにまた考えてみたい．

2-4 単位のない数

ところで，物理学では単位のない数値にもいろいろな名称が付いていることがある．たとえば，ひずみは単位をもたない．物体を曲げたり引っ張ったりすると物体は変形し，長さや太さが変わる．ひずみはこの変形を表す用語であるが，これは伸びた長さを元の長さで割った値であり，比率(倍率)ということになる．たとえば，弾性率は応力とひずみの比で表され，

　　弾性率＝応力÷ひずみ(単位なし)

となるので，弾性率の単位は応力の単位と同じになる．

また，アボガドロ(Avogadro)定数は物質1 molに含まれる原子や分子の個数である．これもまた，単位をもたない数である．

もう少し複雑な量が組み合わされた数値で単位をもたないものもある．流体力学で現れるレイノルズ(Reynolds)数について考えてみよう．

レイノルズ数とは流れの状態を決定する条件である．流れの中に物体が置かれた場合，その物体の大きさを代表する長さをL，流体の密度をρ，速度をv，粘性率をμとすると，

$$Re = \rho \cdot L \cdot \frac{v}{\mu} \tag{1}$$

が粘性流体特有の数値として与えられる．この値がレイノルズ数と呼ばれ，単位をもたない数値(無次元数)である．Reが無次元(単位のない数値)であることは，式(1)において分母と分子が同じ単位(あるいは次元)であることになる．したがって，それらは同じ概念をもつ物理量であり，Reはその比を示している．この考え方に基づいてレイノルズ数を表すと，

$$Re = \frac{流体の慣性力}{粘性力}$$

であり，簡単に表現すれば，

$$Re = \frac{流体の荒々しさ}{流体を押し留める力}$$

と言い換えることもできる．

このように，最終的に単位をもたない数値であっても，表現される式に現れる変数はそれぞれ単位をもつことがある．それによって式のもつ物理的な意味を考える

---

*1　**写像**：元の量Xに対して，別の量Yを対応させる規則のことを写像(または関数)といい，
　$Y = f(X)$
などの記号で表す．

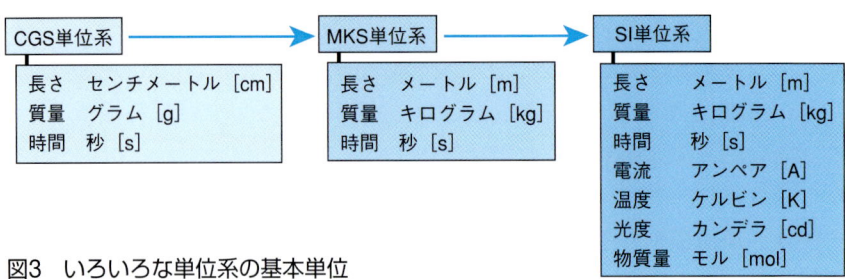

図3　いろいろな単位系の基本単位

ことができるので，物理現象をしっかりと理解するためには，結果だけを覚えておけばよいということにはならない．

3. 単位の決め方

単位はいくつあっても差し支えないが，1つの概念を表すのに複数の単位が存在すると混乱の原因になるので，その種類はできるだけ少なくしておくことが大切である．物理的現象にはさまざまな種類があって，単純な理解ではとても同一の概念でまとめられないものでも，物理的な原則に則って整理すると共通の単位が使用できることもある．

学問の進歩に伴って多くの単位が整理されてきた．また，分野によって異なった単位も共通のものに変わってきている．しかし，一方で，単位は使う立場からみて便利でなくてはならない．たとえば，時間をすべて基本単位の秒で表すのでは具合の悪いこともあるだろう．そのため，時間については秒[s]以外に分[min]や時間[h]，日[d]なども補助的に使用してよいことになっている．

3-1 単位系

さまざまな形で現れる量に単位をつけるとき，その量がほかの量と本質的に独立したものであれば異なった単位を決める．これとは逆に，ある量と別の量が何らかの形で関係するならば，その関係が的確に関連付けられるように単位を決めなくてはならない．したがって，単位はバラバラに決められるのではなく，物理的な法則に従って合理的にまとめられている．このまとまりを単位系という．現在，国際的に最も広く採用されているのは国際単位系(SI単位系，Le Système International d'Unités)である．SI単位系は，物理法則との整合性，単位同士の整合性に加えて実用性に重きを置いて作られている．かつては，長さをセンチメートル[cm]，質量をグラム[g]，時間を秒[s]とした基本単位からなる単位系(CGS単位系)が使われていたが，その後，長さをメートル[m]，質量をキログラム[kg]，時間を秒[s]としたMKS単位系に移行した．これをさらに発展的に統合したものがSI単位系である(図3)．

筆者のような団塊の世代は小中学校ではCGS単位系，高校あるいは大学でMKS単位系，そして社会に出た後でSI単位系へと，次々に使う単位系が変わってきたこともあって，単位は常に悩みの種であった．しかし，現在ではSI単位系に統一されているので，このような混乱は起こっていないはずである．とすると，単位が苦手

だということは教育制度の問題ではなく，物理学の勉強法に問題があったとするしかないだろう．

第Ⅰ章　単位から考える物理学

I-2. SI単位系

SI単位系の成り立ちを基本単位の定義から説明し，この基本単位に基づいて構成される組立単位について解説する．特に組立単位は多くの物理法則と直接結び付くもので，どのような法則によって単位が決められているかを理解することが，そのまま物理学の勉強になるはずである．また，同じ概念を表す単位が複数ある場合の変換では，ディメンション（次元）という考え方が役立つことの説明を加えたので参考にしてほしい．

1. はじめに

　現在，国際的に広く用いられている単位系はSI単位系（Le Système International d'Unités：国際単位系）である．単位には物理法則との整合性が必要であり，一方で実用的な使用にも便利でなくてはならない．SI単位系は7つの基本単位で構成されており，これらをいろいろ組み合わせてさまざまな物理量を表すことができ，SI組立単位と呼ばれている．SI組立単位にはたくさんの独立した名称をもつ単位が決められている．ここでは，SI基本単位の説明と，個別の単位で示される物理量の意味を基本単位を基にした組立単位として表現し，単位の成り立ちを利用して代表的な物理量について説明する．

　SI単位系は物理的法則との整合性を満たしていることが基本である．しかし，この単位系でなければ事象の表現ができないというわけではない．現代の物理学はSI単位系が構築された時代よりはるかに進歩している．たとえば，相対性理論に基づいた考え方を適用すると，空間や時間は「時空」という概念でくくられ，独立した物質量として考えられないことになる．また，光は波的な性質と粒子としての性質を同時にもつことから，エネルギーが連続量とならない（最小値がプランク定数hで規定される）ことも明らかになってきた．

　したがって，この立場からみれば，単位自体が必ずしも物理現象の本質を表すことにはなっていないことになる．しかし，SI単位系は物理現象と矛盾するものではない．SI単位系が現代物理学で使えないということではなく，新しい物理学に立脚することで，必要な基本単位の数をさらに減らした整合性のある単位系を作り出せる可能性は十分にある．

　しかし，一般に扱われる領域では，本質的な理論に忠実な体系より，むしろ現行のSI単位で認知された基本単位のほうが便利であると考えられている．したがって，幅広い分野での物理的な整合性に加え，単位のもつ実用的な価値から考えて，現時点でSI単位系が最も利用価値の高い単位系であるといってよいだろう．

表1　SI基本単位

量	名　　称	記号
長　さ	メートル	m
質　量	キログラム	kg
時　間	秒	s
電　流	アンペア	A
熱力学温度	ケルビン	K
光　度	カンデラ	cd
物質量	モル	mol

表2　SI接頭語

倍数	接頭語	記号	倍数	接頭語	記号
10^{24}	ヨタ	Y	10^{-1}	デシ	d
10^{21}	ゼタ	Z	10^{-2}	センチ	c
10^{18}	エクサ	E	10^{-3}	ミリ	m
10^{15}	ペタ	P	10^{-6}	マイクロ	μ
10^{12}	テラ	T	10^{-9}	ナノ	n
10^{9}	ギガ	G	10^{-12}	ピコ	p
10^{6}	メガ	M	10^{-15}	フェムト	f
10^{3}	キロ	k	10^{-18}	アト	a
10^{2}	ヘクト	h	10^{-21}	ゼプト	z
10^{1}	デカ	da	10^{-24}	ヨクト	y

接頭語の記号と単位記号はスペースなしで並べて記述する．また，接頭語を単独で使ったり，接頭語同士を並べて使ってはならない．たとえば，M/sなどは認められないし，1 kcmなども不適当な使用法となる．1 mmと表記した場合，はじめの「m」は接頭語で，次の「m」が単位記号なので「イチ・ミリメートル」と発音し，1 mmHgは「イチ・ミリメートル・水銀」と読む．

2. SI単位系

2-1　SI基本単位

SI単位系は7つの基本単位を基に構成されている（表1）．

1）長さの単位：メートル［m］

メートル［m］は長さの単位で，18世紀後半，赤道から北極までの距離の1000万分の1として考えられた．これに基づいて1 mの基準器を作ってこれを原器として各国に配った．基準器の精度は1 mに付き誤差が0.2 μm以下とかなり高いものであったが，測定技術が進み，地球が完全な球体でないことがわかり，それによって赤道から北極までの距離も当初の長さと異なっていることが明らかとなった．現在では，

接頭語

　実用的に扱う物理量の中には，SI単位系の扱う大きさとかけ離れた大きさの量がある．単位の前にくる数値の桁数を大きく（あるいは少数点以下の桁数を小さく）しなくてすむように，SI単位の大きさに対して非常に大きな量や小さい量を表す場合，SI単位に10の整数乗倍を掛け算する．この倍数として10^{-24}～10^{24}まで20種類の接頭語が用意されている．接頭語は単位ではなく，単位に与えられた倍率である（表2）．

基準値の精度を極限まで増すために，

> 1 mは1秒の299,792,458分の1の時間に光が真空中を伝わる行程の長さである．

と改められている．

2) 質量の単位：キログラム [kg]

質量の単位キログラム[kg]は，世界中で最も一般的な物質である水を基本に決められた．水は温度によって重さ(質量)が変化するので，最も重い(最大密度)水である，

> $4℃$の水$1000\,cm^3$の質量を1 kgとする．

と定められ，これに基づいて作られたキログラム原器に等しい量と定義されている．キログラム[kg]は単位にk(10^3を意味する)という接頭語を含む例外的な基本単位である．

なお，原器には必然的な誤差が含まれ，キログラム原器の場合，1 kgにつき0.01 mg程度である．時間や長さの基準はこれよりずっと高い精度で決められているので，質量の基準も今後，より精度の高いものへと変更されるはずである．

3) 時間の単位：秒 [s]

時間の単位は古くから暦として利用してきた太陽暦を基本に，平均太陽日[*1]を1日としてその24分の1を1時間，その60分の1を1分，さらにその60分の1を1秒としている．ここで24や60という数が出てきたのは，古くからの計時法に従ったためで，午前，午後の12時間は12が1, 2, 3, 4, 6, 12の約数をもち，分割しやすい数であったことが理由であろう．また，分や秒で使用される60は，これに加えて5の倍数も約数としてもつことから便利な数として利用されてきた．

現在では秒を高精度で定義するため，

> 1秒はセシウム133の原子の基底状態の2つの超微細準位[*2]の間の遷移に対応する放射の周期の9,192,631,770倍の継続時間である．

---

*1　平均太陽日：太陽が南中したときから次に南中するまでの時間を1太陽日というが，季節によって変化するので，1年間の平均値を平均太陽日として求める．

*2　超微細準位：原子のエネルギー状態は連続的ではなく，飛び飛びの値をもつ．セシウム133原子はエネルギー状態の中によい精度で一定を保っている2つのエネルギー状態があり，2つのエネルギー間隔の値は非常に安定している．これをセシウムの超微細準位という．一般に，低いほうのエネルギー状態にある原子はエネルギー間隔に等しいエネルギーを受けると高い状態に移り，高いほうのエネルギー状態にある原子はこのエネルギーを放出して低い状態に遷移する．電磁波の周波数をνとすると，そのエネルギーは，

　　プランク定数h×周波数ν

と表され，セシウム133原子のエネルギー間隔に等しいエネルギー周波数は9,192,631,770 Hzのマイクロ波に相当する．

と決められている．

4) 電流の単位：アンペア［A］

電流の単位アンペア［A］は，ほかの基本単位と関係をもつ量として規定され，

> 1 Aは真空中に1 mの間隔で平行に置かれた無限に小さい円形断面をもつ無限に長い2本の直線状導体のそれぞれを流れ，これらの導体の長さ1 mごとに，2 ×10^{-7} N（ニュートン）の力を及ぼしあう一定の電流である．

と定義されている．

電気と力との関係を理解するためには電磁気学の知識が必要となるが，この定義から，電気的な量と力学的な量とが互いに関与していることを知ってほしい．また，単に両者の関係だけではなく，作られた単位が通常現れる電流の値を説明するのに都合のよい大きさになるように作られていることもみて取れる．

5) 熱力学温度の単位：ケルビン［K］

温度は熱力学的にはエネルギーの表れとして理解すべきものであるが，一般には熱いとか冷たいなどの指標として日常的に利用されている量である．ここでも単位の基本は水によって与えられた．

古典的には水の凍る温度を0度（℃），沸騰する温度を100度（℃）として2つの基準を決め，その間を100等分して1度の目盛りを定めた．このため，初めから温度には−（マイナス）の値があることがわかっていた．しかし，温度がエネルギーと関係のあることがはっきりすると温度の最小値はエネルギーの存在しない（すべての分子が運動を停止する）状態と対応するので，これを0とすることで，ほかの物理現象との整合性を図る必要が出てきた．このため，現在では熱力学温度の単位ケルビン［K］は，

> 水の3重点の熱力学的温度（0℃に相当する）の273.16分の1を1 Kとする．

と定められている．これは理想気体の状態方程式を基に作った定義で，気体の圧力と温度，体積と温度が比例関係にあることを利用して決めた値である．この定義では最低の温度は0 Kとなり，これ以下の温度は存在しない．温度差についても同一の単位を用いるが，この場合，1℃の温度差＝1 Kの温度差となる．

細かい話になるが，0℃ ＝273.15 Kとなるのは，大気圧で水の融点（凍る温度）が0℃のとき，水の3重点（氷と水と気体の3つが同時に存在する状態）での温度が0.01℃高くなっているためである．

また，余談であるが，米国ではカ（華）氏温度［°F］が使われている．この単位はオランダ人のファーレンハイト（Gabriel Daniel Fahrenheit，1686〜1736）が温度の単位を考えたとき，その当時作り出すことができた最低の温度を0にしたことによる．すなわち，水，氷，塩化アンモニウムを混ぜると約−18℃の温度を作ることができ

るが，これを0°Fと決めて，水の融点を32°Fとして温度の目盛りを作った．この32という数字にも意味があるようで，$32=2^5$なので，半分の半分と5回繰り返すことで目盛り線を引きやすかったのかもしれない．この単位では人の体温がほぼ100°Fになるなど，普段の生活では何かと都合がよいのでいまだに使っている国がある．

6）光度の単位：カンデラ［cd］

光度の単位カンデラ［cd］は"candle（ろうそく）"を語源とし，光を放つ部分（光源）がどのくらいの明るさで光っているかを量として表す．光源の輝きは明らかにエネルギーに依存するので，物理的な意味でいえば，ほかの物理量から独立した量とはいいがたい．これらの単位を利用すればわざわざ光度の単位を作る必要はないかもしれないが，この単位を加えたほうがいろいろ便利であることからSI基本単位に加えられ，

> 周波数540×10^{12} Hz（波長555 nmに相当）の単色光を放射する光源の放射強度が1/683 W/sr（ワット/ステラジアン）である方向における光度．

と決められている．なお，ステラジアン［sr］は立体角を表すSI組立単位である．

7）物質量の単位：モル［mol］

物質の量の単位は，物質の最小構成要素がわかれば自動的に決めることができるはずである．たとえば，酸素の量であれば，酸素1分子の重さを質量で表せば，別に物質量を定めなくても不都合はない．しかし，何度も繰り返すが，単位には実用性がなくてはならない．あまり小さな数を単位にすると，実際に用いられる量と桁が大幅に違ってくることもあるだろう．また，化学的な研究によってすでにさまざまな元素について，その重量の比はかなり正確に知られている．

原子番号は原子核内の陽子の数を示す．また，原子の質量は陽子と中性子の数の和にほぼ等しくなり，陽子と中性子はほぼ等しい質量をもつ．炭素原子のほとんど（98.9%）は陽子と中性子の数の和が12個である（炭素12：^{12}C）．このとき，原子核の周りにある電子については，質量が陽子や中性子に比べてきわめて小さく（5.48×10^{-4}倍）ほとんど無視できるので，^{12}Cの原子1個の質量の1/12を原子質量単位（atomic mass unit：amu）とすれば，すべての原子の重さはこれの倍数で表現できる．これを質量数と称して，元素の種類を示す記号（元素記号）の左上に記述する（左下には原子番号，すなわち陽子の数を記述する，図1）．

いずれにしても，原子質量は非常に小さな値であり，より実際的な大きさになる物質量を決めるためにはたくさんの原子を集めてこなくてはならない．原子質量をもとに6.022×10^{23}個のある1種類の原子を集めると，陽子と中性子の数の和とその質量を［g］で表した数が等しくなる．この数をアボガドロ定数という．モル［mol］は結局のところ原子をいくつ集めるかを決めたルールであり，1 molは6.022×10^{23}個の原子や分子の集まりのことである．したがって，炭素（^{12}C）1 molは12 gの質量をもつことになる．

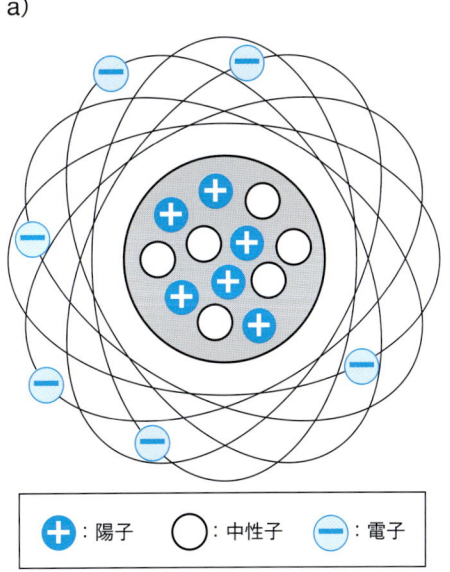
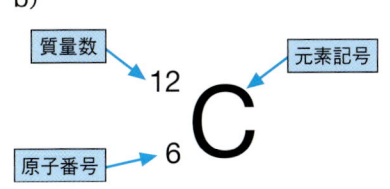

図1　原子の構造(例：炭素12)
a)原子番号は原子のもつ陽子の数をいう．電子の質量は陽子や中性子に比べ非常に小さく，原子の質量は，等しい質量をもつ陽子と中性子の数の和の倍数となる．この数を質量数と称する．
b)元素記号の左上に質量数，左下に原子番号を記述する．

物質量の単位[mol]は相対的な原子質量の値(原子をアボガドロ定数だけ集めたときの質量の比)として決められ，^{12}Cを基準に，

> 0.012 kgの^{12}C中に存在する原子の数と等しい数の要素粒子を含む系の物質量である．

と定められている．なお，モルを用いるときは，扱う物質の要素粒子が指定されていなければならないが，それは原子，分子，イオン，電子などの粒子，またはこれら特定の集合体であってもよい．

3. SI組立単位

SI単位における組立単位は，物理的な原理に従って，基本単位を利用して作ることができる．しかし，常に基本単位の組み合わせで表現するのは面倒なので，多くの組立単位には単位としての独立した名称が与えられている．このことをよく理解しておかないと単位が難しいと感じるのである．組立単位の理解こそが物理学の理解につながるので，単位の数の多さに困惑するのではなく，1つ1つの単位には基本単位との関係が必ず内在していることを確認しておきたい．組立単位を考えるには物理学の基本的知識が必要になる．したがって，単位＝物理法則ともいえ，細かく説明すれば，それだけで物理学のテキストになる．ここでは物理的な説明はできるだけ簡略にして，いくつかの例を示して単位同士の関係を中心に説明する(**表3**に基本単位を用いて表現されるSI組立単位の例を，固有の名称をもつものともたないものに分けて示した)．

表3 SI組立単位の例
a) 固有の単位記号や名称をもつSI組立単位の例

量	名称	記号	ほかのSI単位での表記	SI基本単位での表記
周波数	ヘルツ	Hz		s^{-1}
力	ニュートン	N		$m \cdot kg \cdot s^{-2}$
圧力,応力	パスカル	Pa	N/m^2	$m^{-1} \cdot kg \cdot s^{-2}$
エネルギー,仕事,熱量	ジュール	J	$N \cdot m$	$m^2 \cdot kg \cdot s^{-2}$
仕事率	ワット	W	J/s	$m^2 \cdot kg \cdot s^{-3}$
電気量(電荷)	クーロン	C		$s \cdot A$
電位(電圧)	ボルト	V	W/A, J/C	$m^2 \cdot kg \cdot s^{-3} \cdot A^{-1}$
静電容量	ファラド	F	C/V	$m^{-2} \cdot kg^{-1} \cdot s^4 \cdot A^2$
電気抵抗	オーム	Ω	V/A	$m^2 \cdot kg \cdot s^{-3} \cdot A^{-2}$
コンダクタンス	ジーメンス	S	A/V	$m^{-2} \cdot kg^{-1} \cdot s^3 \cdot A^2$
磁束	ウェーバ	Wb	$V \cdot s$	$m^2 \cdot kg \cdot s^{-2} \cdot A^{-1}$
インダクタンス	ヘンリー	H	Wb/A	$m^2 \cdot kg \cdot s^{-2} \cdot A^{-2}$
セルシウス(摂氏)温度	セルシウス度	℃		K
光束	ルーメン	lm	$cd \cdot sr$	$m^2 \cdot m^{-2} \cdot cd = cd$
照度	ルクス	lx	lm/m^2	$m^2 \cdot m^{-4} \cdot cd = m^{-2} \cdot cd$
平面角	ラジアン	rad		$m \cdot m^{-1} = 1$
立体角	ステラジアン	sr		$m^2 \cdot m^{-2} = 1$

b) 固有の単位記号や名称をもたないSI組立単位の例

量	名称	記号
面積	平方メートル	m^2
体積	立方メートル	m^3
速さ	メートル毎秒	m/s
加速度	メートル毎秒毎秒	m/s^2
波数	毎メートル	m^{-1}
密度	キログラム毎立方メートル	kg/m^3
電流密度	アンペア毎平方メートル	A/m^2
磁界の強さ	アンペア毎メートル	A/m
物質の濃度	モル毎立方メートル	mol/m^3
輝度	カンデラ毎平方メートル	cd/m^2

3-1 力学・エネルギーに関する組立単位

1) 力の単位:ニュートン [N]

力はいろいろな定義が可能であるが,物理的な法則として,

> ある質量をもった物体に力を与えると力に比例した加速度が生ずる.

ことが知られている．この法則に当てはめると力の単位ができる．
　力が質量と加速度の積に比例することから，
　　力の単位＝［kg］×加速度の単位
が成り立つ．加速度は速度の時間的な変化であり，また速度は位置（長さの単位をもつ）の時間的な変化なので，
　　加速度の単位＝速度÷時間
すなわち，
　　$[(m/s)/s] = [m/s^2]$
となる．したがって，
　　力の単位＝$[kg \cdot m/s^2]$
となる．もちろんこのまま単位として表記できるが，量としての整合性を考慮して，すべての比例係数を1とした独立した単位名であるニュートン［N］が作られている．
　1 Nは，

> 質量1 kgの物体に1 m/s^{2}の加速度を与える力．

と定義される．

2) 圧力の単位：パスカル［Pa］

圧力は，

> 単位面積当たりにかかる力．

と定義される．したがって，
　　圧力の単位＝力の単位÷面積の単位
となるが，力の単位にならってこれをまとめると，
　　圧力の単位＝$[N/m^2] = [(kg \cdot m/s^2)/m^2] = [kg/(m \cdot s^2)]$
となる．圧力の独立した単位名はパスカル［Pa］であり，すべての比例係数を1として，

> 1 Paは1 m^{2}の面積に1 Nの力が作用したときの圧力．

と定義される．

3) エネルギーの単位：ジュール［J］

　物理現象には力や熱，電気など，それぞれまったく別の現象と考えられるものが多く存在する．しかし，これらは根源的な部分で共通の物理法則に従った現象であり，単位からもこのような本質的な共通性を見付けることができる．たとえばエネルギーである．エネルギーは力学的エネルギー，熱エネルギー，電気的エネルギーなどさまざまな形で表現される．これと同時に，たとえば力学的エネルギーが熱エネルギーに変換されたり，電気的エネルギーを利用して力学的エネルギーを作り出

すなど，相互に移動可能な量である．これらを1つの体系にまとめるには，熱現象や電気現象と力学との関係をよく理解しておくことが大切である．

エネルギーの単位は力学的エネルギーを基本に決められている．古典的には，力を利用した道具であるてこや滑車などの振る舞いから，大きな力を出そうとすると位置の変化(距離)が小さくなり，逆に大きな位置の変化を作ろうとすると力が小さくなってしまうことが経験的に理解されていた．このときの「力×距離」に「仕事」という名前が付けられた．仕事はエネルギーの変化として考えることができるので，仕事の単位はエネルギーの単位と等しく，

　　仕事の単位＝力の単位×距離(長さの単位)

ということになる．エネルギーの単位にはジュール[J]が与えられた．

> 1 Jは，1 Nの力で物体を1 mの距離だけ力と同じ方向に移動させるエネルギー(仕事).

となる．1 J＝1 N・mと記述することもできる．

熱エネルギーとの関係でいえば，気体の熱膨張によって生ずる圧力変化と体積の変化の積を考えると，仕事やエネルギーと同一の単位をもつことが理解できる．ここで，

$$圧力 = \frac{力}{面積}, \quad 体積 = 長さ \times 面積$$

となるので，両者の積は力×長さとなり，エネルギーと同じ単位で記述できることがわかる．

3-2　電気に関する組立単位

電気に対する基本単位は電流のアンペア[A]しかない．「2-1 SI基本単位」で述べたように，1 mの間隔で平行に置かれた2本の導体に等しい電流を流したとき，それぞれの導体の長さ1 mごとに，2×10^{-7} N(ニュートン)の力を及ぼし合う一定の電流を1 Aとしている．これを式で書くと，

$$力[N] = \frac{単位に関する比例係数 X \times 2 \times 10^{-7} \times 電流[A] \times 電流[A] \times 長さ[m]}{距離[m]}$$

となるので，両辺の単位が等しくなるためには，右辺の単位に関する比例係数 X が [N/A^2] の単位をもたなくてはならない．この力を電磁力といい，電気と力を結び付ける作用として理解できる(図2)．

電流は単位時間に通り過ぎる電気の量(電気量)のことである．したがって，

　　電気量＝電流×時間

と考えることができるので，電気量の単位をクーロン[C]とすれば，

　　1 C＝1 A×1 s

と定義できる．

電気量もそれ自体が力と関連した物理量である．電気がもつ＋や－の電荷(これが電気量である)は物理作用として同符号は反発し，異符号は引き付け合う性質をもっている．この反発力や引力は力であり，電気量と力は関係する．帯電した物質

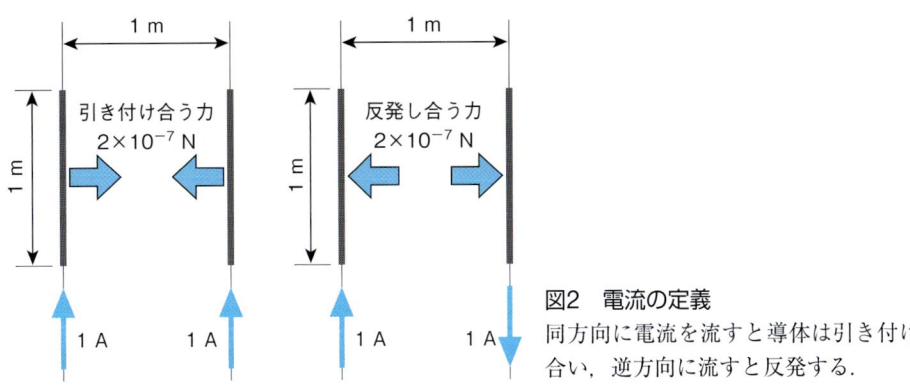

図2　電流の定義
同方向に電流を流すと導体は引き付け合い，逆方向に流すと反発する．

が点で表せるとすると，2つの電荷に働く力(電気力)は電気量の積に比例し，電荷間の距離の2乗に反比例する．したがって，

$$電気力 = \frac{比例係数 \times 電気量 \times 電気量}{距離 \times 距離}$$

となり，電気量の単位を[C]とすれば，

$1\,\text{N} = 比例係数 \times \text{C} \times \text{C}/\text{m}^2$

となる．実際にこの比例係数を求めると，9×10^9 [N・m^2/C^2]と非常に大きな値になる．この係数と上記の電流に現れた係数との関係から，9×10^9が光速度の2乗を示す数値であることが導かれる．なぜ突然，光速度がもち出されたかについてはここでは理論的にはふれないが，マックスウェル(James Clerk Maxwell, 1831～1879)の研究によってその後の物理学発展の基礎ともなった大きな成果である．

　電気量(電荷)をもつ物体に仕事をさせるために電気的な位置エネルギーを与えるとき，この位置の変化を電位という．ちょうど地上で物体を重力に逆らって上方に移動させると位置のエネルギーを獲得するのに似ている．電気的な位置は電場という環境の中で考える．帯電している物体のもつ電場に対抗して，この環境下にある電気量をもった物体を移動させるとき，この物体は電気的位置エネルギーをもらったことになる．このときのエネルギー変化を，電気的な位置，すなわち電位(電圧)をボルト[V]という単位で表して，

$1\,\text{J} = 1\,\text{C} \times 1\,\text{V}$

が成り立つように電位の単位が決められている．

　1 Jは1 Nの力で物体を1 m移動させたときのエネルギー量であるが，まったく同様に，1 Cの電気量をもつ物体を1 Vだけもち上げる(電位を上げる)ときも，1 Jのエネルギーを獲得したことになる(図3)．

3-3　角度に関する組立単位

　角度については円の一周に相当する角度を360°とする表記が一般であるかもしれない．しかし，この表し方は円の分割には便利かもしれないが，たくさんの約数をもつ360という数値が便利な数として利用されているだけで，必ずしも数学的な根拠があるわけではない．このような角度に数学的な根拠を与えるため，無次元数で

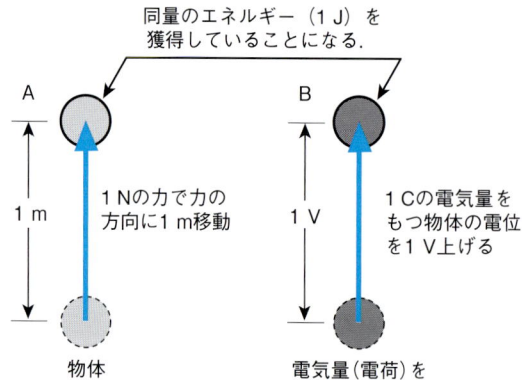

図3　力学的位置エネルギー(A)と電気的位置エネルギー(B)の相似性

示される角度の単位が用意された.

なお,角度に関する2つの単位(平面角と立体角)は,以前はSI補助単位(基本単位でもなく,組立単位でもなく,補助的に使われる単位)として設けられていたが,1995年の国際度量衡委員会で補助単位が廃止され,現在はSI組立単位として位置付けられている.

1) 平面角：ラジアン [rad]

平面での角度を表すラジアン[rad]は,

> 円の一周に相当する角度(360°)を2π radとする.

もので,半径1の円の円周上の弧の長さに対応する中心角を意味する(図4a).これは,円の半径とこの円周上のある弧の長さの比と表現できるので,角度を無次元数で表現したことになる.ラジアンを使った角度を利用すると,角度を含む数式の微分や積分をするうえで非常に便利である.また,角速度や角加速度など,回転運動や波動の表現にもよく現れるので,重要な単位である.

2) 立体角：ステラジアン [sr]

ステラジアン[sr]は角度の表現を3次元空間に広げたもので,

> 球の表面上で球の半径と等しい辺をもつ正方形の面積と等しい面積を切り取る立体角.

と決められている(図4b).これも面積の比として作られた量であるので,単位が1の無次元数となる.

4. ディメンション

以上のように,SI単位系は独立した基本単位に基づいて,整合性のとれた組立単

a) 平面角の単位 [rad]　　　　　　　b) 立体角の単位 [sr]

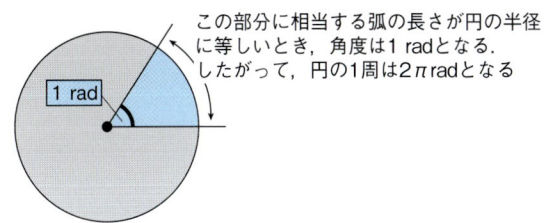
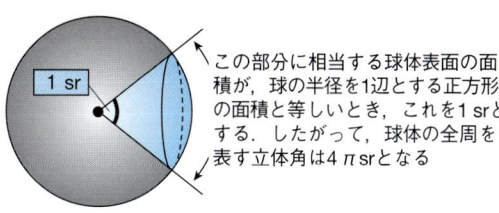

図4　角度に関する組立単位

位を構成していることがわかる．ここではすべてSI単位系に根拠を置いた説明を繰り返してきたが，SI単位だけが物理現象の相互関係を説明できるものというわけではない．単位をまったく抜きにして，長さ，質量，時間といった基本的概念だけでも物理現象の整合性は説明できる．この基本的な要素を**ディメンション（次元）**という．ディメンションは要素がそれぞれ独立した概念であって，それがどんな単位をもっていてもかまわない．

たとえば，長さをL, 質量をM, 時間をTで表せば，力は$[L \cdot M/T^2]$または$[L \cdot M \cdot T^{-2}]$となる．圧力は$[L^{-1} \cdot M \cdot T^{-2}]$となり，エネルギーについても，同様に$[L^2 \cdot M \cdot T^{-2}]$で表すことができる．このように物理現象を基本的なディメンションの組み合わせで表現すれば，個々の要素の単位がどのように決められていようとも，その単位系による数値を計算することができる．

医療現場でも，すべての量が必ずしもSI単位系で表示されているとは限らない．実際に圧力などは[Pa]だけでなく，[mmHg]や[cmH₂O]，[kg/cm²]など分野によっていろいろな単位が共存しているのが現状である．このような状態でも，単位の変換が必要な場合には単に変換表などに頼るばかりでなく，一度ディメンションの概念に戻って納得できる変換をしてみるとよいだろう．

第Ⅱ章

力の働き

第Ⅱ章　力の働き

Ⅱ-1. 力の基本法則

力という言葉は普段から日常的に使う用語であり，同時に物理的な意味合いについても不都合なく適用できる．しかし，力を本質的に定義することはそれほど簡単ではない．ここでは「力とは何か」に焦点を絞り，力の定義とその根源およびニュートンによる力と運動についての法則を説明する．また，力に関係するベクトルの考え方や，力の定義にかかわる物体運動に関係する数式的表現の基礎を示す．

1. はじめに

物理学ではさまざまな力の作用について扱う．力は直接的には物体を動かしたり変形させたりする作用をもつが，熱の発生や熱による作用，流体の運動など多くの場面で主役となって現れる．

ところで，力という言葉は日常用語でもあり，またその意味もきわめてわかりやすいので，定義なしに幅広く使われている．たとえば，物体とはまったく関係のないところで，英語「力」，包容「力」，考える「力」など，いろいろと使われる．

しかし，少なくとも物理学の領域で使う場合には共通の意味をもたなくてはならない．ここでは力とは何かを考えてみることにする．

2. 力とは何か

2-1　力の定義

物理学では，力は「物体の運動を変化させるもの」と定義されている．逆にいえば，物体が運動を変化させるときには力が働くことになる(図1)．

物体の衝突や落下など，力の作用に伴って起こる運動は，この基本的な考えから導くことができる．力が作用しても，実際には目に見える運動を起こさないこともある．このような場合でも，力による物体の変形は運動を基本原理として定義された力と，作用・反作用の法則などの基本法則を使って説明することができる．

力やそれに伴う運動は身近で容易に観察でき，この範囲内に限定して考えれば，古典的な力学の体系で十分説明が可能である．

しかし，物理学で力を定義するためには，物質の最小要素としての素粒子から宇宙全体にわたる範囲でその定義が成立していなくてはならない．力の定義自体は非常に簡潔ではあるが，物質世界全体で共通に成り立つ理論の構築はそれほどやさしくはない．物理学の歴史をたどっても，力に関する理論にはまだ解決できていない問題も残されている．

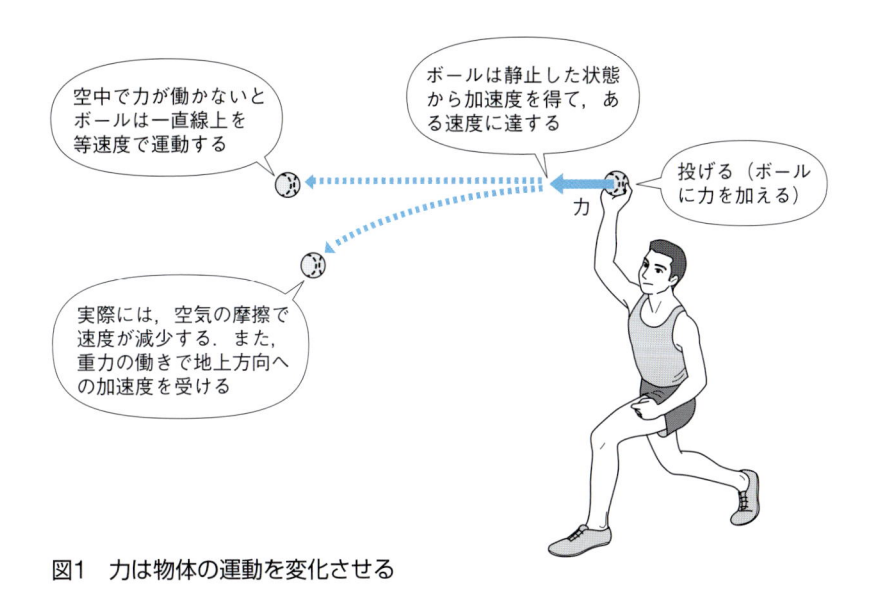

図1　力は物体の運動を変化させる

2-2　ニュートンの理論と相対性理論との関係

　力が「運動」との関係として説明されているので，力と同時に物体の運動とは何かを定義しなければならない．この運動の定義においては，ニュートン（Sir Isaac Newton，1643〜1727）によって確立された古典的な物理学と20世紀以降の物理学とでは基本的な認識の相違がある．物理学上の運動とは物体が移動することをいうが，移動するためにはその物体の存在する空間が不可欠であり，また，運動を記述するためには移動に要する時間も必須の要素である．

　ニュートンの考えた世界では，宇宙全体を含む絶対的な空間が存在し，どんな物体も，その中の決められた位置にあるとしている．また，時間は空間とは独立に，宇宙のどこにあっても同一の時間経過が進行すると考えた．この考え方は我々の日常的な経験とも合致しており，1つの考え方として妥当なものと理解されてきた．

　しかし，光や電磁波についての研究が進むにつれ，ニュートンの定義では説明できない現象が指摘された．アインシュタイン（Albert Einstein，1879〜1955）は「特殊相対性理論」および「一般相対性理論」を発表し，空間と時間とが絶対的なものでないことを示した．この理論を支持する観測結果も次々と明らかになってきた．その結果，相対性理論はニュートンの運動に対する考え方を根本的に否定した新しい物理学の体系となった．相対性理論は真空中の光速度を絶対的な基準とするもので，空間や時間は絶対的なものではなく，運動状態によって変化する要素となる．また，これとは別に，不確定性理論を含む量子力学などの新しい考え方も確立され，核反応や宇宙論などの理論はこれらの考え方なしには成立しない．

　それでは，ニュートンによる力学体系はまったく無意味になったのかといえば，必ずしもそうではない．少なくとも，地球上で目に見える物や乗り物など，人間の作り出した構造物の運動を考えるうえでは，ニュートンの法則に従った計算でほとんど問題は生じない．光の速度（2.9979×10^8 m/s）よりずっと小さい速度の運動では，

相対性理論による結果と比べて生じている誤差はきわめて小さい．したがって，日常的に経験できる運動やエネルギーの作用は，多くの場合，ニュートンの力学で問題なく計算することができる．古典的な力学とは称しているが，不要になってしまった理論ということではない．要するに，ニュートンの力学は近似的な（しかし通常は相当正確な）力学の体系であると考えてよいだろう．

もちろん新しい物理学の体系のほうが優れていることは間違いないが，数式が複雑になり（結果としては近似的に簡略化され，ニュートン力学と同一の式が完成する），非日常的な表現が随所に現れるので，単純な現象を説明する際にはむしろ混乱を招くことになる．この観点から，本書では特別な場合を除き，物理現象の説明を基本的にニュートンの力学に基づいて記述する．

2-3　4つの基本的な力

日常的に観察される物体に働く力は，物体の接触によって働く力（物体を押す（あるいは引く）力，抗力，摩擦力，バネなどによる弾性力）と，物体同士の接触がなくても働く力として重力や電磁力などの場の力がある．しかし，これらは最終的に現れた力に名前を付けたものであって，力を厳密に分類したものではない．その力の発生する原因をたどっていくと，現在の宇宙を支配しているのは「4つの力」に集約できる．力が1つではなく4種類あることに驚くが，宇宙の始まりには1種類であったものが，その後のエネルギー密度の低下によって現在の姿となっていると考えられている．

4つの力には「強い力（強い相互作用）」「弱い力（弱い相互作用）」「電磁力（電磁相互作用）」「重力（万有引力）」がある（図2）．

このうち，我々が日常の生活で感じる「力」は「電磁力」と「重力」である．この2つの力の強さは，距離の二乗に反比例して弱くなるが，無限の距離を想定することができる．そうすると，物を押したり引いたりする力が含まれていないように思われるかもしれないが，この力の本質は電磁力の作用である．電磁力といっても物体全体が電気の力を受けて運動するわけではなく，ここでいう電磁力は分子よりも小さい物質に働く力のことであり，この電磁相互作用で生ずる分子間力によって，物体は構造としてのまとまりをもつことができる．普通，観察される物体はこの電磁力によってその形が形成され，同時に，この力によって相互作用が行われる．また，この力は作用・反作用の法則に従うので，結果として，我々が日常的に観察できる物体同士の接触によって生じるさまざまな現象を作り出している．

電磁力は電気をもつ物体間に働き，重力は質量をもつ物体の間に働く．これらの力は相互作用であり，電磁力は「フォトン（光子）」，重力は「グラビトン（重力子）」というゲージボソンという物質によって媒介されると考えられている（なお，グラビトンはまだ検出されていない）．

「強い力」は，陽子や中性子を構成している基本物質であるクォーク同士を結び付ける力のことである．すなわち，「強い力」がクォークを結び付けて陽子や中性子を作り，原子核と電子は電磁力によって原子を構成し，原子の外側に作用する電磁力によって原子同士が結合して物質ができている．「強い力」は陽子や中性子，原子核

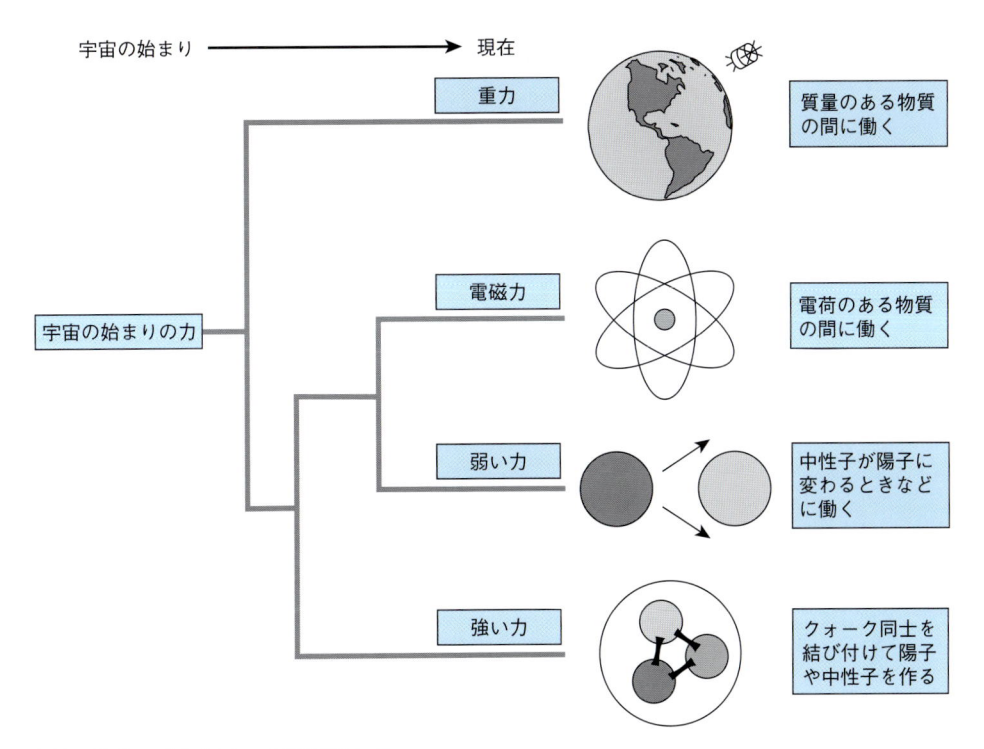

図2 現在，力には4つの種類がある
宇宙の始まりにはこれらの力が区別されず，宇宙のエネルギー密度の低下とともに，力の作用が分かれてきたと考えられている．

の中だけで働き，重力や電磁力に比べ非常に強いので，原子は安定した状態を維持できる．

自然界には「弱い力」もある．この力は，原子核が自然に壊れるときに働く力で，放射性同位元素の原子核がより安定な原子核へ自然に移行するのに伴って発生する．「弱い力」は原子核の崩壊を引き起こす力であるが，この力は電磁力に比べて非常に弱い．このため，物質が崩壊する確率は小さく，原子が崩壊するまでの寿命は長くなるので，多くの物質が安定していられることになる．

3. ニュートンの運動の法則

ニュートンは，力と運動の関係を3つの法則で表した．これらの法則のうち，第1，第2の法則はすでに多くの先駆者たちによって経験的に認められてきた法則であったが，第3の法則はニュートンによって初めて理論化されたもので，物体同士の相互作用を説明するうえできわめて重要である．

3-1 第1法則（慣性の法則）

> 物体に外部から力が働かないとき，物体はその運動状態を変化させることはない．たとえば，静止している物体はその状態にとどまり，動いている物体はその動きを変化させず，一直線上の一様な動きを続ける．

この法則の基本はすでにガリレオ（Galileo Galilei, 1564〜1642）によって見出されたものである．ガリレオは，このことを物体のもつ性質として「慣性」と呼んだが，ニュートンはこれを力学的な法則であると考えた．

この第1法則および第2法則について，ガリレオは物体の運動を変化させる要素が物体外にあることを明らかにし，落下の実験などを行って運動の変化を観察している．

3-2　第2法則（運動の法則）

物体に力を加えると，物体の運動状態は変化する．運動状態の変化とは物体の速度の変化，すなわち加速度のことである．

ニュートンの法則では，以下のように記されている．

> 物体の加速度はその物体に働く力に比例し，物体の質量に反比例する．加速度の方向は力の方向と一致する．

この法則は「運動の法則」とも呼ばれる．力が，押したり引いたりする接触力によるものであろうと，電磁力や重力のような場の力であろうと，力は物体に加速度を生じさせる原因となる．多くの場合，物体にはたくさんの力が同時に作用する．この場合，この法則にある力は，正確には合力（物体に加わる正味の力）になる．複数の力が同時に作用すると，全体として現れる力は個々の力の和となる．しかし，力は方向と大きさをもつベクトルであるので，合力の大きさは単純に力の大きさの和にはならず，ベクトルの和となる．

なお，力の単位ニュートン[N]は，質量を[kg]，加速度を[m/s^2]としたときに比例係数が1となるように決められている（「Ⅰ-2．SI単位系」を参照）．

3-3　第3法則（作用・反作用の法則）

力はそれ自体が空間上に単独に存在するものではない．ある物体に力を加えるためには何らかの操作で力を作り出し，その力をもつ物体あるいは場を，対象となる物体に作用させる．その意味では，力とは物体と物体の間に働く相互作用ということができる．たとえば，飛び上がるために地面を蹴るとき，脚で地面を押すために力を出す．そのとき，脚は体を地面から飛び上がらせるのに必要な力を受ける．

ニュートンの法則では，以下のように記されている．

> 1つの物体Aがほかの物体Bに力を及ぼせば，同時にその物体Bは大きさの等しい反対向きの力（反力）を物体Aに及ぼしている（図3）．

この法則のことを「作用・反作用（action and reaction）の法則」と呼ぶ．どのような力の作用に対しても，力は作用と反作用の一対の力として現れる．この両方の作用によって2つの物体は相互作用を示すことになる．手で壁を押せば，壁は手を押し返す．我々が何らかの目的をもってある機械を作るとき，多くの場合，設計上，動かそうとする部分とそれによって動かされる部分が組み合わされる．実際には，

図3 作用と反作用
ある物体がほかの物体に力を及ぼせば(作用), 力を受けた物体は力を及ぼす物体に, 大きさが等しく反対向きの力(反力)を及ぼしている(反作用).

別の部分を動かすための部分は力を及ぼすと同時に反作用となる力が加わってくる. このため, 大きな力を作用させるためには, 反作用によって壊れないように, その部分の強度を大きくしなくてはならない.

4. 力の数式的取り扱い

4-1 ベクトルとスカラー

力は大きさだけでなく向きをもつ. このような量をベクトルという. 力だけでなく, 変位, 速度, 加速度, 運動量, 力積などはすべてベクトルである. これに対して, 長さ, 距離, 速さ, 仕事, エネルギー, 時間, 質量, 電荷などは大きさだけをもつのでスカラーとなる.

スカラーの計算では単純な和と差の法則が成立するが, ベクトルの計算では大きさと同時に方向に対しての計算が必要となる.

ベクトルは, $\vec{A}$, $\vec{B}$ のように表記する. ベクトルは大きさと向きをもつが, 始点の位置は自由に動かすことができる. 図4aのように, 2つのベクトル $\vec{A}$, $\vec{B}$ があるとき,

$$\vec{C} = \vec{A} + \vec{B}$$

となるベクトルの加法を考える.

図4bのように, ベクトルの和は, $\vec{A}$ の始点を $\vec{B}$ の終点までずらして次の始点にし, $\vec{B}$ の始点と最終的な(ずらした $\vec{A}$ の)終点を結んで, 合成ベクトル $\vec{C}$ を求めることができる. あるいは, 図4cのように, それぞれのベクトルの始点をそろえるように平行移動し, 2つのベクトルを2辺とする平行四辺形を作図して, 始点とその対角線を結んで合成ベクトル $\vec{C}$ を作ることもできる.

このように, 平行でないベクトルの合成は, この方法で簡単に行うことができる. しかし, ある物体に2つの力が作用する場合には, 力をベクトルで表現しても, そのベクトルを任意の場所に平行移動することはできない.

a) 2つのベクトル

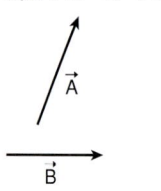

b) $\vec{A}$の始点を$\vec{B}$の終点に移動する場合

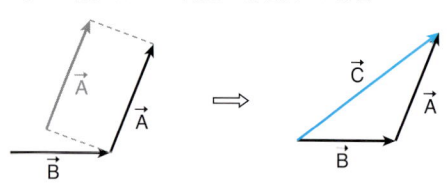

c) $\vec{A}$, $\vec{B}$の始点をそろえる場合

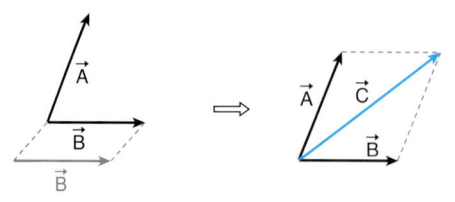

図4　ベクトルの合成（加法）

　それぞれの力はベクトルの方向に沿って（この線を作用線という）移動させなくてはならない．図5に例示したように，それぞれのベクトルを移動してその合力を求める．このとき，力が作用する点（作用点）は新しく作られた始点（合成された作用点）へと移動したことになる．ある大きさをもった物体が変形しないと考えてよい場合（このような物体を「剛体」と呼ぶ）には，物体に働く作用は2点が離れた場所に作用したときと等しくなる．

　また，ベクトルは加法の交換法則，すなわち，
$$\vec{A}+\vec{B}=\vec{B}+\vec{A}$$
が成り立つ．また，加法の結合則，
$$\vec{A}+(\vec{B}+\vec{C})=(\vec{A}+\vec{B})+\vec{C}$$
が成り立つので，複数のベクトルの和を求めるときには任意の順番や組み合わせで次々と加えることができる．

　ベクトルの減法を行う場合には，負の符号の付いたベクトルの方向を逆にして加えればよい．ベクトルの方向が等しくない場合には$\vec{C}=\vec{A}+\vec{B}$が成立しても，大きさCは$C \neq A+B$となる．大きさは，
$$C=\sqrt{A^2+B^2+2AB\cos\theta}$$
となる．ただし，θは2つのベクトルのなす角である．

　以上，力の合成について説明したが，この考え方を逆に使えば，1つの力を複数の力に分解することもできる．たとえば，$\vec{C}$が与えられていた場合，$\vec{C}=\vec{A}+\vec{B}$となるような$\vec{A}$や$\vec{B}$を任意に考えることができる．力が有効に働く方向を考えるときなど，決められた方向に作用する力の大きさを求めるときに利用できる．

　しかし，この考え方では作用線の異なる平行な力は合成できないことになる．これは作用点が1つに決まらないためで，このような力が物体（剛体）に作用すると，物体には回転運動が生ずる．

4-2　位置，速度，加速度

　力は物体に対して加速度を与える．このとき，物体は力により運動をしたことに

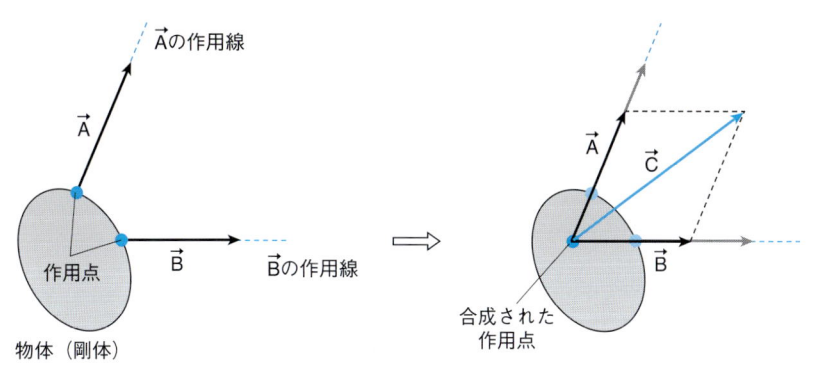

図5 剛体に作用する平行でない力の合成

なる．物体の運動を表す量には，位置(変位)，速度，加速度などがある．運動とは基本的に物体の位置が時間的に変化することであるが，加速度と位置や時間との関係を定式化して力の定義について考えることにする．

位置とは，空間内に定義された座標上のある特定の場所を指す．物体がある位置から別の位置へと移動したとき，それを変位という．したがって，変位は大きさと同時に方向をもつのでベクトルになる．変位は距離ともいうが，距離は大きさのみを表すので，スカラーによる表現ということになろう．

速度は位置座標の時間に対する変化の割合をいい，一定時間に物体がどの方向にどれだけ移動するかを表す．すなわち，一定時間当たりの変位を意味する．速度もまたベクトルである．速さは速度と同じ意味をもつ言葉のように感じるが，速さはスカラーであり，方向性をもたない速度の表現ということになる．

加速度は速度の時間変化の割合であり，一定時間に速度がどれだけ変化するかを表す．加速度もベクトルであるが，加速度は力と直接的に関係するので，常にベクトルとしての意味を含んで理解されるため，加速度の大きさに対応するスカラー表現はないようである．

今，図6に示すように，時刻tの時点で物体の位置が$\vec{x}$であったとする．物体が運動して一定時間Δtの間に位置が変化し，$\Delta \vec{x}$の変位を示したとしよう．

このときの速度を$\vec{v}$とすると，速度は位置の時間変化なので，

$$\vec{v} = \frac{\Delta \vec{x}}{\Delta t} \tag{1}$$

となる．さらに一定時間Δtの間に速度$\vec{v}$が$\Delta \vec{v}$だけ変化したとすれば，速度の時間変化，すなわち加速度$\vec{a}$は，

$$\vec{a} = \frac{\Delta \vec{v}}{\Delta t} \tag{2}$$

で表される．これを位置との関係で示すと，式(1)，式(2)より，

$$\vec{a} = \frac{\Delta^2 \vec{x}}{(\Delta t)^2} \tag{3}$$

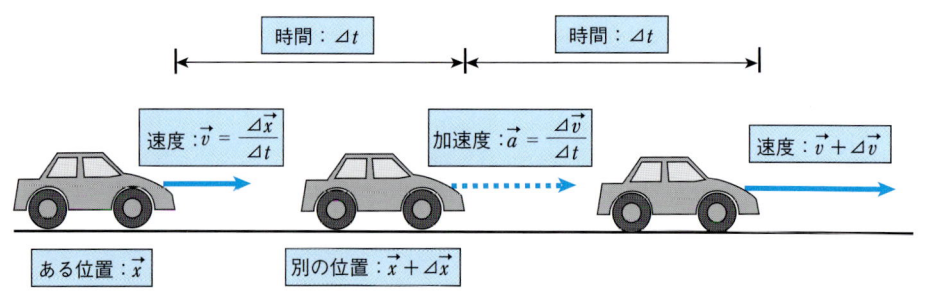

図6 物体の位置，速度，加速度
物体の位置が$\vec{x}$のとき，微小時間Δtにおける微小位置変化を$\Delta \vec{x}$とすると，そのときの速度$\vec{v}$は$\vec{v} = \Delta \vec{x}/\Delta t$，加速度$\vec{a}$は$\vec{a} = \Delta \vec{v}/\Delta t$と表される．

となる．

時々刻々と変化する位置や速度を表すのに，短い時間とこれに対応する微小な位置変化および速度の変化を，それぞれdt, $d\vec{x}$, $d\vec{v}$と記述すると，

$$\vec{v} = \frac{d\vec{x}}{dt} \tag{4}$$

$$\vec{a} = \frac{d\vec{v}}{dt} = \frac{d(d\vec{x})}{dt^2} = \frac{d^2\vec{x}}{dt^2} \tag{5}$$

となる．

4-3 力の数式的定義

ところで，ニュートンの第2法則によれば，「物体の加速度はその物体に働く力に比例し，物体の質量に反比例する」．この法則に従って力$\vec{F}$を記述すると，

$$\vec{a} = k \cdot \frac{\vec{F}}{m} \tag{6}$$

となる．ここで，$\vec{a}$は加速度，mは物体の質量を表す．kは比例係数であるが，$\vec{F}$を[N]（ニュートン：力の単位）で表すと，$k=1$となり，

$$\vec{F} = m \cdot \vec{a} \tag{7}$$

と簡単な式で示すことができる．

この式は第2法則について記述してはいるが，その説明にはなっていない．このような簡単な式で表されると，力と運動についての直感的な意味合いが失われてしまうと思うかもしれないが，別の観点から同様の式を誘導することもできる．そこで，「物体に力を加えると物体の運動状態は変化する」という条件を出発に考える．

まず，運動している物体がもつ運動の大きさを考えることにする．運動は物体の位置の時間的な変化，すなわち速度である．しかし，同じ速度で運動していても，質量の大きな物体は小さな物体よりも全体としての運動は大きいように思える．そこで，質量mと速度$\vec{v}$の積を定義する．この量は「運動量」と呼ばれる．運動量を$\vec{p}$とすると，

$$\vec{p} = m \cdot \vec{v} \tag{8}$$

となる．

II-1. 力の基本法則

ここで，力とは物体の運動状態がどれだけ変化するかを表すものとして，この運動状態に対応する量を運動量であると考える．力の作用によって運動量に変化があるとすると，短い時間の運動量の変化 $\Delta \vec{p}$ は，

$$\Delta \vec{p} = m \cdot \Delta \vec{v} \tag{9}$$

で表される．

一方，運動量の変化の大きさは力を加えた時間に関係することが容易に想像できる．そこで，時間 t と力 $\vec{F}$ の積を**力積**と定義する．短い時間 Δt の間，力 $\vec{F}$ が作用すると，この間の力積は，

$$\Delta t \cdot \vec{F} \tag{10}$$

となる．

力の大きさを定義する方法として，「力＝質量×加速度」ではなく，「力積＝運動量」と定義してみると，式(9)，式(10)より，

$$\Delta t \cdot \vec{F} = m \cdot \Delta \vec{v} \tag{11}$$

となる．これを変形して

$$\vec{F} = m \cdot \frac{\Delta \vec{v}}{\Delta t} \tag{12}$$

と記述すると，式(2)に示したように，

$$\frac{\Delta \vec{v}}{\Delta t} = \vec{a} \;(\text{加速度})$$

なので，結果として，

$$\vec{F} = m \cdot \vec{a} \tag{13}$$

が成立する．

すなわち，質量1 kgの物体を1秒のうちに秒速1 mだけ速度を上昇させる（加速度を与える）力は1 Nになる．この考え方は基本的な力の定義とまったく同義である．

第Ⅱ章　力の働き

Ⅱ-2. 引力・重力，摩擦力，モーメント

我々の身の周りではいろいろな種類の力が働いているが，その働きが直感的にわかりにくい力もある．ここでは特別な力として引力と重力，および摩擦力について詳しく説明する．この中で重力は地球の引力によって生じる力で，地上のすべての物体に等しい加速度運動を与えることを説明する．また，摩擦力は接触面同士の関係で生じ，面に対して垂直抗力を考えることで簡単な式で記述できることを示す．さらに，平行な力が作用した場合の剛体における力の作用とつり合いについて解説する．

1. はじめに

「Ⅱ-1. 力の基本法則」では力の一般的な性質について述べたが，ここでは，我々の身の周りで働くさまざまな力についてその性質を考える．力は種々の場面でいろいろな形で現れ，その振る舞いに応じて固有の名称が与えられている．もちろん，物理的に定義された力は，それがどのような力であっても基本法則は変わらない．しかし，特定の物体を考えたとき，それぞれの力の作用はおのおの異なっている．したがって，現実に即応して力の作用について考察を進めるためには，力すべてに共通した基本的な性質を単に知っているだけでは不十分である．

2. 特別な力

力にはいろいろな種類があるが，どんな力でも大きさと方向をもつベクトルで表現できることに変わりはない．押したり引いたりする力やバネの力などは，このベクトルを容易に作図することができる．ここでは，ベクトルで表現するときに特別な考慮が必要な力について，その考え方を説明する．ここにあげたもの以外にも浮力，表面張力など取り扱いに特別な物理的知識の必要な力があるが，これらについては流体に関する物理学として，「第Ⅲ章　流体の力学」で説明する．

2-1 引力と重力

地上で感じる重力は地球の引力の作用による．引力はニュートンによって発見され，万有引力の法則としてまとめられている．

2つの物体の間には，その物体の質量（m_1，m_2）の積に正比例し，物体間の距離 r の2乗に反比例する引力が働く．

引力を F とすると，

$$F = \frac{G \cdot m_1 \cdot m_2}{r^2} \tag{1}$$

となる．ここで G は万有引力の定数で，物体によらない値であり，

$G = 6.67 \times 10^{-11}$ N・m²/kg²

a) 引力

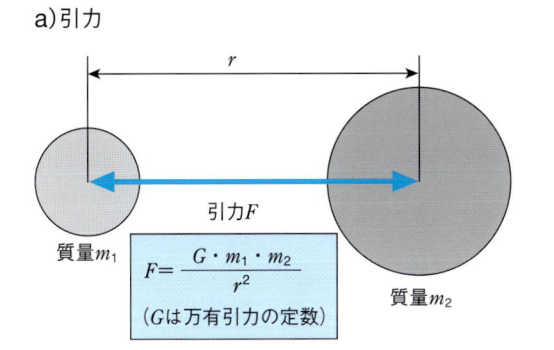

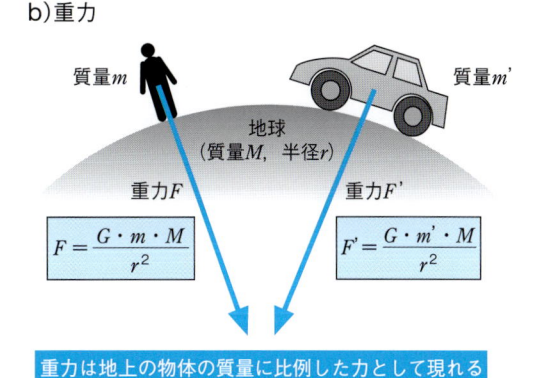

b) 重力

図1 引力と重力

である．この定数からも明らかなように，物体の間に働く力はきわめて小さいので，小さな物体同士の運動ではこの作用を無視しても差し支えない．通常は地球など天文学で扱うような質量の大きな物体を考えるときだけに考慮する力である．

ところで，我々は地上で地球による引力すなわち重力を感じている．引力は2つの物体間の力であるので，地上にある大きな物体と小さな物体では，それぞれの質量に関係して異なった大きさの引力が作用しているはずである．

ここで，地上の物体の質量をm，地球の質量をMとして，Mは地球の中心に集中的に存在して作用するものとする．また，地球の半径をrとして重力Fを計算すると，

$$F = \frac{G \cdot m \cdot M}{r^2} \tag{2}$$

となる．式(2)からわかるように，重力は地上の物体の質量mに比例した力として現れる(**図1**)．

この力によって地上の物体(質量m)に生ずる加速度をaとすると，

$$F = m \cdot a \tag{3}$$

ベクトル表記とスカラー表記について

「II-1. 力の基本法則」まで，力や加速度など大きさと方向をもつベクトル量に対しては，力$\vec{F}$，加速度$\vec{a}$などで表したが，ここではFやaを力や加速度の大きさを表す量(スカラー)として扱い，ベクトル表記をしていない．ベクトル量に対して和や差を考えるとき，大きさだけを考えた場合での表記はベクトル表記した場合と異なるので注意して欲しい．

たとえば，1点に働く同じ大きさで逆方向の$\vec{F}$と$\vec{F'}$を考えた場合，2つの力の合力は，

$\vec{F} + \vec{F'} = 0$

となるが，2つの力を大きさとして考えた場合には$\vec{F} = \vec{F'}$となるので合力の大きさは，

$F - F' = 0$

と表現される．これらを厳密に区別するためにはベクトルを$\vec{F}$，大きさを絶対値記号を用いて$|\vec{F}|$と記述するべきであるが，ここでは，矢印をとって大きさを表すことにした．

とも表せる．式(2)および式(3)から，

$$m \cdot a = \frac{G \cdot m \cdot M}{r^2} \tag{4}$$

が得られ，この式を整理して加速度を求めると，

$$a = \frac{G \cdot M}{r^2} \tag{5}$$

となる．式(5)から明らかなように，重力による加速度は物体の質量には関係なく，地球の質量と地球の半径で決まる値となることがわかる．この加速度のことを重力加速度 g と呼ぶ．正確には，この値は地球上のどの部分でも一定というわけではなく，地下の構造による質量の不均一性によってばらついた値となるが，平均的には，

$$g = 9.8 \text{ m/s}^2$$

となる．以上の理由で，地上の物体はその質量にかかわらず重力によって共通の加速度を受けることになる．

この重力加速度は物体を落下させる運動を起こすので，空気の抵抗を無視すれば，物体の落下はどんな物体でも質量や大きさにかかわらず等しい運動となることがわかる．ガリレオがピサの斜塔で行ったといわれている落下の実験でも，この通りの結果が得られている．

2-2 摩擦力

水平な面の上に置いた物体に水平方向に力を加えるとき，力がある程度大きくならないと物体が動かないことがある．力の定義によれば，物体に力が作用すると物体は運動の状態を変える(すなわち加速度を得る，または動き出す)．もし，物体が動かないとすれば，物体には力が直接作用しないか複数の力が作用して，合力が0となっていることになる．

面の上で起こっている現象は，面から物体に物体の運動を妨げる向きに摩擦力が働いていると説明されている．この力を静止摩擦力という．

水平面に置かれた物体に対して水平方向に加える力を大きくすると，この大きさがある値を超えたときに物体は動き出す．物体が動く直前の静止摩擦力を最大摩擦力という．物体が動いているときにも，物体を押したり引いたりする力に加えて，依然として摩擦力が働いている．このときの摩擦力は静止摩擦力と大きさが異なるので，これを区別して動摩擦力と呼んでいる．一般に動摩擦力は静止摩擦力に比べ小さい．

摩擦力の原因はいろいろ

よく磨かれた表面での接触では，物体を構成する分子が非常に近い間隔で接するので，分子間に力(凝着力)が働き，これが摩擦の原因になると説明されている．これ以外にも氷の上でスケートがなぜよく滑るのかなど，摩擦力の原因についてはまだ完全に決着のついていない理由がいろいろと考えられている．

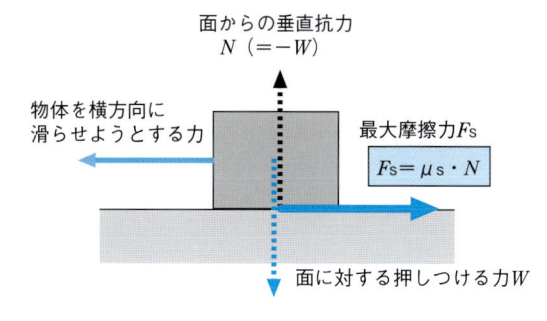

図2 静止状態での摩擦力
最大摩擦力は垂直抗力に比例し，このときの比例係数を静止摩擦係数という．動いている物体では動摩擦係数となる．

摩擦力はいろいろな原因によって生ずるが，たとえば粗い表面では物体同士の接触面にある凹凸が互いにかみ合って抵抗力を作り出す．しかし，つるつるの物体表面ではむしろ摩擦が大きくなることもあるので，この説だけでは摩擦のすべてを説明できない．

摩擦による力には，接触面の状態と面に押しつけられる力の2つが関係する．物体が面の上に置かれたとき，面に垂直な方向に物体が受ける力を垂直抗力という．垂直抗力は物体が面に押しつけられる力（たとえば物体を面に置いた場合には物体の重量による力）の反作用である．

最大静止摩擦力および動摩擦力は垂直抗力に正比例することが知られている．図2に示すように，面の上で静止している物体を動かすときに観察される最大摩擦力をF_sとすると，垂直抗力Nとの間に

$$F_s = \mu_s \cdot N \tag{6}$$

の比例関係が成立する．このときの比例係数μ_sを静止摩擦係数という．式(6)は単純であり，わかりやすいが，注意すべきは接触面積には関係していない点である．接触部分で抵抗が働くのであれば，面と物体の接触面積が増えると，それだけ抵抗が大きくなるような気がする．しかし，等しい重量の物体であれば，接触面積を広げても摩擦力には変化が現れない．関係するのは物体下面と滑らせる面の性質によって決まる係数と，どの程度の力で接触しているか（すなわち垂直抗力の大きさ）だけである．

これと同様に，力を加えて物体をゆっくりと動かしているとき，動摩擦力F_dと垂直抗力Nとの間には，

$$F_d = \mu_d \cdot N \tag{7}$$

の関係が成り立ち，このときの比例係数μ_dを動摩擦係数という．

静止摩擦力，動摩擦力のいずれについても垂直抗力Nは変わらないが，摩擦係数は等しくならない．一般に$\mu_s > \mu_d$であり，動いているときのほうが摩擦は小さくなる．このため，ひとたび物体が斜面を滑り落ち始めると，静止することなく最後まで落ちることになる．滑り台を滑るときも，初めは動きにくいが，滑り始めれば簡単には止まらない．雪崩や土砂崩れも同様である．

面に置かれた物体が滑らずに転がる場合，摩擦力は滑りの摩擦力に比べずっと小さくなる．古代より使われてきた「ころ」やこれを改良した車輪，ボールベアリン

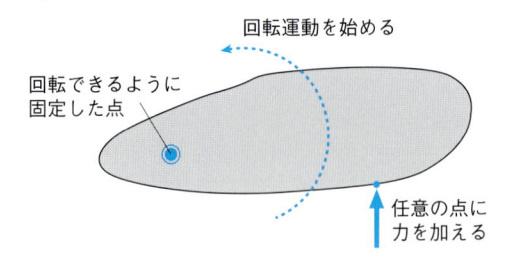

a) 剛体の回転運動　　　　　　　　　　b) 力のモーメント

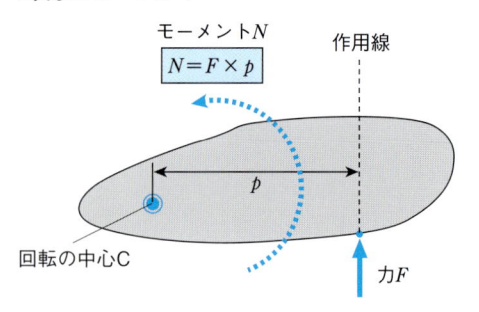

図3　剛体の回転運動とモーメント

グなどは，滑り摩擦を転がり摩擦に変えて摩擦力を軽減する効果をもっている．

3. 剛体に働く力のつり合い

3-1　剛体とは

力を受けても形の変わらない物体を剛体と呼ぶ．厳密にはどんな物体でも力による変形を受けるが，取り扱いを簡単にした理想的な物体を仮定して剛体を定義している．金属，石などは一般には剛体と見なせるが，これを変形させて加工する場合には，剛体としてではなく，弾性体[*1]や塑性体[*2]として扱うことになる．

3-2　力のモーメント

「Ⅱ-1．力の基本法則」で説明したように，剛体に複数の力が作用したとき，それぞれの力が平行でない場合には，力を合成して1つの合力を作ることができる．この場合には，力の作用する点を作用点として考えることができた．しかし，図3aのように，物体（剛体）のある点を固定して任意の点に力を加えると，その物体は回転する．図にも示されるように，物体を回転させる働きは力の大きさと方向，力の作用する位置によって異なる．

物体をある点の周りで回転させる働きのことをモーメントといい，回転の中心を特定してその点の周りのモーメントとして記述する．モーメントは回転の能力（回転能）を表している．図3bのように任意の形状をした剛体のある点を固定し，この点以外の場所から適当な方向に力を加えたとする．回転の中心をCとして，Cから力の作用線までの距離（垂線の長さ）pのことを回転能率の腕の長さ（単に腕と表現することもある）という．したがって，作用する力Fは腕に対して直角方向に働くことになる．

このときの力のモーメントNは，

力のモーメント＝力の大きさ×腕の長さ

[*1]　**弾性体**：弾性体とは，力を加えると変形するが，力を取り除けば元の形に戻る性質をもつ物体のことを指す．

[*2]　**塑性体**：塑性体とは，力を加えると変形し，力を取り除いた後もその変形した形を保つような性質をもつ物体のことを指す．

図4　剛体に働く平行な力の合成

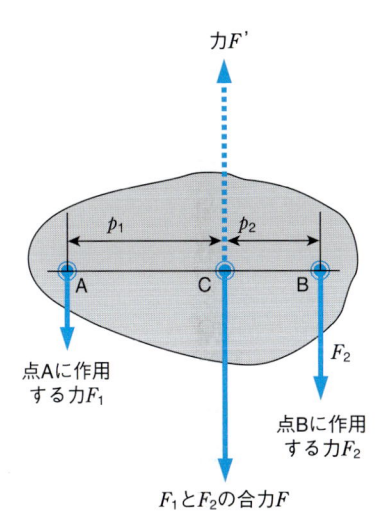

C点周りのモーメント：$F_1 \times p_1 = F_2 \times p_2$
A点周りのモーメント：$F' \times p_1 = F_2 \times (p_1 + p_2)$
B点周りのモーメント：$F' \times p_2 = F_1 \times (p_1 + p_2)$
p_1, p_2を消去して　：$F' = F_1 + F_2 = F$

・合力FはF'と大きさが等しく方向が逆の力である
・合力FはC点を始点とするベクトルで，大きさはF_1とF_2の和に等しい

と定義でき，

$$N = F \times p \tag{8}$$

の大きさをもつ．式(8)から，力の作用する点が作用線上であればどこに移動してもモーメントは変わらないことがわかる．モーメントは大きさだけでなく，回転の方向をもっている．

3-3　平行な力の合成

モーメントを考慮して平行な力の合力について考える．今，図4のように剛体の上に作用点AとBをもつ平行な力F_1とF_2を与える．この力を合成してCを支点とするある合力Fを作ることができたとしよう．この合力Fの始点を線分AB上に置いて，同じ点を始点として大きさが等しく方向を逆にした力F'を考えると，F'とF_1，F_2の3つの力はつり合っていることになる．3つの力のつり合いは，Cを始点として，この点に作用する力のつり合いと同じことになる．

以上の前提に基づいてつり合いを考える．

F'とF_1，F_2の3つの力はつり合っているので，C点の周りのモーメントもつり合うことになる．AC間の距離をp_1，BC間の距離をp_2とすると，C点の周りでF_1によるモーメントの大きさは$F_1 \times p_1$，F_2によるモーメントは$F_2 \times p_2$となり，2つのモーメントは回転の向きが逆なので，C点でつり合うとすれば，それぞれのモーメントの大きさは等しくなる．したがって，

$$F_1 \times p_1 = F_2 \times p_2 \tag{9}$$

となる．

同様に，A点の周りのモーメントを考えると，

$$F' \times p_1 = F_2 \times (p_1 + p_2) \tag{10}$$

が成立し，B点でのモーメントのつり合いから

$$F' \times p_2 = F_1 \times (p_1 + p_2) \tag{11}$$

が成り立つ．

式(10), 式(11)の両辺をそれぞれ加えると,
$$F' = F_1 + F_2 \tag{12}$$
が導かれる.

以上の考察から, F_1とF_2とつり合う力の大きさF'は, 式(12)のようにそれぞれの力の大きさの和となる. また, 始点の位置Cは, 式(9)から, 線分ABを, A点を基準に$F_2 : F_1$に内分する点となる. したがって, F_1とF_2の合力Fは, F'と始点が等しく逆向きの力になる.

以上をまとめると,

> 同じ向きで平行な力の合力は,
> ①大きさ：2つの力の大きさの和.
> ②方向：2つの力と同じ.
> ③作用点：2つの力の作用点間を2つの力の大きさの逆比に内分する点.

となる.

反対向きで平行な力の場合についても, 同じ方法で導くことができる. この場合の合力は,

> ①大きさ：2つの力の大きさの差.
> ②方向：大きいほうの力と同じ.
> ③作用点：2つの力の作用点間を2つの力の大きさの逆比に外分する点.

となる.

ここで注意することは, 反対向きで平行な力については特別な場合があるということである. たとえば, 大きさが等しく互いに平行で向きが逆の力F, F'の合力を考えると, 合力の大きさは2つの力の大きさの差, すなわち0となる. 大きさのない力は何の作用もしないように思えるが, モーメントについて考えると, 2つの力による回転モーメントは同じ方向の回転を起こす. したがって, モーメントについてはつり合うことがない. このため, 物体は2つの力の働く点の中点を中心として回転する. このときのモーメントNは2つの力の作用線間の距離をpとすると,
$$N = F \times p \tag{13}$$
となる.

以上の考察から,

> 剛体のつり合いについては次の2つの事項が満たされることが条件となる.
> ①合力が0となる.
> ②任意の点の周りでモーメントの総和が0となる.

この原理はてこや滑車に応用されている. たとえば図5aのように, 地上に寝か

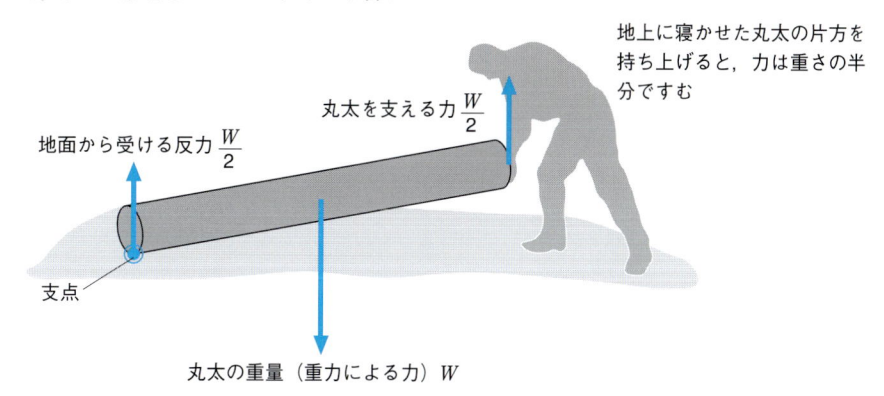

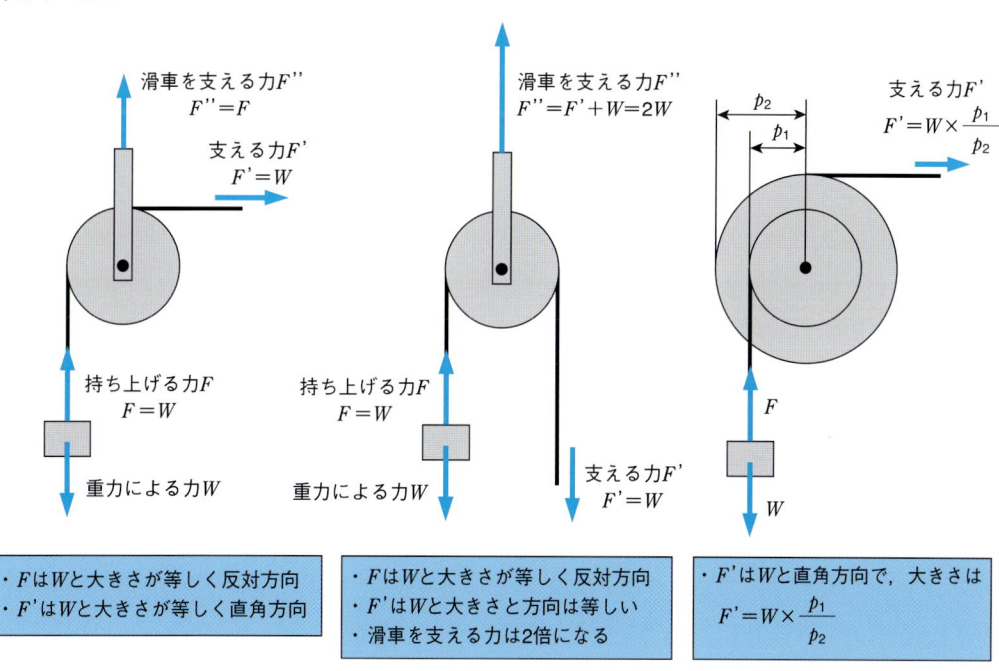

II-2. 引力・重力，摩擦力，モーメント

a) てこの原理とモーメントのつり合い

地上に寝かせた丸太の片方を持ち上げると，力は重さの半分ですむ

丸太を支える力 $\frac{W}{2}$

地面から受ける反力 $\frac{W}{2}$

支点

丸太の重量（重力による力）W

b) 滑車の働き

滑車を支える力 F''
$F'' = F$
支える力 F'
$F' = W$
持ち上げる力 F
$F = W$
重力による力 W

- F は W と大きさが等しく反対方向
- F' は W と大きさが等しく直角方向

滑車を支える力 F''
$F'' = F' + W = 2W$
持ち上げる力 F
$F = W$
重力による力 W
支える力 F'
$F' = W$

- F は W と大きさが等しく反対方向
- F' は W と大きさと方向は等しい
- 滑車を支える力は2倍になる

支える力 F'
$F' = W \times \frac{p_1}{p_2}$

F

W

- F' は W と直角方向で，大きさは
  $F' = W \times \frac{p_1}{p_2}$

図5 てこと滑車の働きとモーメントのつり合い

せた丸太の片方を手で支えて持ち上げてみよう．このとき，丸太の重量が中央部に集中しているとして，その重さを W とする．地面と接している場所（支点）の周りのモーメントのつり合いから，丸太を支える力は $\frac{W}{2}$ となることがわかる．この方法で持ち上げれば半分の力ですむ．初めにこの力で，少し持ち上げて横方向に回し，次に反対側を同じようにずらしていけば，丸太全体を持ち上げることなく，半分の力で移動することができる．このとき，丸太は地面からの反力（反作用）として $\frac{W}{2}$ の力を受け，この力と手で支える力（$\frac{W}{2}$）の和が丸太の重量と等しくなっているこ

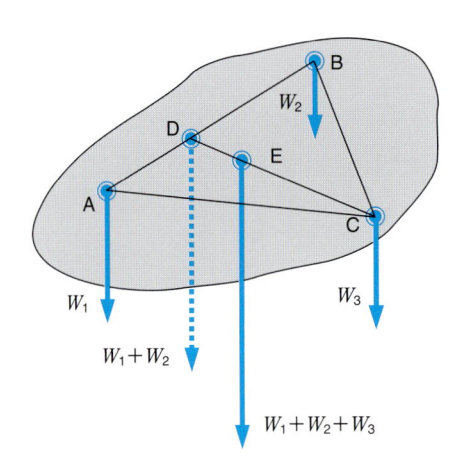

図6　剛体の重心の求め方

とが理解できる．

　滑車は回転できる円の周りにひもを回して力を伝える道具である．滑車は力の作用する方向を変えることができるが，さらに，モーメントの効果を使って力の大きさを変えることもできる（図5b）．

3-4　重心

　物体に質量があり，その物体が重力による力を受けるとき，物体各部に働く重力の合力を考える．重力は物体に対して平行で同じ向きに働くので，その作用点を決めることができる．この点を重心と呼ぶ．物体が一様の構造で成り立っているときには，重心点は図形的な中心と一致する．したがって，対称軸をもつ物体では，重心はその軸上にある．

　たとえば，図6のように物体が3つの部分からなるとして，各部分の重力による力（重さ）をW_1, W_2, W_3としよう．それぞれの作用点をA, B, Cとすると，重心は三角形ABCを含む平面内にある．W_1とW_2の合力は，その大きさの逆比でAB間を内分した点Dを作用点として，大きさはW_1+W_2となる．さらに，この合力とW_3の合力を求めると，作用点はDC上にあって，W_1+W_2とW_3の逆比で内分した点Eとなる．重心での合力の大きさは$W_1+W_2+W_3$となる．

　以上の考え方を用いると，たとえば，複数の体重計にまたがって重さを量った場合，体重はそれぞれの体重計に表示された大きさの和となることがわかる．

　また，重心動揺計はこの理論に基づいて，体を乗せる板の下に3つの体重計を設け，それぞれの部分に分けて重量を計測して重心の位置を計算するようになっている．体の重心位置が時々刻々と変化する様子を記録すると，人体における姿勢の制御能力を分析することができる．

3-5　重心と安定性

　重力によるモーメントのつり合い，すなわち重心の位置は，自立した物体の安定性にかかわっている．ある底面で直立している物体が倒れないためには，重心を通る鉛直線が物体の底面の範囲内になくてはならない．図7のように何らかの力で物体が傾いて，底面の端で支えられている場合でも，重心の鉛直線が底面の範囲内に

II-2. 引力・重力，摩擦力，モーメント

a)直立している物体

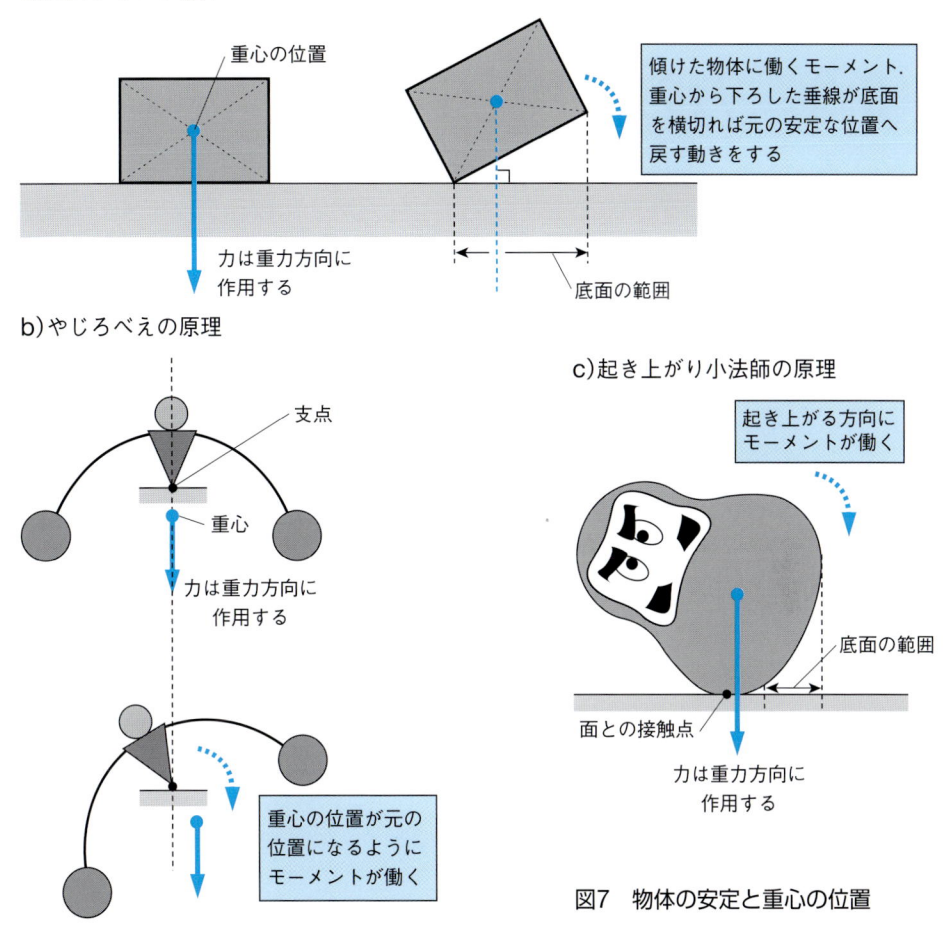

重心の位置

力は重力方向に作用する

傾けた物体に働くモーメント．重心から下ろした垂線が底面を横切れば元の安定な位置へ戻す動きをする

底面の範囲

b)やじろべえの原理

支点
重心
力は重力方向に作用する

重心の位置が元の位置になるようにモーメントが働く

c)起き上がり小法師の原理

起き上がる方向にモーメントが働く

底面の範囲
面との接触点
力は重力方向に作用する

図7　物体の安定と重心の位置

あれば，モーメントによる回転は物体を元の自立した位置へ戻す動きを起こす．いろいろな形でこの作用を検証すれば，物体の安定性を増すためには，底面をできるだけ広くする，または重心の位置をできるだけ低くすることが効果的であることがわかる．

「やじろべえ」というおもちゃはこの原理を利用したもので，下向きに付けた長い手の先におもりを付けて，人形の足先を支えている支点より重心の位置を低くしてある．このため，どんなに傾けても支点周りのモーメントは重心点を元に戻す方向に働くので，倒れてしまうことはない．逆に，「起き上がり小法師」は倒したときに重心位置が底面を外れた場所になるように作ってある．倒した状態では安定を保つことができないので，外部から力を加えなくても元に戻る．ただし，実際には外部から何の力も働かないのではなく，重力の作用によって元に戻るようなモーメントが与えられている．

II-3. 力の作用と運動

力は「物体の運動を変化させるもの」と定義されている．すなわち，物体が運動によってその位置を変化させるときには必ず力が働いていることになる．「II-2．引力・重力，摩擦力，モーメント」までに力の意味や基本法則について解説したが，ここではさまざまな運動と力の関係を説明する．物体の運動は身近で容易に観察できるが，現象を正確に記述しようとすると，多くの種類の力が同時に作用したり，力が作用する時間が関係したり，それほど単純ではない．ここでは基本的な運動について力の定義に基づいて説明するとともに，運動量や力積など運動にかかわる概念についても説明する．

1. はじめに

物理学では，力は「物体の運動を変化させるもの」と定義されている．すなわち，運動とは物体がその位置を変化させることをいう．

力が物体に作用すると，物体は質量に反比例した加速度を生ずる．ニュートンの第2法則（運動の法則）によれば，質量mの物体に生じる加速度aは，物体に作用する合力Fの向きと同じ方向に生じ，加速度の大きさは力の大きさに比例し，質量mに反比例する．「I-2．SI単位系」ですでに説明したが，力の単位をニュートン[N]とすれば，

$1\,\text{N} = 1\,\text{kg} \cdot 1\,\text{m/s}^2$

の関係が定義されている．

一方で，運動している物体に常に力が作用しているとは限らない．ニュートンの第1法則（慣性の法則）によれば，物体に外部から力が働いていないとき，元の運動状態を変化させることがない．すなわち，静止している物体は静止し続け，ある速度で移動している物体はその速度での運動を続ける．

我々の身の周りで通常観察される運動は単純なものとは限らないが，複雑な運動もいくつかの単純な運動の組み合わせとして考えることができるので，ここでは基本的な運動を例にして，力との関係を説明する．

2. 運動と力

2-1 等速度運動（等速直線運動）

等速度とは速度が一定のことである．速度はベクトル量なので，速度が一定であれば運動の方向には変化がない．したがって，等速度運動は直線運動といえる．一般に，このような運動を等速直線運動ともいう．等速度運動であれば必然的に直線運動となるので，用語が重複しているように思えるが，ほかの用語を参考に考えると，等速と等速度とは少し違うようである．「等速」を「速さの等しい」と置き換えて，

「等速」とはベクトルが等しいことを意味するのではなく，速度の大きさ(スカラー)が等しいことを指していると考えるとよいだろう．たとえば，等速円運動など一定の速さで回転する運動は明らかに方向が変化しているので等速度とはいえない．しかし，回転の速さ(角速度)は一定となるので，この角速度に対して等速と表現していると考えれば矛盾がない．

ともあれ，等速度運動は運動の状態に変化が起こらない(加速度が生じない)ので，力の作用のない運動と考えることができる．

速度 v で時間 t だけ運動が続くと，その間の変位 x は，

$$x = v \cdot t \tag{1}$$

となる(図1a)．

2-2　等加速度運動

ある物体に一定の力 F を作用させると，質量 m に反比例した加速度 a が生ずる．力を加え続ければ常に等しい加速度が生ずるので，物体は等加速度で運動する．これを等加速度運動という．加速度は速度 v の時間変化であるので，等加速度運動の場合，速度は一定の割合で変化する．これを式で表すと，時間の経過 Δt に対する速度の変化を Δv として，加速度を，

$$a = \frac{\Delta v}{\Delta t} \tag{2}$$

とすると，初めの速度を0として時間が t だけ経過したときの速度 v は，

$$v = a \cdot t \tag{3}$$

となる(図1a)．

速度は時々刻々と変化するので，変位は時間の経過につれどんどん大きくなる．変位の計算は少し複雑になるが，運動をしている間の短い時間での変位を積算することで全体の変位を求めることができる．ある時間 t の前後に短い時間間隔 Δt を定義する．このときの速度は厳密には一定ではないが，時間間隔が非常に短かければ，式(3)から速度を平均的に $v = a \cdot t$ と考えることができる．したがってこの間の微小な変位 Δx は，

$$\Delta x = \Delta t \cdot v = \Delta t \cdot (a \cdot t) \tag{4}$$

となる．図1bに示すように，変位 Δx は底辺を Δt，高さを v ($= a \cdot t$)とした長方形の面積に等しくなる．運動が時間0から T まで続くとすると，この間に生じる微小変位 Δx の総和が変位 x となる．変位 x は小さな長方形の面積の総和，すなわち図の三角形の面積に等しくなる．三角形の面積は「底辺×高さ÷2」なので，時間が T だけ経過した時点での速度を $v = a \cdot T$ とすると，

$$x = \frac{T \cdot (a \cdot T)}{2} = \frac{a \cdot T^2}{2} \tag{5}$$

となる．

我々の身の周りでは，等加速度運動は重力による落下で観察できる．物体が落下するとき，物体には一定の重力加速度 g が作用するので等加速度運動となる．たとえば，10 mの高さから物体を落としたときの落下に要する時間や，地上での衝

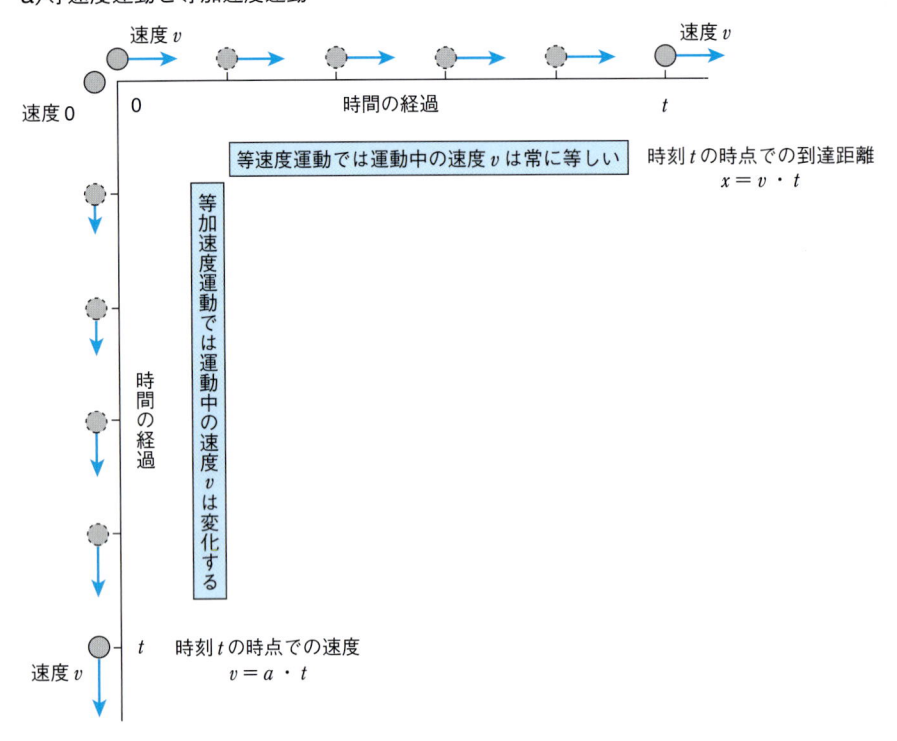

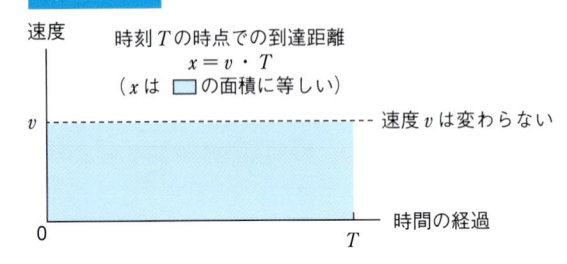

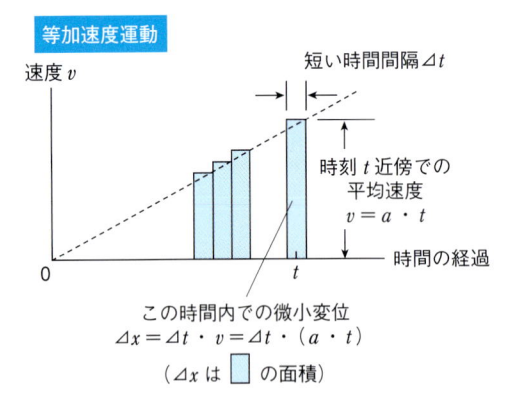

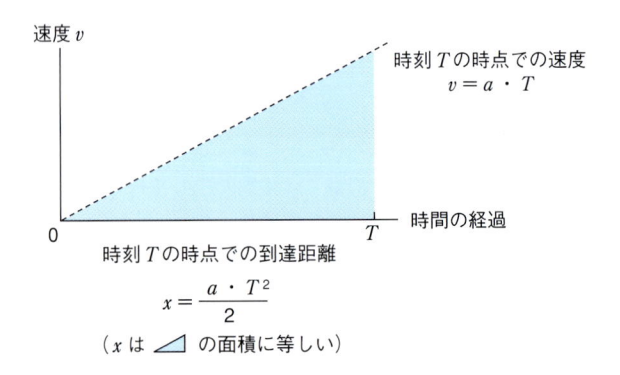

a) 等速度運動と等加速度運動

速度 0 / 速度 v / 時間の経過 / 時刻 t の時点での到達距離 $x = v \cdot t$

等速度運動では運動中の速度 v は常に等しい

等加速度運動では運動中の速度 v は変化する

時間の経過 / 速度 v / 時刻 t の時点での速度 $v = a \cdot t$

b) 速度の変化と変位（到達距離）との関係

等速度運動

速度 / 時刻 T の時点での到達距離 $x = v \cdot T$
（x は ▭ の面積に等しい）
速度 v は変わらない
時間の経過

等加速度運動

速度 v / 短い時間間隔 Δt / 時刻 t 近傍での平均速度 $v = a \cdot t$ / 時間の経過

この時間内での微小変位
$\Delta x = \Delta t \cdot v = \Delta t \cdot (a \cdot t)$
（Δx は ▭ の面積）

速度 v / 時刻 T の時点での速度 $v = a \cdot T$ / 時間の経過

時刻 T の時点での到達距離
$$x = \frac{a \cdot T^2}{2}$$
（x は △ の面積に等しい）

図1　等速度運動（等速直線運動）と等加速度運動

突速度はそれぞれ式(5)と式(3)を使って簡単に計算できる．

式(5)より，落下に要する時間Tは，

$$10 = \frac{g \cdot T^2}{2}$$

となり，$g = 9.8 \text{ m/s}^2$を用いて計算すると，$T = 1.43$ sが得られる．衝突時の速度vは式(3)より$v = g \cdot T$となり，14 m/s（時速約50 kmに相当）であることがわかる．

2-3 放物運動

図2aのように物体を地面と平行に放り投げると，物体は横に移動しながら落下する．この運動では地面と平行な方向に対しては運動中に力が加わらないので，慣性の法則によって速度が維持される（等速度運動）．一方，地面と垂直な方向では重力による落下が生じて等加速度運動となる．物体の速度はこの2つの速度の和（ベクトルの和）となるので，初めは水平に運動していた物体が次第に下方への運動に変化する．

次に，地上から物体を斜めに放り上げた場合を考えてみる．図2bのように初速度vで角度θの方向に物体を放ると，水平方向には初速度の水平方向成分である$v \cdot \cos\theta$の等速度運動が起こる．これに対して垂直方向では初速度（$v \cdot \sin\theta$）が重力による加速度によって減速し，時間tが経過した時点での速度は$v \cdot \sin\theta - g \cdot t$となる．

この運動では，時間tがある値を超えると垂直方向の速度が負の値となる．すなわち，上方へ移動していた物体は高さが最大となった後に下方へと運動の向きを変える．最高点に達する時間T_1は垂直方向の速度が0となるときで，

$$T_1 = \frac{v \cdot \sin\theta}{g}$$

となることがわかる．この後，物体はさらに同じ時間を経過して地上に衝突する．したがって，物体が空中にある時間T_2は$2 \cdot T_1$となる．この間，物体の水平方向への移動距離xは，

$$x = v \cdot \cos\theta \cdot T_2 = v \cdot \cos\theta \cdot (2 \cdot T_1) = v \cdot \cos\theta \cdot \frac{2 \cdot v \cdot \sin\theta}{g}$$

$$= \frac{2 \cdot \sin\theta \cdot \cos\theta \cdot v^2}{g} \tag{6}$$

となり，三角関数の加法定理を利用して，

$$\sin 2\theta = 2 \cdot \sin\theta \cdot \cos\theta$$

を代入すると，

$$x = \frac{\sin 2\theta \cdot v^2}{g} \tag{7}$$

が得られる．$\sin 2\theta$が最も大きくなる（$\sin 2\theta = 1$となる）角度は2θが90°のときであり，したがって$\theta = 45°$の角度で放ると最も遠くまで物体が到達することになる．

SI単位系では角度を弧度法（ラジアン[rad]）で表現するので，これに従えば，$\theta = \frac{\pi}{4}$

a) 地上で水平方向に投げ出した物体の運動

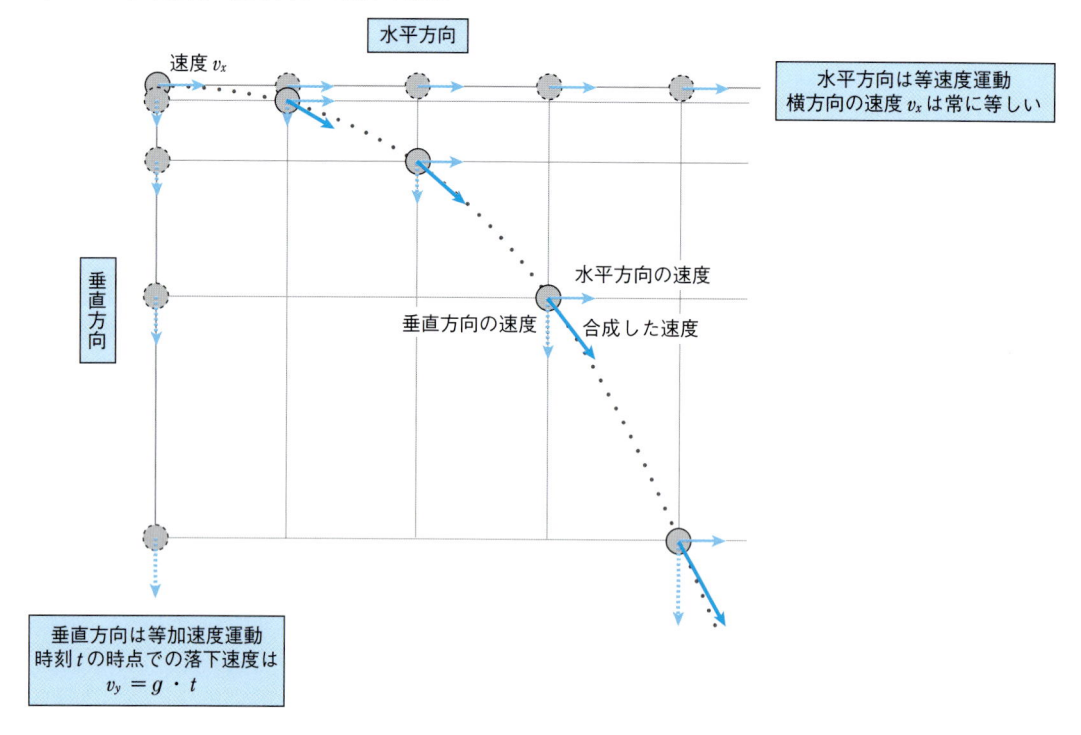

水平方向は等速度運動
横方向の速度 v_x は常に等しい

垂直方向は等加速度運動
時刻 t の時点での落下速度は
$v_y = g \cdot t$

b) 地上から斜め上方に投げ出した物体の運動

垂直方向の最高到達距離
$$\frac{v^2 \cdot \sin^2\theta}{2g}$$

水平方向の最終的な到達距離
$$\frac{2 \cdot \sin\theta \cdot \cos\theta \cdot v^2}{g}$$

垂直方向の初速度 $v \cdot \sin\theta$
初めに与えた速度ベクトル v
水平方向の初速度 $v \cdot \cos\theta$

時間 t

垂直方向の速度 $v \cdot \sin\theta - g \cdot t$
速度ベクトル
水平方向の速度は初速度と変わらない $v \cdot \cos\theta$

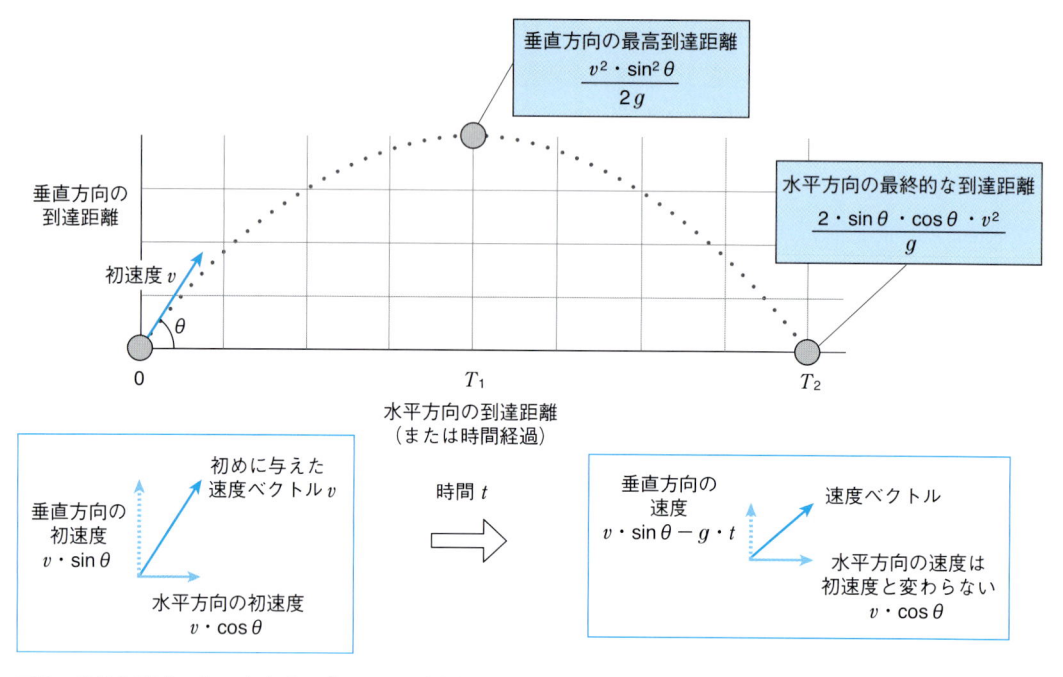

図2　放物運動(一定の大きさで作用する重力加速度の下での物体の運動)

のときに最大到達距離($\frac{v^2}{g}$)を得ることができる．

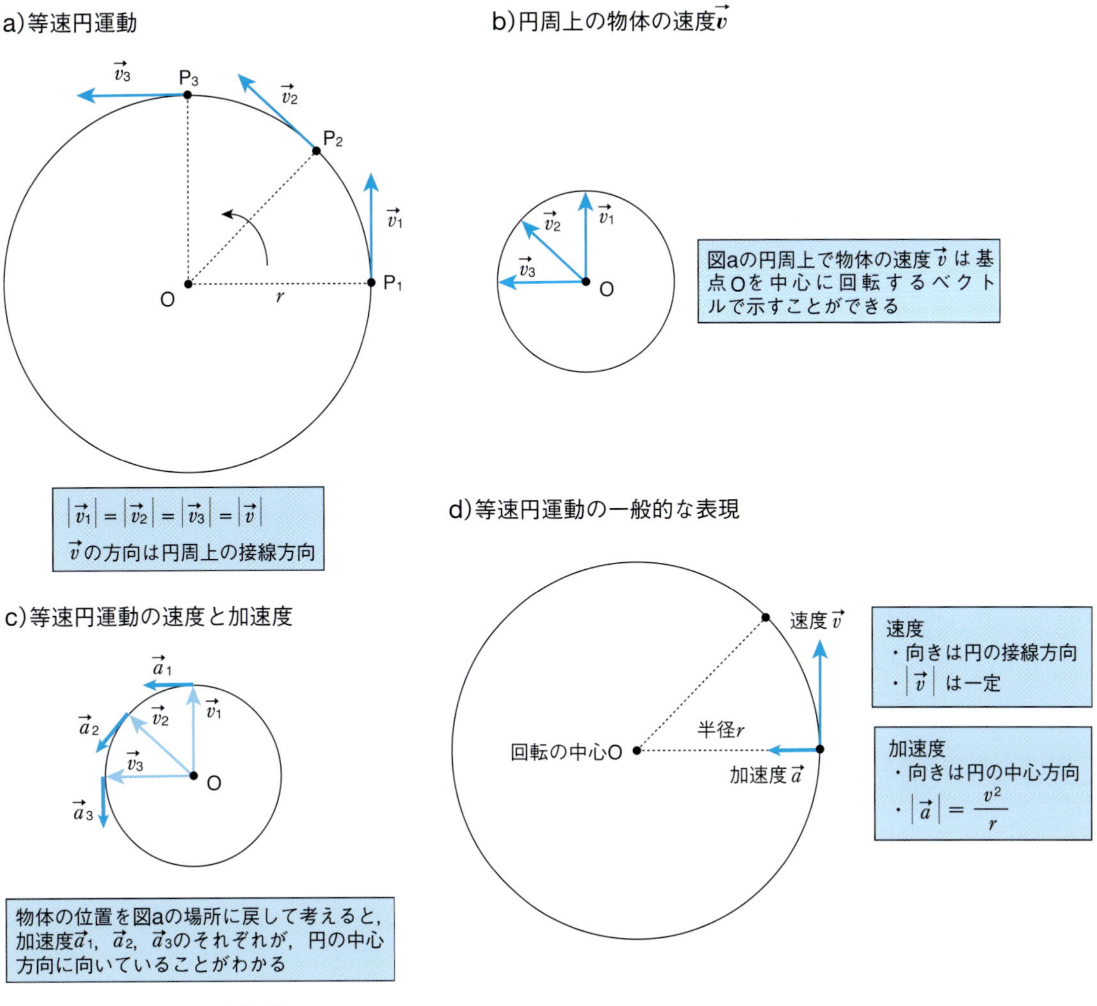

II-3. 力の作用と運動

a) 等速円運動

b) 円周上の物体の速度 $\vec{v}$

図aの円周上で物体の速度 $\vec{v}$ は基点Oを中心に回転するベクトルで示すことができる

$|\vec{v_1}| = |\vec{v_2}| = |\vec{v_3}| = |\vec{v}|$
$\vec{v}$ の方向は円周上の接線方向

c) 等速円運動の速度と加速度

d) 等速円運動の一般的な表現

速度
・向きは円の接線方向
・$|\vec{v}|$ は一定

加速度
・向きは円の中心方向
・$|\vec{a}| = \dfrac{v^2}{r}$

物体の位置を図aの場所に戻して考えると，加速度 $\vec{a_1}$, $\vec{a_2}$, $\vec{a_3}$ のそれぞれが，円の中心方向に向いていることがわかる

図3　等速円運動の運動状態

3. 円運動

3-1　円運動における速度と加速度

　ある点を中心に周回する運動を円運動という．円運動のうち最も単純な等速円運動は，物体がある円の円周上を一定の速さで周回する運動である．

　図3は等速円運動の運動状態を示したものである．図の円運動では速度や加速度の向きが常に変化するので，誤解を避ける目的で，速度，加速度をベクトルで表記する．物体が半径 r の円周上を速度 $\vec{v}$ で運動しているとき $|\vec{v}|$ が一定であれば，速度 $\vec{v}$ はある点を中心として回転している．図3aで物体が P_1, P_2, P_3 の位置にあるとき，それぞれの速度を $\vec{v_1}$, $\vec{v_2}$, $\vec{v_3}$ とすると，速度ベクトルは図3b上の点Oを中心に回転するベクトルで表される．等速円運動では，

$$|\vec{v_1}| = |\vec{v_2}| = |\vec{v_3}| = |\vec{v}|$$

であり，速度ベクトルの先端も円運動をすることになる．このときの回転の速さは

物体の回転運動と等しい．速度の変化は加速度なので円運動の加速度を$\vec{a}$とすると，加速度の方向は速度に対して直角方向（速度ベクトルを円運動とすれば，加速度はこの円の接線方向を向く）となる．これを図3cのように表せば，$\vec{a}$は半径$|\vec{v}|$の円周上を回るベクトルとして表現できる．

円運動の周期Tはどの図においても等しい．今，$|\vec{v}|=v$と記述すると，図3aでは円周が$2\pi r$なので運動の周期は，

$$T = \frac{2\pi r}{v} \tag{8}$$

と表現できる．同様に図3cでは加速度$\vec{a}$の大きさ$|\vec{a}|=a$とすると，運動の周期は，

$$T = \frac{2\pi v}{a} \tag{9}$$

になる．式(8)，式(9)でTは等しいので，結果として，

$$a = \frac{v^2}{r} \tag{10}$$

が得られる．

図3aと図3cを並べてみると，速度が$\vec{v_1}$のときの加速度$\vec{a_1}$は円の中心に向いていることがわかる．図3dに等速円運動の一般的な状態を示す．等速円運動では速度と加速度の大きさは一定であり，速度は運動している円の接線方向に，加速度の向きは常に中心に向いていることがわかる．

円運動に現れる力を向心力または求心力という．物体にひもを付けて振り回すと，物体はひもの張力として向心力を与えられ，円運動を始める．

3-2 角速度

円運動では，角度をラジアン[rad]で表現して速度を角速度として表す．ラジアンは中心角に対応した円弧（半径1）の長さで角度を表現している．角度自体が長さを意味するので，半径rの円周上を単位時間にθだけ回転する物体の移動距離は$r\cdot\theta$になる．これを利用して回転の速度を表すと，速度ωは，

$$\omega = \frac{\theta}{t} \tag{11}$$

になる．このωを角速度という．角速度の単位は[rad/s]である．

角速度を使って円運動を表現すると，運動の速度vと加速度aの大きさはそれぞれ，

$$v = r\cdot\omega \tag{12}$$

$$a = \frac{v^2}{r} = r\cdot\omega^2 \tag{13}$$

となる．

角速度は円運動だけでなく，一定の周期で変動する正弦波など，周期的な変化をする現象の説明によく利用されるので，物理学における必須事項の1つである．

3-3 慣性力と遠心力

車がカーブしたりブレーキがかかると，車内では突然，体がみえない力で引っ張られた（あるいは押し付けられた）状態になる．このように，力が直接作用したよう

II-3. 力の作用と運動

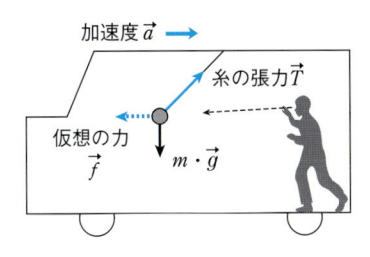

a) 車内で観測した振り子 b) 車外で観測した振り子

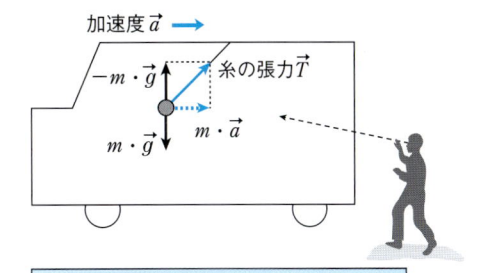

- 張力$\vec{T}$と重力による重さ$m\cdot\vec{g}$は慣性力$\vec{f}(=-m\cdot\vec{a})$とつり合う．
- $|\vec{f}|=m\cdot|\vec{a}|$

張力$\vec{T}$の横方向の力はおもりに車と同じ加速度運動を引き起こすように作用する

図4 加速度運動で現れる慣性力

にみえなくても，加速度運動をしている乗り物の搭乗者や車載物に現れる見かけ上の外力を慣性力という．円運動（あるいは回転運動）にみられるこの慣性力を特に遠心力という．

1) 慣性力

慣性力は力が直接作用しない現象である．等速度で運動している物体Aと，この上に置かれた別の物体Bが等しい速度で動いているとき，ある時点で物体Aに加速度が働いた状態を想定してみよう．物体Bには力が及ばないのでBは等速運動を続けようとする．加速度が生じた後には物体AとBとは異なった速度で運動することになるので，BはAの上で動き出す．このような現象を考えるには運動を観察するときの視点が大切である．

運動中の物体の上（たとえば車の内部）において，物体に加速度$\vec{a}$が作用している状態を考えてみよう．たとえば，図4のように車の内部に振り子を用意して運動を考える．まず，車の内部に視点を置いて考えることにする．

車が一定の加速度$\vec{a}$で運動をすると，振り子は加速度運動と反対の向きに振れ静止する．振り子が静止していることに示されるように，車の内部では車自体の加速度運動は働いていないようにみえる．しかし，振り子のおもりの質量をm，吊ってある糸の張力を$\vec{T}$とすると，図4aに示すように，振り子には仮想の力$\vec{f}$を作用させなければ，その静止状態を説明できない．この$\vec{f}$は車の内部にいる人にしか観察できない力であり，実際には振り子がもつ慣性力によって現れる力である．慣性力は加速度の方向と逆の方向に発生し，その大きさはおもりの質量mと加速度$\vec{a}$の大きさとの積である．

もし，この運動を車の外部で観測すると，図4bのように，加速度が加わっても振り子のおもりはそのまま前に動き続けようとする．しかし，車自体に加わっている加速度$\vec{a}$が振り子の糸を介しておもりに作用し，おもりに車と等しい加速度運動を与える．この力（おもりの質量mと加速度$\vec{a}$の積）は張力の水平方向成分として現れる．このように，車内では車外から見たときに，おもりに働く力以外の力（向き

が逆で大きさが等しい)が働いているようにみえる．

2) 遠心力

遠心力は円運動でみられる慣性力である．等速円運動では加速度は常に回転の中心方向を向いているので，慣性力すなわち遠心力は回転の中心から物体を結んだ線上で円の外側方向に向く力として現れる．

遠心力を利用した機器の1つに遠心分離器がある．質量の異なる物質が混合している流動体を容器に入れ，容器ごと高速度で回転させる．容器内の個々の物質はいずれも等しい加速度運動をするので，この加速度に対応した遠心力が働く．個々の物質に同じ大きさの加速度が与えられると，その物質には質量に比例した力が作用する．その結果，質量の大きな物質ほど大きな力で容器の底に引っ張られるので，重い物質(質量の大きい物質)と軽い物質を分離することができる．

4. 物体の衝突と運動量

4-1 力積と運動量

「Ⅱ-1．力の基本法則」で，運動している物体の運動量について解説した．運動量は物体がもつ運動の大きさのことである．物体が同じ速度で運動していても，質量の大きな物体は小さな物体より全体として大きな運動をしているように思える．質量 m と速度 $\vec{v}$ の積は運動量として定義され，運動量を $\vec{p}$ とすると，

$$\vec{p} = m \cdot \vec{v} \tag{14}$$

となる．速度がベクトル量であるので，運動量もまたベクトル量となる．

力を物体の運動状態がどれだけ変化するかを表すものとして，この運動状態に対応する量を運動量とすれば，力の作用によって運動量に変化が生じるので，運動量の変化の大きさは力を加えた時間に関係する．時間 t と力 $\vec{F}$ の積は力積と定義されている．時間 t の間，力 $\vec{F}$ が作用すると，この間の力積は $t \cdot \vec{F}$ となる．すでに述べたように，力積と運動量の関係はニュートンの第2法則(力＝質量×加速度)と同等の意味をもっている．

力積＝運動量の変化と定義すると，

$$t \cdot \vec{F} = m \cdot \Delta \vec{v} \tag{15}$$

となる．この式から，短い時間で大きな速度変化を得ようとすれば強い力が必要となることがわかる．たとえば物騒だが，大砲は火薬の力で短い時間に大きな力を作り，これを利用して弾丸を飛ばしている．このとき，砲身が長ければそれだけ長い時間力を作用させることができるので，弾丸は大きな運動量を得ることができ，より遠くへ飛ばせる．一方，衝撃吸収のためのクッションは，衝突に際してできるだけ長い時間をかけて速度の変化をさせることで作用する力を小さくさせることができる．

4-2 運動量保存則

物体の運動量を変化させる力は，その物体の外部から作用する力である．これを外力という．大砲の弾丸を運動物体と考えるならば，火薬の爆発による力が外力として働き，弾丸が飛び出したことになる．ここで，弾丸に着目するのではなく，弾

a) 中心線が一致した衝突

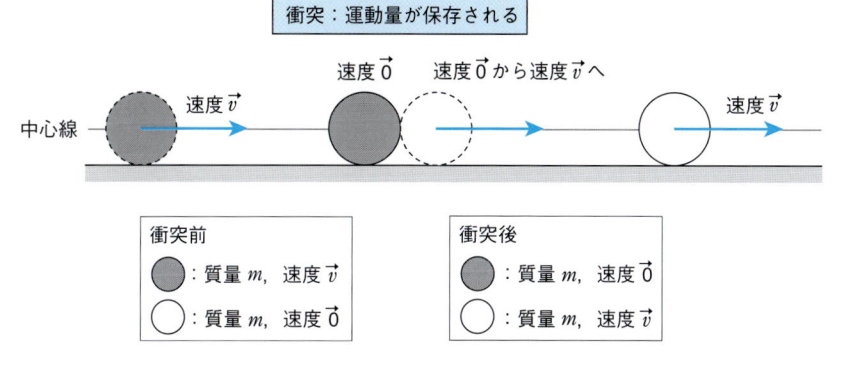

b) 中心線が一致しない衝突

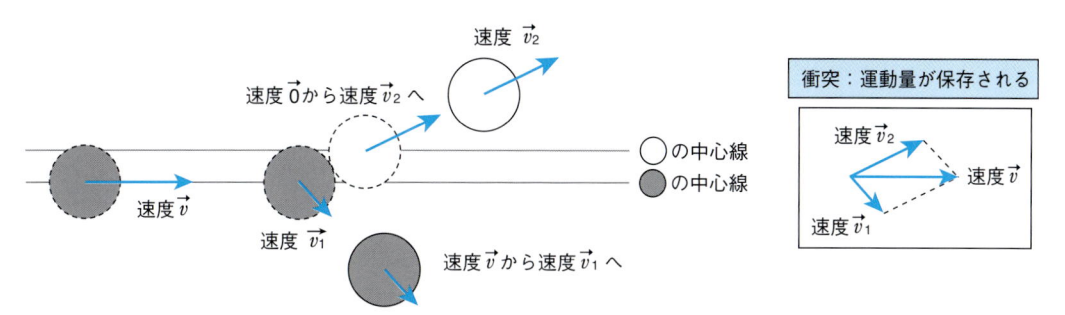

図5　同じ質量mの2つの玉を衝突させたときの運動の状態

丸を含めて大砲全体を1つの固まりとして考えることにする．
　大砲の中で火薬が爆発したとき，その力の反作用として大砲は弾丸とは逆方向に押されることになる．弾丸を飛ばす力と大砲を押す力は作用・反作用の法則に従い，大きさが等しく向きが逆の関係となる．このとき，大砲全体(これを系という)からみれば，外部に力を働かせていないし，外力を受けてもいないことになる．すなわち系全体としての運動量は変わらない．弾丸の発射前に運動量が0であれば，発射にかかわらず系としての運動量は依然として0であり続ける．このように考えると，火薬の爆発による力はいったいどうなってしまったのかという疑問が湧くが，この力は左右対称に働くので運動量として表には現れない．しかし，エネルギーは確かに存在し，これによって弾丸や大砲が動くのである．エネルギーと運動量は物理的な概念の異なる量なので，その違いを認識しておかなくてはならない．
　物体同士の衝突についても同様で，2つの物体を1つの系として考えるならば，衝突という現象を作用・反作用の表れと考えることができ，衝突前後の運動量に変化は起こらない．
　図5は同じ質量mの2つの玉を衝突させたときの運動の状態を示している．ビリヤードの玉のように，玉同士の反発が完全に弾性的に起こる(変形や摩擦熱による損失がない)と仮定すると，中心線が一致した衝突では一方の玉の運動(運動量)が完全にもう一方に移動する．

この場合，系全体としての運動量$\vec{p}$は，

衝突前の運動量 $= m \times \vec{v} + m \times \vec{0}$ (16)

（$\vec{v}$：動いている玉の運動量，$\vec{0}$：静止している玉の運動量）

であり，衝突後に動いている玉が代わっただけで系の運動量は変化していない．また，両者の中心線が逸れている場合には玉は両方とも動き出すが，それぞれの速度ベクトルの和はぶつかる前の玉の速度の$\vec{v}$に等しくなる．この場合は衝突前の系の運動量$\vec{p}$は，1つの玉だけが動いているために$\vec{p} = m \times \vec{v} + m \times \vec{0}$であったのに対して，衝突後は2つの玉がそれぞれ新たな速度（$\vec{v_1}$, $\vec{v_2}$）をもち，系全体の運動量$\vec{p}$は，

$$\vec{p} = m \times \vec{v_1} + m \times \vec{v_2}$$

で表されるが，これは衝突前と等しいので，

$$\vec{p} = m \times \vec{v} = m \times \vec{v_1} + m \times \vec{v_2} = m(\vec{v_1} + \vec{v_2}) \tag{17}$$

となる．したがって，

$$\vec{v_1} + \vec{v_2} = \vec{v}$$

となり，初めの速度が2つの速度に振り分けられたことになる．玉の当たる位置によってベクトルの組み合わせが異なるので，ビリヤードを難しく（面白く）している．

このように物体の運動では運動量の保存則が成立するが，これと同時に物体のもつ運動エネルギーについても保存則が存在する．弾性体同士の衝突では，これら2つの保存則が同時に成立することが運動を規定する条件になる．エネルギーについては「Ⅳ-1．エネルギー，振動」で解説する．

第Ⅱ章　力の働き

Ⅱ-4. 物体の変形に関する力学

「Ⅱ-3. 力の作用と運動」まで，変形を許さない物体（剛体）に対する力の作用について説明した．この場合，力の作用は物体のつり合いや運動として現れたが，ここでは物体自身が力の作用によって変形する場合について説明する．物に力を加えた場合，力によって物体が変形する現象はよく経験することである．バネやゴムを引っ張って伸ばしたり，板を折り曲げたり，さまざまな場面で物体の変形が現れる．物体と変形の関係は，物体内部における力の作用として説明できる．このとき物体の変形には物体の材料としての力学的な性質が関係する．物体内部の力は応力として定義されるが，ここでは応力と変形（伸び，縮み，曲がりなどのことで，ひずみと表現される）との関係を説明し，さらに，物体の力学的な性質を表す用語について解説する．

1. はじめに

　　力は物体の運動を変化させるものと定義されている．しかし，すべての力が物体に運動を起こすわけではない．明らかに力が作用しているのに物体が動かない場合は，力がつり合っていると考えることができる．また，力の作用があっても物体の変形がない（このような物体は剛体と定義されている）場合は，この現象だけでは物体のもつ固有の性質は何も浮かび上がってこない．しかし，物体が力によって変形する場合には，変形の大きさは明らかに物体固有の力学的な性質に依存する．

　　ここでは，力と変形について基本的な考え方を説明し，どのような物体固有の力学的性質（物性値）が関係するか考えてみよう．

2. 物体に作用する外力と内力

　　物体に外力が作用しているとき，その物体の全体を考えた場合，物体が静止（または等速運動）していれば，物体に作用している力はつり合っていることになる．このつり合いは単に外力だけでなく，外力のモーメントについても同様である．モーメントのつり合いがなければ，物体は回転運動を始めることになる．

　　静止している物体では外力の働きについてはつり合いが成立しているが，物体の内部を考えた場合，この外力は物体の内部にもその作用が及んでいるはずである．物体が静止しているとき，物体を構成しているどの部分も静止状態にあると考えることができる．今，図1aのような円筒状の材料が存在し，両端に外力$\vec{F}$および$\vec{F'}$が作用していると考える．$\vec{F}+\vec{F'}=0$が成り立つとき，外力はつり合い，またモーメントは発生しないので物体は静止している．ここで，物体内部に仮想的な任意の断面Aを考えてみよう（図1b，面Aでこの物体を2つに切り分けたと考える）．このとき，物体内部のどの場所においても物体の動きがないので，仮想断面Aに生じる力と，

a)

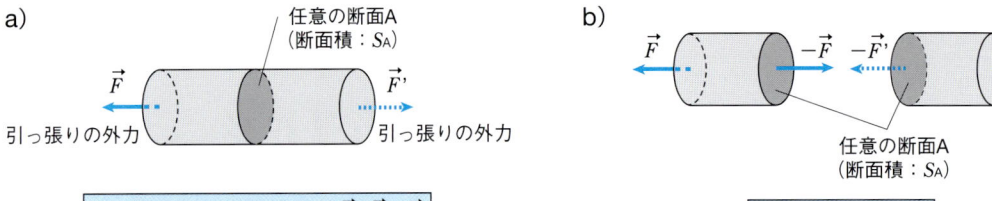

つり合いが成立しているので $\vec{F}+\vec{F'}=\vec{0}$
物体は静止状態を保つ

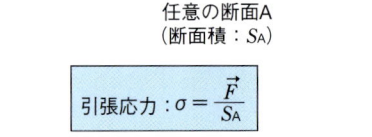

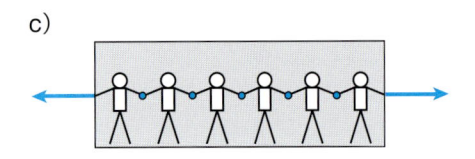

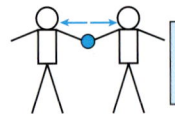

b)

引張応力: $\sigma = \dfrac{\vec{F}}{S_A}$

c)

・応力は一人ひとりが引き合う力である
・応力は引き離されようとする力に抵抗している
・●の部分に応力に対応したひずみが生じる

図1 外力と応力の考え方
引張応力と圧縮応力を1つにして垂直応力ともいう．一般に引張応力を正，圧縮応力を負とする．

もともと物体に作用していた外力とがつり合っていることになる．

すなわち，断面に働く内力を中心部での合力として表すならば，2つに分けられた断面にはそれぞれ $-\vec{F}(=\vec{F'})$ および $-\vec{F'}(=\vec{F})$ が作用していると考えることができる．この合力は断面上の各部に働く分力の総和である．

このように物体に外力が作用した場合には，この外力に対応した内力が物体の内部に作用する．

2-1 応力

物体内部に内力が作用する面を考えたとき，この面における単位面積に作用する内力の大きさのことを応力という．すなわち，

　応力＝力÷面積

となるので，単位は[N/m^2]となる．この定義は圧力と同じであり，圧力のSI単位がパスカル[Pa]なので，応力のSI単位もまた[Pa]（＝[N/m^2]）ということになる．応力は面に対する作用によっていろいろな呼び名が付く．たとえば面を引っ張るように働く方向の応力を引張応力といい，押しつける応力であれば圧縮応力という．

図1bで面A上にある点の応力を考えると，力が $\vec{F}$，断面Aの断面積が S_A なので，応力 σ は，

$$\sigma = \frac{\vec{F}}{S_A} \tag{1}$$

となる．

わかりにくければ，手をつないだ人で物体を構成してみよう（**図1c**）．両側から同じ力で引っ張られているので，全体的には動いていないが，両端の人だけでなく，中にいる人はどこでも隣り合った人との間に力が働く．この力の大きさは両端の人と同じであり，互いに手が離れないように引っ張り合うことになる．これが応力に

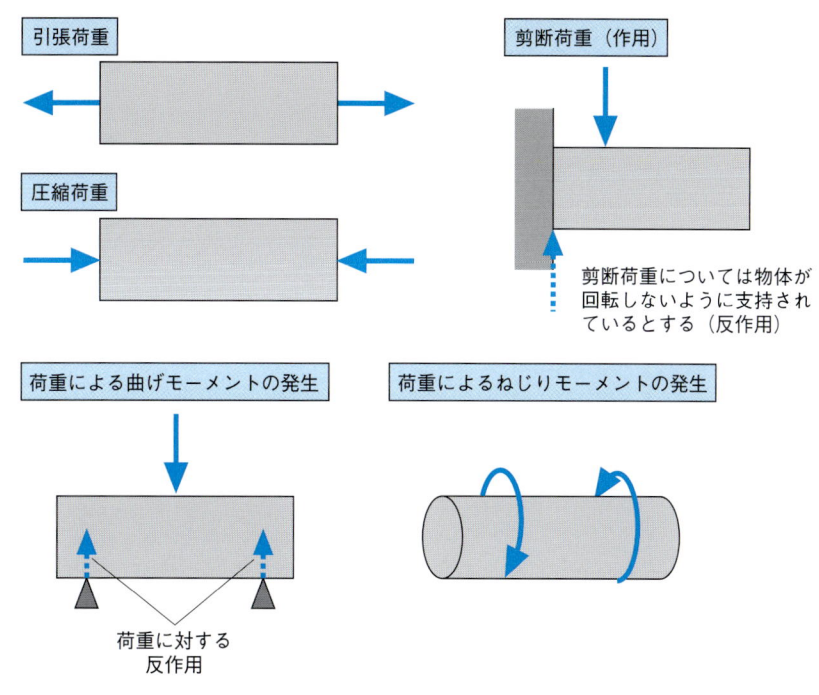

図2 材料に加えられる荷重の種類

対応する．

式(1)からわかるように，応力は断面積に反比例する．これを人のつながりで考えるならば，1列ではなく，何列かで外力を受けたと考えればよい．列の数が増えれば，それぞれの人が引っ張り合う力は列の数に反比例して減ることになる．

2-2 応力とひずみ

材料に加わる外力のことを荷重といい，物体への作用によって呼び方が決まっている．図2に一般に使われる荷重の様式を示す．荷重には引張荷重，圧縮荷重のほかに，物体を切断する方向に働く剪断荷重がある．さらに，曲げやねじりのような回転力も荷重として存在し，これらを曲げモーメント，ねじりモーメントという．このように，物体にはさまざまな荷重が加わるが，物体内部に生じる応力の方向は荷重の様式によって異なる．

物体を剛体とみなさなければ，応力の作用によって物体は変形する．引張荷重を人にたとえた図1cで考えれば容易に想像できるように，応力が大きくなれば変形の量も大きくなる．同時に，断面積が一定の場合は一人ひとりの間に働く応力がどの断面でも等しくなるので，それぞれの間隔は引っ張られて少し伸びる．人が長くつながれば全体の伸びも大きくなる．このように，物体に荷重を加えた場合の変形量は元の物体の大きさ(ここでは長さ)に依存する．

このため，材料固有の性質を表現するためには，外力に対しての伸び(あるいは縮み)を考えるのではなく，伸びを元の長さで割り算して基準化する．この変形の割合をひずみという．ひずみの方向は外力の作用方向によって異なる．

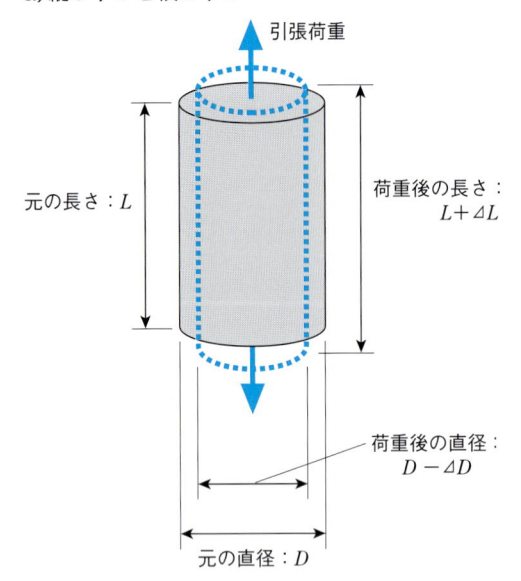

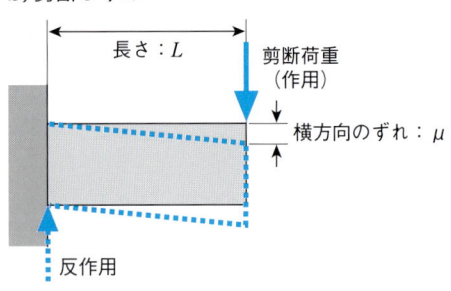

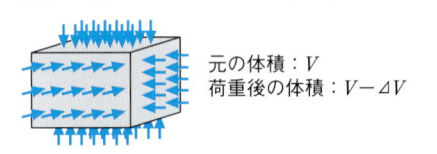

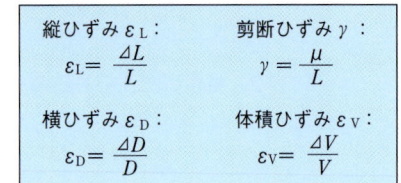

図3 荷重により生じるひずみ

a) 縦ひずみと横ひずみ
- 引張荷重
- 元の長さ：L
- 荷重後の長さ：$L+\Delta L$
- 荷重後の直径：$D-\Delta D$
- 元の直径：D

b) 剪断ひずみ
- 長さ：L
- 剪断荷重（作用）
- 横方向のずれ：μ
- 反作用

c) 体積ひずみ
物体の外部に均一な垂直応力（圧力）が加わる
- 元の体積：V
- 荷重後の体積：$V-\Delta V$

縦ひずみ ε_L：
$$\varepsilon_L = \frac{\Delta L}{L}$$

剪断ひずみ γ：
$$\gamma = \frac{\mu}{L}$$

横ひずみ ε_D：
$$\varepsilon_D = \frac{\Delta D}{D}$$

体積ひずみ ε_V：
$$\varepsilon_V = \frac{\Delta V}{V}$$

図3に荷重によるひずみを示したが，荷重の向きに等しい方向に生じるひずみを縦ひずみといい，これに直交する方向のひずみを横ひずみという．剪断応力によって生じるひずみは剪断ひずみといい，力の方向と同じ向きに生じる．剪断ひずみは横方向へのずれを元の長さで割った値である．

2-3 弾性率

物体に応力が生じるとひずみが生じるが，応力があまり大きくなければ，応力が消失したときにひずみも消失することがある．このように，ある材料に荷重が作用したときだけ変形し，荷重を取り去れば変形が元に戻るとき，この材料のもつ性質を弾性という．変形量であるひずみが応力に比例しているとき，応力とひずみの比を弾性率という．

引張応力 σ に比例して ε_L の縦ひずみが生じたとき，比例係数をEとすれば，

$$E = \frac{\sigma}{\varepsilon_L} \tag{2}$$

が成り立つ．このときEを縦弾性係数(率)あるいはヤング率という．同様に，剪断応力 τ に比例して γ の剪断ひずみが生じたとき，比例係数をGとすると，

$$G = \frac{\tau}{\gamma} \tag{3}$$

が成り立ち，剪断弾性係数(率)Gが定義される．このGのことを横弾性率ともいう．

物体の周囲に一様な垂直応力(圧力)が作用したとき，この応力Pによって現れる物体の体積変化ΔVを元の体積Vに対する比として，体積ひずみε_Vで表す．体積変化に対する弾性率を体積弾性率κといい，

$$\kappa = \frac{P}{\frac{\Delta V}{V}} = \frac{P}{\varepsilon_V} \tag{4}$$

と定義される．

これらの弾性率の単位は，ひずみが無次元量(比の値であり，単位は1)なので，応力と同じ[Pa]となる．

2-4 ポアソン比

ある円筒状の材料に引張荷重が与えられて伸びたとする．このとき同時に直径は小さくなるが，縦方向の伸びと横方向の縮みは材料の性質によって決まる．一般に縦ひずみε_Lと横ひずみε_Dの大きさの比はポアソン比νと呼ばれ，

$$\nu = \left| \frac{\varepsilon_D}{\varepsilon_L} \right| \tag{5}$$

と定義される．一般の物質では，鉄や銅のポアソン比は0.28程度，金や鉛が0.44と，素材によってその値が異なる．ポアソン比が大きいほど体積の変化率は小さいことになるが，体積変化のない場合には，この値は0.5となる．このような物質を非圧縮性の物質(圧縮率＝0)というが，荷重による材料の体積変化がないとき，縦ひずみε_Lと横ひずみε_Dの比は単純に計算で求めることができる．

非圧縮性の材料で作られた円筒の直径をD，長さをLとすると，体積Vは，

$$V = \frac{L \cdot \pi \cdot D^2}{4} \tag{6}$$

となる．荷重により，長さが$L + \Delta L$，直径が$D - \Delta D$になったとすれば，このときの体積$V + \Delta V$は，

$$V + \Delta V = \frac{(L + \Delta L) \cdot \pi \cdot (D - \Delta D)^2}{4} \tag{7}$$

となる．式(6)からΔVを計算すると，下の囲みの式(8)となる．

$$\Delta V = \pi \cdot \frac{-2L \cdot D \cdot \Delta D + L \cdot (\Delta D)^2 + \Delta L \cdot D^2 - 2\Delta L \cdot \Delta D \cdot D + \Delta L \cdot (\Delta D)^2}{4} \tag{8}$$

LやDに比べ，ひずみΔL，ΔDが非常に小さいとすると，ΔL，ΔDの2乗やこれらの積は無視できるほど小さな値となるので，これらを0とすると，

$$\Delta V = \pi \cdot \frac{-2L \cdot D \cdot \Delta D + \Delta L \cdot D^2}{4} \tag{9}$$

が得られる．体積の変化がない場合には$\Delta V = 0$となるので，

$$\Delta L \cdot D^2 = 2L \cdot D \cdot \Delta D \tag{10}$$

から，両辺を$L \cdot D^2$で割って

$$\frac{\mathit{\Delta} L}{L} = \frac{2 \cdot \mathit{\Delta} D}{D} \tag{11}$$

が得られる．すなわち，体積変化のない条件下では縦ひずみ ε_L と横ひずみ ε_D の比が1：2となり，ポアソン比 $\nu = 0.5$ が求められる．

3. 材料の力学的性質と物体の変形

　力による物体の変形は，その物体を材料として使っている構造物の設計に大きな影響を与える．このため，材料の性能を評価するための基準には材料の強度を表す指標が欠かせない．その物体がどのくらいの力に耐えることができるか，という単純な問題に対しても，その解答はさまざまである．材料の弾性的な変形が許容できるのか，できるとしたらそれはどの程度のひずみまで許されるのか，それとも破壊されて壊れてしまわなければよいのかなど，構造物としての機能に深く関係する．

　材料としての物質の性質を表す用語も多数存在するので，これらの用語の意味をしっかりと理解しておくことも必要であろう．材料のもつ機械的な性質は荷重と変形(応力とひずみ)の関係として表現することができる．

3-1　弾性

　物体に荷重があるとき，負荷に応じて変形し，その荷重がなくなると形が完全に元に戻るような物体を弾性体といい，その物体の変形を弾性変形という．荷重と変形の大きさは正確に比例するとは限らないが，ゴムやバネのように，大きな変形を目的として使用される材料では荷重と変位が比較的広い範囲で比例する(図4a)．しかし，一般的な金属では破断する限界の荷重に対する弾性限界荷重の範囲が狭い．

　完全な弾性体では荷重と変形量(応力とひずみ)の関係をグラフにすると，原点を通る直線となる．このとき弾性係数(率)は直線の傾きになり，変形しにくい(硬い)材料ほど弾性率は大きくなる．日本語では「弾力性が大きい」と表現した場合，これは「伸びやすい，あるいは柔らかい」と同義に用いることが多いが，弾性を表現する「弾性率」は「硬さ」の意味で使われるので，勘違いしないように注意してほしい．英語でも弾性率(elastic modulus)が弾力性(elasticity)を表す指標になるが，やはりelasticが伸びやすさやしなやかさを感じさせる用語であるので，日本語と同じように誤解の原因になることもあるようである．

3-2　塑性

　材料によっては，荷重に伴って変形をするが荷重をなくしても元の状態に戻らず，変形した分がそのまま残ってしまうことがある．このような物体のことを塑性体と表現する．変形の状態を塑性変形といい，荷重を除いた後に残る変形を残留変形という．塑性変形では荷重による変形量が一対一の関係で決まらない．一般に塑性体は流動的な性質をもち，荷重と変形との関係が時間の影響を受ける．この現象は液体や気体のような流体に近いが，これらの流体とは異なり，荷重がない状態では変形がなく，元の形状が保たれる．完全塑性状態では荷重を一定に保っても変形だけが時間とともに増大する．このとき，荷重と変形との関係をグラフで表すと，傾きが0になっている(図4b)．

a) 弾性体の変形

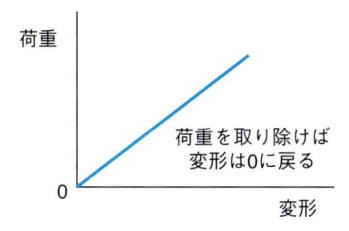

荷重を取り除けば変形は0に戻る

b) 塑性体の変形

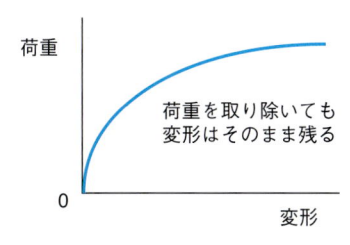

荷重を取り除いても変形はそのまま残る

変形量は時間に依存する

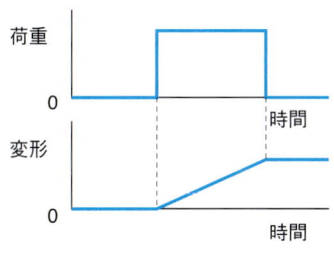

c) 完全弾塑性体の変形

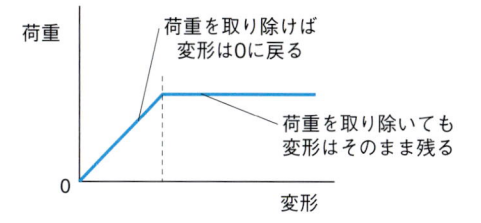

荷重を取り除けば変形は0に戻る
荷重を取り除いても変形はそのまま残る

d) 剛性のグラフによる表現

硬い（剛性が大きい）
柔らかい（剛性が小さい）

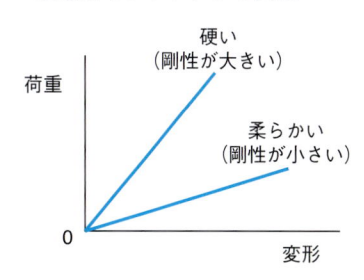

図4　物体の材料としての性質：荷重と変形の関係

3-3　完全弾塑性

　一般に材料として用いられている物質の性質は，どのような物質でも単純な弾性体や塑性体であることはない．しかし，いくつかの物質を組み合わせて物を作るとき，複雑な性質をすべて把握したうえで設計を行うことは非常にたいへんである．このような場合，物質（あるいは物体）の主要な性質を簡単な要素として扱うことが役に立つ．

　このような考えに基づいて，たとえば，物体に荷重を与えたとき，ある点までは弾性変形状態となり，それ以降で完全塑性状態になるような物体を考える．このような物体を完全弾塑性体という．完全弾塑性体の荷重と変形の関係は，弾性変形状態と完全塑性状態の2つの直線の組み合わせで表すことができる（図4c）．実際の材料ではもう少し複雑な変化となることはいうまでもないが，その違いが許容される範囲内であれば，荷重と変形を計算する際の計算モデルとして利用できる．

3-4　剛性

　物体に荷重が与えられたとき，その変形量が小さい物体は硬いと感じる．この硬さは材料自体のもつ弾性率に依存することはもちろんであるが，いくつかの部材を組み合わせた構造物では，材料の性質と構造の作り方の両方が関係する．剛性はこのような性質を物体の全体的な硬さとして表現する用語である．単に引っ張りや圧

縮剪断だけでなく，ねじりや曲げについても剛性が定義できる．高速で走行する車や航空機はもちろん，機械や機構が安定しているかどうかを評価するうえで重要な性質である．

剛性は荷重と変形を表す直線（あるいは曲線）の傾きで表すことができる（図4d）．硬い物体は剛性が大きい，柔らかい物体は剛性が小さいと表現される．

3-5 靭性

材料が変形したときの，ねばり強さの指標を靭性という．靭性とは材料が破断することなく，どの程度の荷重（それに対する変形）まで耐えることができるかを表す．物体の変形があっても後で直せるなどの修復方法があって，とにかく切れたり，折れたりしなければよいという場合の指標である．材料が板状の場合，同じ性質を延性（延ばし広げやすさ）という用語で表現する．荷重と変形の関係でいえば，靭性が高い物質は塑性変形する範囲が広いのが特徴である．

3-6 脆性

脆性とは材料が変形するときの脆さの指標である．一般に剛性が高く，靭性が低い材料ほど脆性が高い．脆性は物体を破壊するのに要するエネルギーの大きさを表す．靭性や延性と対立的に用いられる．

脆性破壊とは，使用している材料の靭性や延性が大きく低下することによって起こる破壊のことである．材料の変形が弾性領域内であっても，そのような変形が繰り返し起こると，材料の強度がだんだん低下し，ついには弾性領域内にもかかわらず材料が破断してしまうことがある．このような破壊を，一般的に脆性破壊と呼ぶのである．

3-7 降伏

弾塑性体で荷重が小さい領域で弾性変形している状態から，ある荷重の大きさを超えて材料が塑性状態になることを降伏という．また，領域が変化する点を降伏点という．したがって，荷重が降伏点に達しない範囲であれば，荷重を取り除けば材料は元の形に戻ることになる．

4. 物体の変形と材料としての強度

物体の変形や強度は，対象とする部品材料の応力とひずみの関係（応力－ひずみ線図）で示される．この関係は材料の材質に依存し，金属，木，磁器，ガラス，プラスチックなど，さまざまな材質に対して個別に考えなくてはならない．また，使用環境温度，繰り返し荷重の有無など，同一材料に対しても同一の関係が成り立つとは限らない．

応力とひずみの関係はひずみの大きさに依存し，必ずしも比例した関係にはない．

図5はある材料を引っ張ったときの応力とひずみの関係である．材料を一定の速度で伸ばしながらそのときの荷重を測定すると，応力－ひずみ線図として表現することができる．

図5に示すように，応力が増加するにつれひずみも増大するが，この間，特徴的な点がいくつか存在する．荷重が0（応力＝0）のときを原点Oとすると，OからAの

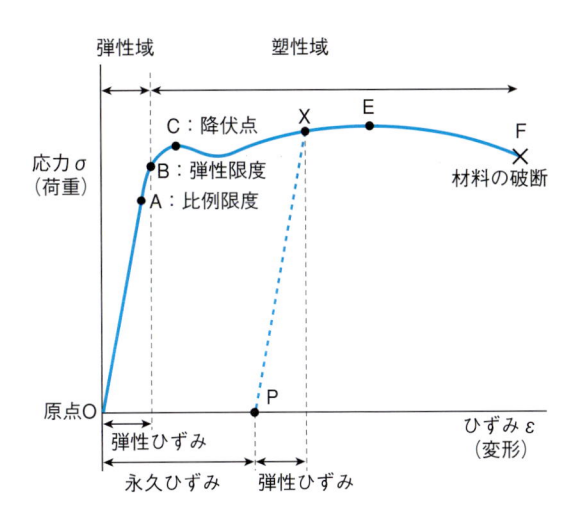

図5　材料の応力とひずみの関係
この関係は材料の種類によって異なる．ここでは鉄などの金属で観察される関係を模式的に示してある．

間で，ひずみが応力に正比例して増加する．Aはその最大限界を示す点で，A点の応力を比例限度(限界)という．さらに応力が増加してあるところに達するまで，ひずみは応力に応じて増大するが，応力を取り去ればひずみは0に戻り，変形は残らない．このような応力の限界点をBとするとき，B点の応力を弾性限度(限界)という．弾性限度内のひずみを弾性ひずみという．

応力がB点を超えて増加すると，荷重(応力)を取り除いても伸び(ひずみ)は0に戻らず，変形が完全に回復することはない．このB点以上のひずみによる変形を塑性変形という．この状態で荷重をさらに増加すると，応力があまり増加していないにもかかわらず，ひずみだけが大きくなる現象が発生する．このような現象は応力がC点を超えると現れる．C点のことを降伏点といい，材料がこれ以上の応力にさらされると，時間とともに変形がずるずると増大する．

応力が最大になるE点は，この材料に対する最大応力である．この点は，材料がこれ以上の荷重に抗しきれないことを示す．この材料の破断点はF点であり，荷重による応力が最大応力以下にとどまれば，材料は破壊されない．しかし，C点を超えるような応力の下では材料の変形が大きくなるので，実際の機械を設計するときには，余裕をもって，応力が弾性限界点より十分小さい値になるように寸法を決めることになる．

ある材料にC点を超える大きさの応力を加え，図5のX点までの変形を起こさせたとする．この後，応力を0に戻すと，材料の変形はP点の位置に戻り，原点(ひずみが0の点)には戻らない．このとき，A-OとX-Pは平行となり，材料の弾性変形分だけ変形が回復していることがわかる．

ここでは物体が力によって運動するのではなく，静止状態で変形する場合について考えた．高校までの物理学の範囲には必ずしも含まれないが，力と変形は我々が日常的に観察できる現象なので，説明することにした．より体系的に理解するためには，大学課程の材料力学で，材料のひずみや応力についてもっと詳しく勉強する必要がある．

第Ⅲ章

流体の力学

第Ⅲ章　流体の力学

Ⅲ-1. 流体の特徴と圧力

物体に力が働くとき，物体は運動や変形を起こす．「Ⅱ-4. 物体の変形に関する力学」までは，物体を固体に特定して現象について説明した．物質には固体だけでなく，気体や液体などの流体がある．空気などの気体であろうと，水のような液体であろうと，分子から構成されている物質であり，その意味では原子や分子で成り立つ固体との違いはない．流体だから特別な物理法則が存在するのではなく，この場合でも，基本的な物理法則は固体と変わることはない．しかし，流体特有の物理的現象を固体と同列にして説明するのはそれほど簡単ではない．流体を多数の微小な物体に分けて，それぞれの部分の運動や振る舞いを合成して流体全体の振る舞いとしてとらえ直さなければならない．これらの基本的な概念を踏まえて，現在では流体に関係する現象やそこに現れる基本法則は流体力学としてまとめられている．ここでは流体の特徴と，力との関係で非常に重要となる圧力の概念を中心に説明する．

1. はじめに

　　流体は固体と違って物体の形が定まらず，流動的であることが大きな特徴である．一般に物質は固体，液体，気体の3種類に分類されることはよく知られているが，この分類によれば，固体は力を加えても形や体積を容易に変えることができない物質として理解される．一方，液体は力の作用で形を簡単に変えることができるが，体積は変えにくい．さらに，気体は形と体積の両方を容易に変えることができる．すでに，固体の力学で，物体が力により変形することを説明しているので，このような分類は厳密ではないかもしれない．しかし，一般に，物体がそこに置かれているだけで変形してしまうような場合，この物体を固体とは見なさない．実際には，地球の重力によってすべての物体には「質量×重力加速度」に等しい力が作用しており，この力の作用で流体は形を保つことができず，容器に入っていればその器の形状に従った形になる．

　　形を変えやすいという点で液体と気体は共通の性質をもつので，この両者を流体（fluid）と呼ぶ．形を変えやすい物質にはこれ以外にも，粉（粉体）や固体と液体の混合物（固液混合物）などもあるが，一般にこれらの物体は流体には含まず，その振る舞いは特有の力学（あるいは工学）によって研究されている．

　　流体に力が加わると形が変わる．このような流体の現象を流動といい，このような状態にある流体を流れると表現する．流体の力学を考えるとき，最も大事なことは，力の作用に対する考え方であり，この点が固体の場合と大きく異なる．固体では力は与えた場所に作用するので，この点を質点として考えることができた．その意味で，固体の力学は質点の力学と言い換えることができよう．これに対して流体では，外力が流体の内部に影響して，内力としての応力の働きによる変形や運動が

a) 分子のもつ運動エネルギーの大きさ

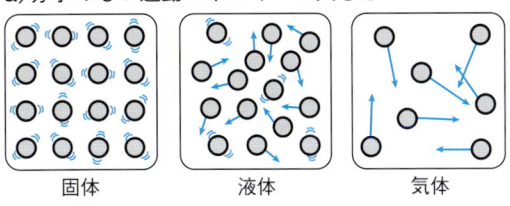

固体　　　液体　　　気体

b) 分子同士の位置

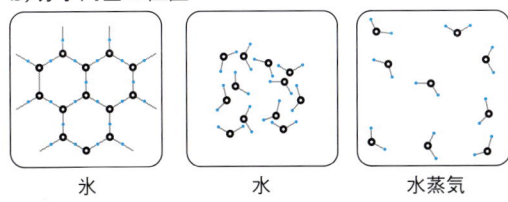

氷　　　水　　　水蒸気

図1　固体，液体，気体の状態にあるときの，水分子の振る舞い

重要になる．このような力の作用を圧力といい，流体が示す物理的な作用や運動では圧力に対する知識が不可欠となる．

2. 流体の特徴

　物質としての固体，液体，気体の基本的な特徴は，物質を構成する分子や原子の運動の自由度の大きさに影響されていることである．これら3つの状態をもつ水を例にとって，温度を変えたときの違いを図1に示す．温度が0℃以下の氷すなわち固体の状態では，水分子はそれぞれの分子が結合状態にあって，分子は元の位置で振動的な動きを示す．温度が上昇して液体の状態になると，水分子同士をつないでいた結合が解けて，それぞれが元の位置から離れて動き回るような運動が現れる．さらに温度が高くなって気体の状態（蒸気）になると，水分子は自由に，それぞれが勝手な方向に飛んでいけるようになる．

　同じ水分子で，温度によってこのような違いが現れるのは，水分子同士を結び付ける力の大きさと，分子のもつ運動エネルギーの大きさの大小関係が変わるためである．

　水分子が水と蒸気の状態にあるとき，水は一定の形状をとどめることができず，流体となっている．もちろんコップに水を入れて静かにさせれば，水は一定の形状を保っているようにみえる．しかし，その水の分子にまで迫って観察すれば，個々の分子は1カ所にとどまることなく動き回っているのである．たとえば，水に花粉を浮かべて観察すると，水面で花粉がジグザグの不規則な運動をしている現象が認められる．この運動は水分子の運動により花粉が動かされることによって起こる．花粉に含まれる粒子が水中で不規則な運動をすることは，1827年，植物学者のブラウン（Robert Brown, 1773〜1858）が顕微鏡で観察し，花粉粒子と同じ大きさの染料の粒子でも同じような動きを観察している．当時はこの現象の原因がわからず，単にブラウン運動と呼ばれたが，その後，アインシュタインらは，この運動が水の分子が花粉の粒子に不規則に衝突するために起こるということを説明し，ブラウン

運動の動きの観察によって水分子の大きさや衝突の速さなどを式の形で示した.

　気体で同様の現象が起こることも煙粒子の運動で観察されていて，これらの研究によって気体の熱運動などの研究手法が飛躍的に発展し，現在の統計物理学の基礎となっている．統計物理学は系の微視的な物理法則をもとにして巨視的な性質を導出するための学問で，おもに熱やエネルギー現象の解析で力を発揮している.

　流体力学も同様の手法で説明できるかもしれないが，一般には流体は分子の運動よりずっと大きな領域で扱われる．このため特別の場合を除いて，流体の振る舞いを構成粒子の1つ1つから説明するのではなく，多少マクロ的な出発点から，もう少し理解しやすい連続体として説明することが普通である.

3. 圧力

3-1 圧力の定義

　圧力は単位面積当たりの力として定義されている．逆にいうと，圧力と作用する面全体の面積を掛け合わせたものが力となる.

　気体や液体は内部の分子の自由な運動により，力が分布的に作用する．このため，流体を扱うときは，力より圧力で現象を考えたり記述したりするほうが都合がよい．圧力を力の一種と考えると，圧力は気体や液体の構成分子が互いに押し合う（あるいは引っ張り合う）力といえる．また，流体には質量があるので，重力の作用で重さとしての力が働く．力は重さが加わる面に対して働くので，高さ方向に分布のある流体系では重力による圧力の効果も考慮する必要がある．「Ⅱ-4. 物体の変形に関する力学」で述べたように，材料力学では固体の内部で作用するこのような力を応力と表現し，単位面積当たりの力として表している．圧力も基本的には応力の1つと考えることができ，単位面積に働く流体の及ぼす力のことを指している.

　圧力は流体内部のどの場所においても発生しているが，流体中に任意の壁を想定してその壁に垂直に作用する力から圧力を考える．この壁はどのような方向に考えてもよく，壁の面積も任意である．流体中の微小領域を考えるときは，壁の大きさも相対的に小さくしておく.

　力の単位はニュートン[N]なので，圧力の単位は[N/m^2]となる．SI単位系では，この組み立て単位をもとに圧力の単位としてパスカル[Pa]を定義している．

$$1\,\mathrm{Pa} = 1\,\mathrm{N/m^2} \tag{1}$$

となる.

　真空中では壁に作用する力がないので，圧力は0となる．圧力は真空を基準にするのが基本で，このように示された圧力を絶対圧という．これに対して，測定の方法によっては，圧力が大気圧を基準として表現されることがある．言い換えれば，大気圧との差が測定されていることになる．たとえば血圧などを水銀柱で測定すると，測定値として大気圧よりどのくらい高い圧力になっているかが得られる．このように大気圧を基準として表現された圧力をゲージ圧という．ゲージ(gauge)とは測定用の計器のことを意味する.

表1 圧力と単位

単位の名称	単位記号	定義または説明	SI単位への換算率
パスカル	Pa	1 m^2 につき1 Nの力が作用する圧力	
ニュートン毎平方メートル	N/m^2	パスカルと同じ定義	
重量キログラム毎平方メートル	kgf/m^2	1 m^2 につき1 kgfの力が作用する圧力	1 kgf/m^2 = 9.80665 Pa
重量キログラム毎平方センチメートル	kgf/cm^2	1 cm^2 につき1 kgfの力が作用する圧力	1 kgf/cm^2 = 98,066.5 Pa
標準大気圧	atm	大気圧の圧力単位	1 atm = 101,325 Pa
水柱ミリメートル	mmH_2O	流体の圧力を地上で水柱の高さで表す圧力単位	1 mmH_2O = 9.80665 Pa
水銀柱ミリメートル	mmHg	流体の圧力を地上で水銀柱の高さで表す圧力単位	1 mmHg = 133.322 Pa
トル	Torr	・真空工学で用いる ・標準大気圧を760 Torrとする	1 Torr = 133.322 Pa

[Pa]以外の圧力単位はSI単位と併用することのできない非SI単位である．1 mmHgは13.6 mmH_2O = 1.36 cmH_2Oである．

3-2 医療の場で使われているさまざまな圧力単位

圧力の単位は，SI単位系では[Pa]に定められているが，これまでにさまざまな単位で圧力が測定されてきたため，現在でも多くの単位系による表示がみられる．特に医療の分野では，血圧，呼吸器の圧力など，生理情報としての圧力が価値ある診断情報であり，古くから使われていた測定装置による単位が現在でも使用されている．古い単位系で表現される数値は[Pa]で示した数値と大きく異なるので，異なった単位間の数値を混在させると医療現場では大きな混乱をきたすことになる．たとえば，血圧の表現で使用されるmmHgを[Pa]で換算すると，

$$1 \text{ mmHg} = 133.322 \text{ Pa} \tag{2}$$

となり，2桁も違う値となってしまう．

表1にSI単位以外に使用されている種々の単位とその換算表を示す．

3-3 気体の圧力

密閉された容器内に気体を封入すると圧力が生じる．気体は数多くの分子の粒から成り立っている(物質をその分子量に相当する重さ[g]だけ集めたとき，その量は1 molである．1 molの物質は6.022×10^{23}個の分子をもつ)．1つ1つの気体分子は温度に依存した速度で自由な方向に動いている．気体の圧力とは分子同士の押し合う力をいうが，気体の周りを閉じてしまうと分子は壁と衝突することになる．この衝突によって壁は気体分子に押され，そのとき分子は反対方向に跳ね返る．多くの分子が存在すると，壁に当たる力は分子の数に比例して大きくなる．それぞれの分子の運動の方向は自由であり，気体を封入した容器内のどの部分でも等しい確率で力が作用する．また，気体の運動速度は温度の上昇に伴って大きくなるので，高い温度下では衝突回数が増加し，結果として圧力が増加する．

ボイル・シャルル(Boyle-Charles)の法則は気体の圧力に関係した量を定式化

間隔 L　断面積 S
運動速度 v

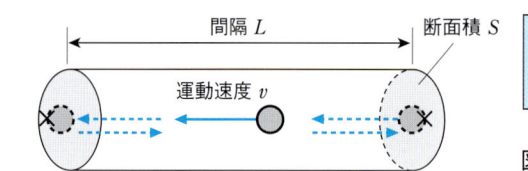

圧力は気体分子が壁に当たる力で生じ、分子の衝突頻度 $\dfrac{v}{L}$ に比例する

図2　気体分子の運動と壁に加わる圧力

したものである．この法則は**ボイルの法則**と**シャルルの法則**の2つの基本法則からなる．

1）ボイルの法則

気体分子（原子）の大きさ，分子間力などの相互作用を無視した仮想的な気体を**理想気体**という．実際の気体の場合，希薄で高温の状態では理想気体に近い振る舞いをする．

理想気体には次の性質がある．温度が一定のとき，一定量の気体の体積Vは圧力Pに反比例する．すなわち，

$$P \cdot V = 一定 \tag{3}$$

が成立する．この関係をボイルの法則という．

図2のように容器内のある1つの分子に着目し，この分子が容器の決まった方向に運動しているものとする．容器の壁が間隔Lで平行に向き合い，分子は壁に当たって完全な弾性体として反射していると考える．このとき，運動速度がvの分子は$\dfrac{v}{L}$の頻度でどちらかの壁に衝突する．容器内に多くの分子が存在し，それぞれが自由な向きに運動している場合，容器の縦，横，高さ方向について同様の分子の衝突が繰り返されることになる．面積がSの向かい合った面に作用する圧力は，衝突頻度である$\dfrac{v}{L}$に比例する．Sを一定にしてLを変化させると，体積Vに反比例した圧力Pが生じることがわかる．

2）シャルルの法則

圧力が一定のとき，一定量の気体の体積は温度T（絶対温度：単位はケルビン[K]）に比例する．これをシャルルの法則という．理想気体では気体分子の運動速度は絶対温度に比例する．表現を変えれば，温度とは物質の原子や分子の運動の大きさを意味する．いま，図2で分子の衝突頻度を圧力と置き換えて考える．vが温度Tに比例して大きくなったとき，体積に変化がなければ，圧力PもTに比例して大きくなる．すなわち，

$$\frac{P}{T} = 一定 \tag{4}$$

が成り立つ．

ボイルの法則とシャルルの法則を1つにして，ボイル・シャルルの法則といい，

$$P \cdot V = k \cdot T \tag{5}$$

で示される．kは定数であるが，物質の量を増やせば，壁への衝突頻度がその数に

| a)静圧 | b)重力による圧力(水頭圧) | c)動圧 |

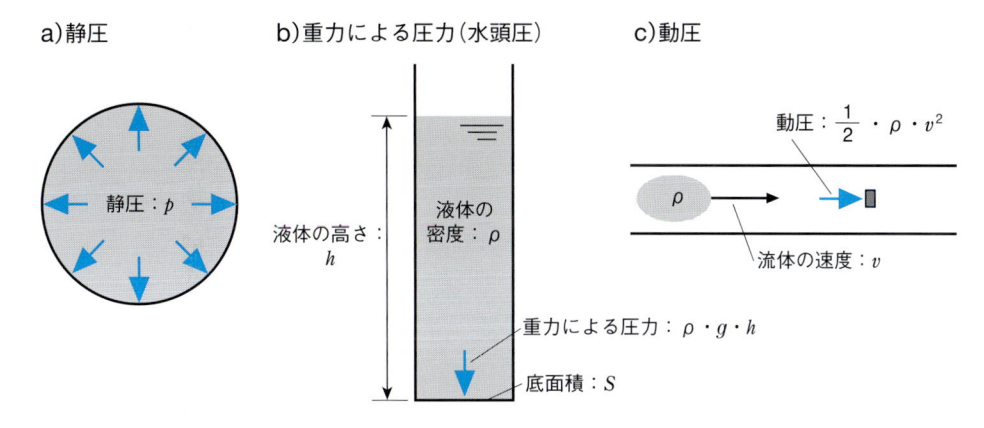

図3 流体による圧力の3つの形

比例して大きくなるので，理想気体では，kは気体の量(モル数)に比例し，$k = n \cdot R$ となる．

ただし，nは気体のモル数，Rは気体定数である．気体定数は気体の種類に関係なく一定で，$8.3\,\mathrm{J/mol \cdot K}$である．

以上を総合して理想気体の振る舞いを，

$$P \cdot V = n \cdot R \cdot T \tag{6}$$

で表し，この式を**理想気体の状態方程式**という．

3) 大気の圧力

地球は大気に包まれており，大気の重さによって地上の空気は圧縮され圧力として作用する．これを**大気圧**という．大気圧は地上の基準面積に加わる空気の力，すなわち上方の空気の総重量により決まる．地上の平均的な大気圧を1気圧という．海水面では平均的に1 cm²当たり1.033 kgの質量の空気が重力による重さとして作用している．質量1.033 kgの空気の重量は，重力加速度$g(=9.807\,\mathrm{m/s^2})$を掛けて，

$$1.033\,\mathrm{kg} \times 9.807\,\mathrm{m/s^2} = 10.13\,\mathrm{N}$$

の力を及ぼす．

SI単位系による圧力[Pa]は単位面積($1\,\mathrm{m^2}$)当たりの力[N]を表すので，面積を換算して1気圧を[Pa]で表現すれば，

$$1気圧 = 101{,}325\,\mathrm{Pa}$$

となる．気象情報などでは，10の2乗倍の接頭語(h：ヘクト)を使って1013 hPaと称している．

3-4 液体の圧力

液体も気体と同様に流体であり，圧力に関する基本的な考え方はまったく同様である．しかし，液体では質量(または密度)が気体に比べ大きいので，圧力の作用が気体とは異なった感覚で感じる．重力に対する作用や運動している液体の圧力では，気体に比べ，高さの変化や速度の変化で現れる圧力の変化が大きくなる．一般的な物理現象を説明する場合には気体も液体も区別する必要がないが，液体の圧力は**図3**に示す3つの圧力の形態に分離して考えるとわかりやすい．

図3aは密閉された容器内の圧力を示している．容器の材質は硬いものでも風船のような弾力性のあるものでも関係ない．この圧力は気体の場合と同様，封入されている流体の分子運動によって壁に作用する圧力である．この圧力を静圧といい，流体に流れなどの巨視的な運動がない状態の圧力の1つである．巨視的な運動とは流体全体としての運動のことで，静止している流体と運動状態にある流体は明確に区別して考えなければならない．

　図3bは重力による圧力（水頭圧）を示している．たとえば，水の入った容器の上端部を大気に解放する．このとき，容器の底面には大気圧に加えて上部の水の重量が作用する．水面と底面の間での大気の重さは無視できるので，大気圧を基準に考えれば，底面では水位に対応する水の重量を底面積で割った圧力が働いていることになる．形状を簡単にして円筒容器として，底面積をS，液体の密度をρ，液体の高さをhとすると，液体の重量（底面に作用する力）Wは，

$$W = S \cdot \rho \cdot g \cdot h \tag{7}$$

となる．ただし，gは重力加速度である．「圧力＝力÷面積」なので，底面での圧力は$\rho \cdot g \cdot h$となる．形状が単純な円筒でなく，壺や上部の広がっている器でも，底面の圧力は水かさだけで決まる．

　流体では流れによる圧力も生じる．圧力は壁に作用する力と同じ意味をもつ．流体の流れ（巨視的な流れ）が流れの中に実在する壁に当たると，流体の運動エネルギーが壁に与えられ，流体の密度と速度に応じた力がこの壁に作用する．図3cに流れによる圧力（動圧）を示した．流れるプールなどに立っていると水に押される力を感じることがあるが，この圧力が動圧である．動圧は流体のもつ運動のエネルギーに相当し，

$$動圧 = \frac{1}{2} \cdot \rho \cdot v^2 \tag{8}$$

で与えることができる．

　これら3つの圧力は流体中で互いに変換されることがある．たとえば，図3aの状態で壁に穴を開ければ流体は静圧pによって穴から吹き出し，動圧が発生することになる．このとき，噴き出した水は水位による圧力を失い，動圧を得たことになる．水を封入したタンクに穴を開けても同様の現象が生じる．この現象はベルヌーイ(Bernoulli)の定理としてまとめられている．流れに外部から力が作用していない状態では，流れのもつ圧力Pは，

$$P = p + \rho \cdot g \cdot h + \frac{1}{2} \cdot \rho \cdot v^2 \tag{9}$$

で示され，圧力の形が別の形に変わったとしてもPは一定の値を保つ．このときのPを総圧という．

4. パスカル（Pascal）の原理

　水位を考慮しない場合，密閉された容器内の圧力は容器内のどの部分でも一定と見なせる．一時的に圧力に偏りがある状態があれば，流体の分子は圧力の高いとこ

図4 パスカルの原理

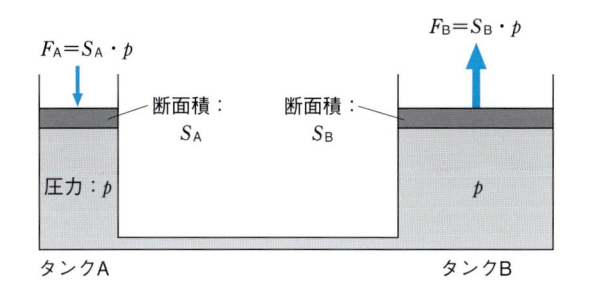

水位を考えないとき，流体は均一な圧力となるので，タンクA，Bの内圧は等しくなる
$$F_A = S_B \cdot p = F_A \cdot \left(\frac{S_B}{S_A}\right)$$

ろから低いほうへと移動する（圧力の伝搬）ので，平衡状態では圧力は均一と見なせる．硬い容器内では圧力伝搬は非常に早く，常に等しい圧力が維持されていると考えても差し支えない．

図4のように，2つのタンクを連結させ，断面積の小さなタンクA（断面積：S_A）の水面に力F_Aを作用させる．この力による圧力は，

$$p = \frac{F_A}{S_A}$$

となる．この圧力は大きな断面積をもつタンクにも同様に分布するので，タンクB（断面積：S_B）の水面には上部への力F_Bが生じ，

$$F_B = S_B \cdot p = F_A \cdot \frac{S_B}{S_A} \tag{10}$$

となる．いま，S_BがS_Aより大きいので，タンクBの水面では，与えた力F_Aより大きな力F_Bを作り出すことができる．この原理で仕事（物理的な意味で）が増えているわけではない．F_Aの力でAの水面を一定量hだけ移動したとすると，Bの水面は$h \cdot S_A/S_B$だけ上昇し，「力×移動量」は変化せず，与えた仕事量と等しい仕事が実行されていることになる．

この原理は油圧システムなどに利用され，小さな駆動力で大きな力を発生させる目的で使われている．

5. 浮力と圧力

液体中に物体を入れると，物体はその比重によって液体に浮いたり，沈んだりする．水中で石などを持つと，その石が軽くなっていることに気付く．しかし，それを水面から取り出すと石が急に重くなる．重力のある環境で，液体中にある物体には重力とは逆向きの力（浮力）が作用する．

浮力は流体の圧力によって生ずる力である．図5に浮力の発生する原理を示す．水中に断面積S，高さL，密度ρ_mの水より密度の高い円柱状の物体を糸で吊す．この物体は水位による水の圧力を受ける．物体の側面では受けた圧力による力はどの方向に対してもつり合うので，合力としての力は働かない．一方，上面と底面では圧力の差があるので，結果として物体に力が作用することになる．

物体の上面を水中に深さhだけ沈めたとき，水の密度をρとすると，物体の上面

図5 アルキメデスの原理

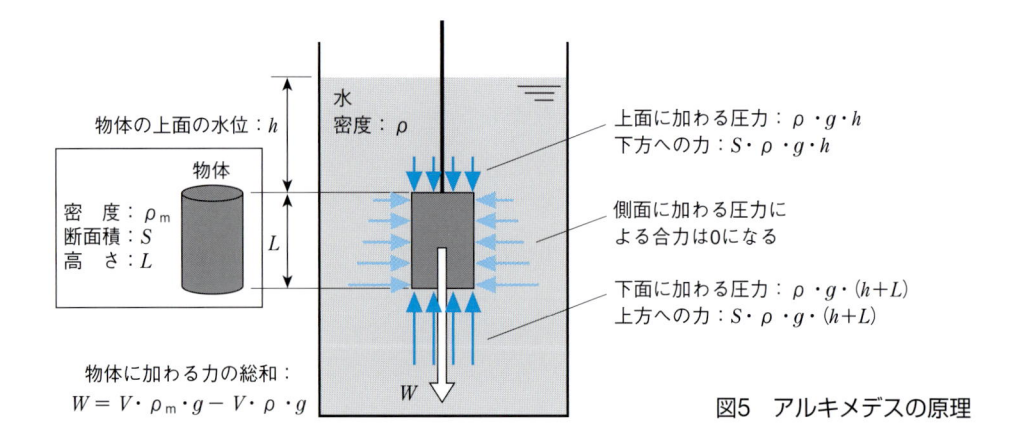

にはその上部にある水の圧力 $\rho \cdot g \cdot h$ が作用する．ただし g は重力加速度である．また，底面では $\rho \cdot g \cdot (h+L)$ の水圧が働く．これらが，等しい断面積 S に加わるので，圧力による力は下方に $S \cdot \rho \cdot g \cdot h$，上方に $S \cdot \rho \cdot g \cdot (h+L)$ となる．また，物体は，その自重によって下方に $S \cdot L \cdot \rho_m \cdot g$ の力で引っ張られる．これらの力を総合すると，物体に加わる力の総和 W は，

$$W = S \cdot L \cdot \rho_m \cdot g + S \cdot \rho \cdot g \cdot h - S \cdot \rho \cdot g \cdot (h+L)$$
$$= S \cdot L \cdot \rho_m \cdot g - S \cdot \rho \cdot g \cdot L \tag{11}$$

となる．$S \cdot L$ は物体の体積であり，これを V とすると，

$$W = V \cdot \rho_m \cdot g - V \cdot \rho \cdot g \tag{12}$$

の力となり，物体の体積に等しい水の重さ（$V \cdot \rho \cdot g$）だけ力が減っていることになる．すなわち，液体（流体）中に沈めた物体は物体が排除した液体（流体）の重量に等しい浮力を受ける．また，浮力は物体を沈めた深さ h には関係ない．この原理をアルキメデス（Archimedes）の原理という．氷が水に浮かぶのもこの作用による．鉄などで造った船でも水が入らないように設計すれば，やはり船自体が排除した体積に等しい浮力を受けるので，水に浮くことができる．

第Ⅲ章　流体の力学

Ⅲ-2. 表面張力，粘性

「Ⅲ-1. 流体の特徴と圧力」では流体の一般的な特徴を説明し，静止した流体について，圧力やその振る舞いについて解説した．流体は容器の形に従って自由に形を変えることができるが，よく観察すれば，流体にはまだまだ不思議な現象が存在する．中でも表面張力や毛管現象などについては用語としての知識があり，現象として知っていても，物理的な原因についてはあまり教えられていない．これらは流体の界面に特有の物理現象であり，日常的にもさまざまな形でこれに関連した現象を観察することができる．また，流体を構成する物質によって流体の振る舞い方には大きな違いがある．一言に流体といっても水のように比較的さらさら流れるものから，油や溶けた飴など，ねばねばした流体までさまざまある．流動性にかかわるこのような性質は，粘性と表現されている．ここでは，流体の性質に関連する基本的な物理現象と流体の性質に影響を与える粘性について基本的な概念をまとめ，これらに関連する現象について説明する．

1. はじめに

「Ⅲ-1. 流体の特徴と圧力」では，流体を定義するに当たって，「流体は固体と違って物体の形が定まらず，流動的である」と説明した．簡単にいえば，流体とは自立的に形を保つことができず，容器に入っていればその器の形状に従った形になる物体といえる．それでは，グラスに入った水を考えてみよう．

グラスには側面と底面があるので，水は自由に変形し，グラスと同じ形になる．しかし，この水の上部（水面）を考えると，この部分はグラスのどこにも接していない．水面は平坦になっている．このグラスにもっとたくさん水を入れたらどうなるであろうか．もちろん溢れてこぼれるに決まっているが，実際にやってみると，溢れる直前に水面が盛り上がっているのが観察できる．

この現象は液体であっても自立的な形の形成が存在し得ることの証拠である．液体では全体が均一の物質であったとしても，その表面にはほかの部分と違う力学的な振る舞いが存在する．このような現象は流体表面に働く表面張力の作用として説明できる．

流体を構成する物質（分子）は気体や液体を問わず，さまざまである．流体の流動性は物質によって大きな違いがあり，たとえば机の上で水をこぼせばすぐに大きく広がるが，どろどろした液体の場合，ゆっくりと広がり，物質によってその流動性に違いがあることが理解できる．このような違いは流体を構成する物質の基本的な性質に依存し，流体のもつ流動性に関係する物理量を粘性という．粘性は流体の分子間に働く相互作用によって生じる作用であり，温度によっても異なるが，粘性率という固有の物理量として定義されている．

ここではここに述べた表面張力と粘性についてその基本的な概念を物理的に説明

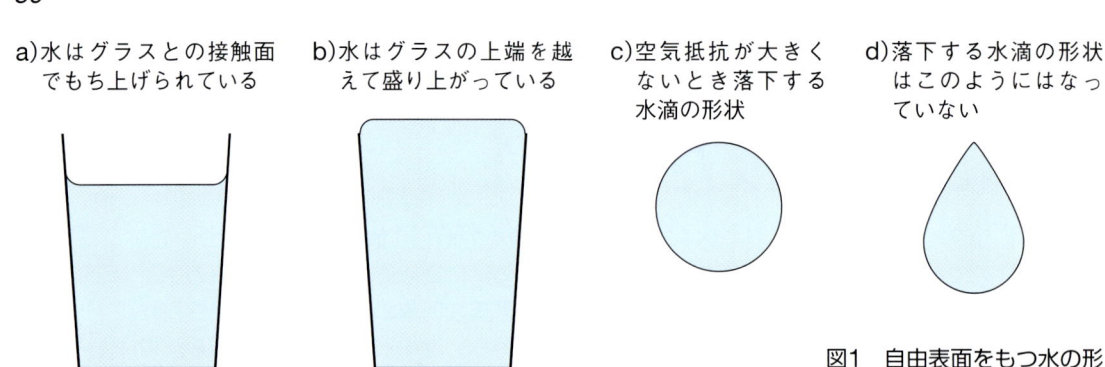

a) 水はグラスとの接触面でもち上げられている

b) 水はグラスの上端を越えて盛り上がっている

c) 空気抵抗が大きくないとき落下する水滴の形状

d) 落下する水滴の形状はこのようにはなっていない

図1　自由表面をもつ水の形

し，これに関係したいろいろな現象について解説する．

2. 表面張力

2-1　表面張力とは

　液体と気体を総称して流体というが，グラスのように上部が開いている容器に両者を入れた場合，液体はその中で容器の形を保ち上部は平坦になる．しかし，気体の場合には自由な分子運動により，容器に入れた気体の一部は外に飛び出してしまう．液体の上端に現れる面を自由表面という．このように，流体において物質の表面にこのような自由表面が形成されるのが液体の特徴といえる．グラスに水を入れると，静止した状態では水の表面は平面となっているように見える．表面で高さの変化が現れれば，高さの差に応じた圧力の較差が生じ，圧力の高いほうから低いほうに物質の移動が起こり，結局は等しい圧力，すなわち平面を形成することになる．

　しかし，グラスに水を入れてその表面を観察すると，表面が完全な平面でないことがわかる．図1aのように，グラスと水の接触面では水の端がもち上げられたようになる．また図1bのように，水を増やしていくと，ガラスの縁を越えて水が盛り上がったような状態になる．このように，水面が平面にならないのは圧力に抗した何らかの力が作用しているからである．また，空気中を比較的低速で落下する水滴の形状は球体である（図1c）．よく絵に描かれているような形（図1d）にはならない．

　液体の自由表面で不思議な力が働いていることは古くから知られていたが，液体表面に現れる力についてヤング（Thomas Young，1773～1829：英国の物理学者で多くの研究があり，ヤング率に名を残している）は表面張力という概念を導入し，現象の説明を行った．

　表面張力は液体の分子間に働く凝集力の作用によると考えることができる．図2に液体表面近傍での分子の振る舞いを模式的に示した．液体の内部では分子同士が凝集力をもつ分子間力で互いに引き合っている．ところが，表面では液体の外（上部）からの凝集力が働かないので，表面の分子には内側に引き込まれるように力が作用する．この結果，液体表面は互いに引っ張られ，表面積が最も小さくなった状態で安定する．たとえば，無重量状態で水滴が存在するとき，水滴内の水分子が互いに引き合い，水はひと塊になるが，このとき，安定した状態では水は球状に集まる．

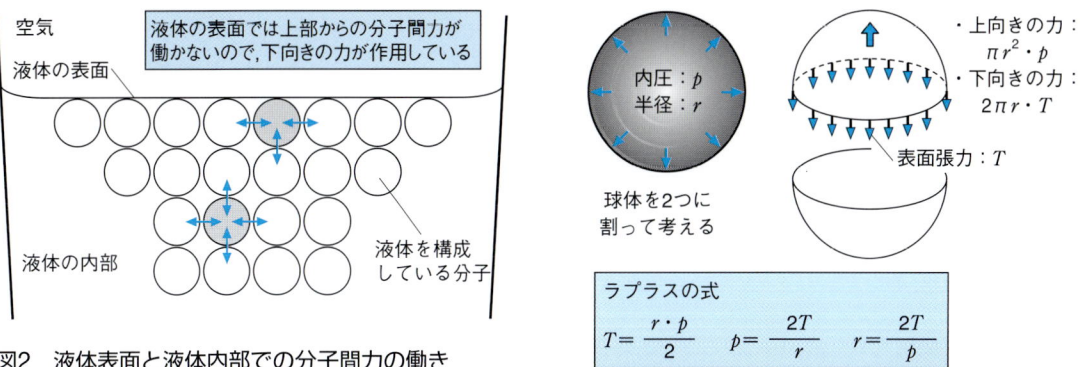

図2 液体表面と液体内部での分子間力の働き

図3 表面張力による球の形状とラプラスの式

球は同じ体積で最も表面積の小さな形状であり，空気抵抗などを考慮しなければ，自然落下する水もこの形になる．

2-2 表面張力の力学

表面張力の作用で球状になった水滴について，力のつり合いを考える．表面張力は球を縮める方向に働き，これに対して球の内部では球を押し広げる方向に圧力が作用する．両者のつり合いによって安定した球の表面形状が決まる．

今，図3のように，球を半分に割って考えると，分割した面の外周には表面張力が作用する．この張力は球体表面を互いに引き付けるように働き，単位長さ当たりの張力をTとすると，半径rの球体の上半分は，

$$F = 2\pi r \cdot T \tag{1}$$

の力で下に引っ張られることになる．一方，内圧をpとすると，上半分の球体表面には中心から球表面に向かって圧力が作用し，半球は全体として上部に押されることになる．このとき，圧力の横方向の合力は半球の対称性から0となるので，結局，半球の断面積と圧力の積に相当する力F'は，

$$F' = \pi r^2 \cdot p \tag{2}$$

となる．FとF'がつり合うので，

$$2\pi r \cdot T = \pi r^2 \cdot p$$

が成立し，

$$T = \frac{r \cdot p}{2} \quad \text{または} \quad p = \frac{2T}{r} \tag{3}$$

となる．この式をラプラスの式という．

気体と液体にそれぞれ圧力が存在する場合には，両者の差圧を考えればよいので，式(3)のpを差圧Δpと置き換えて，

$$T = \frac{r \cdot \Delta p}{2} \quad \text{または} \quad \Delta p = \frac{2T}{r} \tag{4}$$

となる．たとえば，気体の中に液体が球体で存在する場合には液体の圧力のほうが気体より大きく，Δpは「液体の圧力－気体の圧力」となる．逆に，水中に気泡が存

在するように気体が球形で液体中にある場合には，気体の圧力のほうが液体より大きくなり，Δpは「気体の圧力－液体の圧力」となる．

液体を構成する物質によって分子間力が異なるので，物質ごとに表面張力の大きさは異なっている．この場合，式(3)から，表面張力が大きな液体ほど大きな液滴を作ることがわかる．

液体同士が溶けることなく混在している場合(水と油)にも同様に考えることができるが，この場合には表面張力とは呼ばず界面張力と表現する．液体同士に生じる界面張力は両液体の親和性によって決まるが，式の扱いは表面張力の場合と同じである．

3. 毛管現象

細い管を水に入れると，管の内部の水面が少し上昇したり，布や紙の一部を水に浸すと，重力の方向に関係なく水が広がってくる現象は毛管現象(毛細管現象)と呼ばれている．この現象は液体の表面張力と密接に関係している．ガラス管などを水に入れたとき，液体の表面は固体であるガラスと接触することになる．この場合，液体と固体(ガラス)表面に分子間力が働き，この力と表面張力との両者の関係で液面の状態が決まる．たとえば，水とガラスのように，水とガラスの分子間力のほうが水分子同士の分子間力より大きいとき，水はより大きな面積でガラス管の内壁と接触するので，結果として水が吸い上げられる．図4aに力のつり合いを模式的に示した．

今，液体が半径rの細管を毛管現象によって高さhだけ上昇したとする．このとき液体表面は図4aのように，液体の外周がガラス管に引っ張り上げられていることになる．液体自体は表面張力によって吊されているので，表面張力をTとして，液体の外周(ガラス管の内周)に作用する力のつり合いを考える．

液面とガラス管とのなす角度をθとすると，引っ張り上げる力Fは，

$$F = 2\pi r \cdot T \cdot \cos\theta \tag{5}$$

となる．一方，水にはその質量(密度)ρと重力加速度gによって下向きの力F'が作用する．

$$F' = \pi r^2 \cdot \rho \cdot g \cdot h \tag{6}$$

となるので，両者のつり合いから，

$$2\pi r \cdot T \cdot \cos\theta = \pi r^2 \cdot \rho \cdot g \cdot h \tag{7}$$

が得られる．したがって，水面の上昇は，

$$h = \frac{2T \cdot \cos\theta}{\rho \cdot g \cdot r} \tag{8}$$

となる．この式から表面張力が大きいほど上昇する高さも大きくなり，表面張力が等しければ，管の半径が小さくなるほど上昇が大きくなることがわかる．

また式(8)を利用して，

$$T = \frac{\rho \cdot g \cdot r \cdot h}{2\cos\theta} \tag{9}$$

a) 毛管現象で観察される水位の上昇と表面張力による力のつり合い

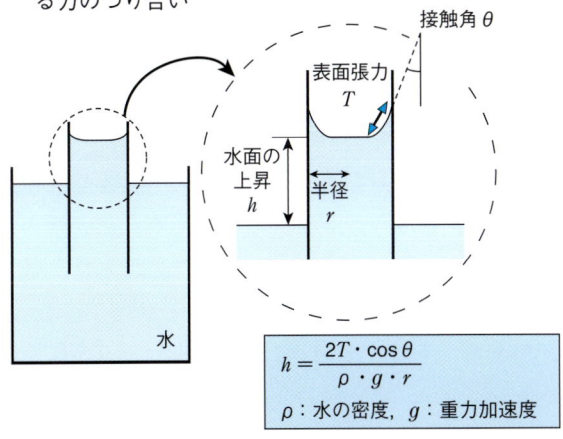

b) ガラス管と水銀の間でみられる毛管現象

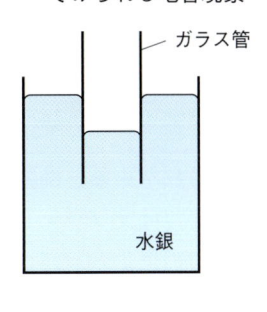

$$h = \frac{2T \cdot \cos\theta}{\rho \cdot g \cdot r}$$

ρ：水の密度，g：重力加速度

c) 水をはじく板と水の付きやすい板

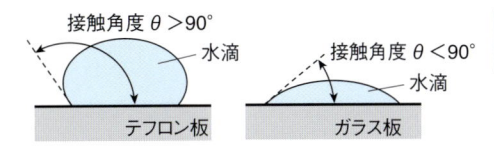

形状は液体と板の材料の分子間力に依存する

図4　液体と固体の接触面で作用する表面張力

から，実際に表面張力の大きさを求めることができる．$\cos\theta$の大きさは液体と固体との関係で決まるが，水やアルコールにガラス管を入れた場合にはθはほぼ0であり，$\cos\theta = 1$として，式(8)，式(9)を簡単にすることができる．

　管の代わりに2枚の平板を隙間dで液中に入れた場合では，式(8)，式(9)のrの代わりにdを代入すれば同じことになる．

　水銀にガラス管を入れた場合では，ガラス管と水銀の引き合う力が水銀同士の分子間力より小さくなるので，図4bに示したように液面は元の高さより下降する．このときも式(8)は成立するが，$\theta = 140°$程度となり，$\cos\theta$の値が負になるのでhもまた負の値（液面の下降）を示す．

　このように，θは液体と固体との相互関係で決まるが，管の表面が汚かったり，磨かれていたりすれば，それに伴って値が大きく変化する．水をはじくテフロン板などの上に水滴を落とすと，水滴は丸く球のように板の上で転がるが，ガラス板の上で同じことをすると水滴はガラス面に張り付く．このとき，接触角θを観察すると，テフロン板上ではθが90°より大きく，ガラス面ではθが90°より小さな値となっていることがわかる（図4c）．

4. 日常生活でみられる表面張力の作用

4-1 親水性と疎水性

　日常的に使われる衣類や物品も表面張力と大きく関係しているものがある．たとえば，濡れにくい材料でできているレインコート，濡れやすいほど使いやすい（吸水性が高い）タオルなど，材料と液体（水）との関係がその物の性能に直接関係する．

濡れやすい，あるいは濡れにくいといった性質は表面張力と関係するが，同じ水に対する性質が異なるのは水と接触する側の違いによる．水との親和性が強い物質は水との間の分子間力が大きく，親和性の小さな物質(疎水性が大きい)では分子間力が小さい．このような物理的原理を利用して，役割に合った性質をもつ材料を使用することで，理論的に実用的なものを設計することができる．

汚れた衣類を洗濯するとき，衣類の材料によって洗濯の方法が異なる．疎水性の材料ではガソリンを使ったドライクリーニングが有効であり，親水性の材料では水洗いのほうが良いこともある．もちろん，汚れの成分自体の親水性，疎水性も関係する．汗などの水溶性の汚れは水洗いのほうがよく落ちるが，油汚れ(通常の衣類の汚れは皮膚の角質など油を含むものが多い)の場合，油と水の親和性が悪いので単純な水洗いでは汚れが落ちにくい．この場合，水と油の親和性を良くするために界面活性物質が使われる．

4-2　界面活性物質

界面活性物質(surfactant)はあまり聞き慣れない用語であるが，簡単にいえば洗剤のことである．界面活性物質は表面張力を低下させる効果があり，分離した油滴の粒を小さくすることができる．さらに，この滴が再び1つにまとまらないように油を取り囲んでしまう．これには2つの物理的現象が関係する．

まず，分離した油滴のサイズは水と油の界面張力によって決まる．界面張力が小さければ，油滴の大きさも小さくなる．撹拌によって細かく分離した油滴同士が接触すると1つにまとまる．水中にある気泡が接触して1つの大きな気泡になることもこれと同じ現象である．

図5のように水中に大きさが異なる複数の気泡が存在したとしよう．表面張力はどの気泡についても等しいので，式(4)から，小さな気泡の内圧のほうが大きな気泡のそれに比べて大きくなっていることがわかる．したがって2つの気泡が接すると，圧力の差によって小さな気泡から大きな気泡へと気体が移動し，結果として1つの気泡にまとまってしまう．油滴が水中にある場合も同様である．洗濯とは，小さく

表面張力と界面張力

固体と液体との界面では液体の表面で働く表面張力と同時に固体表面の表面張力も作用している．表面張力は物質を構成する分子の間で働く力によって決まり，液体だけに存在する力ではない．境界面ではこれ以外に，液体と固体との間に働く界面張力(液体と固体の相互作用)が存在する．固体上に置かれた液体の形状はこれらの力のつり合いで決まる．

水とガラスは互いに親和性が強く，水はガラスの上で小さな接触角で広がる．これは水の表面張力がガラスの表面張力や水とガラスの間の界面張力より小さいためである．これに対して，水銀とガラスの関係では，液体としての水銀の表面張力が大きく，また界面張力も大きいので，水銀はガラスの上を広がらずに液滴として残る．一般に液状化した金属(鉄や銅も高温にすれば溶融して液体になる)や，溶融した塩(イオン化合物)の表面張力は大きい．

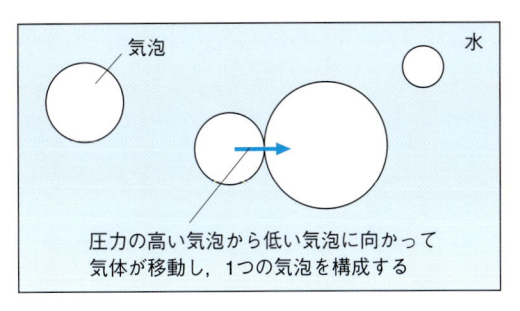

図5 水中における気泡同士の接触
表面張力はどの気泡についても等しいが，

$$\Delta p = \frac{2T}{r} \text{（ラプラスの式）}$$

から，小さな気泡の内圧のほうが大きな気泡のそれに比べて大きい．よって，2つの気泡が接すると，内圧の差で小さな気泡から大きな気泡へと気体が移動する．

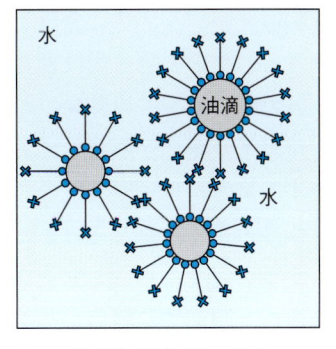

図6 界面活性物質の働き
油滴の周りは水で囲まれているが，界面活性物質の親水基の働きにより，別の油滴が近付いても油滴同士は接触できない．

なった油滴を布の繊維の目を通り抜けさせて流してしまう作業であり，細かくなった汚れがまたひと塊になったのでは都合が悪い．界面活性物質のもう1つの効果がここに現れる．

洗剤などに使用される界面活性物質はその分子構造に特徴がある．複雑に組み合わされた高分子の一端に油成分との親和性のよい親油基があり，もう1つの端に親水基が存在しているのである．今，図6のように界面活性物質が混ざっている水中に油滴があると，界面活性物質は油の周りに，その親油基を接触させて集まる．このとき，他の端は親水基なので，油滴の周りは水で取り囲まれている．この状態で同様の別の油滴が近付いても，その周りにある親水基の働きによって油同士が接触できなくなる．この作用により油は小さな油滴を維持するので，効率の良い洗濯が可能となる．

界面活性物質は生体内でも働いている．たとえば，肺胞では肺胞の内面に界面活性物質が分泌され，肺胞の張力を低下させ，呼吸による広がりを助けている．肺胞内に分泌されている界面活性物質の量が変わらなければ，肺胞が小さいときに内面は厚く，肺胞が大きくなると薄く広がる．このため，大きな肺胞に比べ小さな肺胞ほど表面張力が小さく（広がりやすく）なるので，結果として肺胞全体の均一な広がりを助けている．

5. 粘性

5-1 粘性とは

「Ⅱ-4．物体の変形に関する力学」でも述べたが，塑性体では，物体に力を加えたとき物体は力により変形するが，その変形は力を取り除いても元に戻らない．塑性体は固体を念頭に置いた用語であるが，同様に流体も力が加わればその形を変え，力が作用しなくなってもその形が元に戻ることはない．流体におけるこのような性

質を粘性という．固体における弾性体では，外から加えられた力が分子間の結合のひずみとしてその物体内に蓄えられる．これに対して，流体に代表される粘性体では，外力による分子の移動に際して，隣接する分子との間に生じる摩擦によって加わったエネルギーが熱として失われてしまう．よって力を取り除いた後には変形を回復するエネルギーがないので，形はその状態で保持されることになる．

　流体に力を与えたときにどの程度の摩擦力が生じるかは，流体を構成する物質によって異なる．これは，分子間に作用する凝集力の大きさや，液体中に混在している物体同士の接触や反発などが関係する．液体だけでなく気体でも粘性は存在する．しかし，液体は気体より分子同士の間隔が小さいので分子間の相互作用が大きい．運動速度の速い分子が速度の遅い分子の近くを移動すると，分子間力により引き合うので，両方の分子の運動速度が平均化されて運動エネルギーは次第に小さくなる．この現象は分子間相互作用が強いほど大きいので，液体のほうが気体に比べて粘性が大きくなる．気体では分子の間隔が大きいので，分子の相互作用は分子間力より衝突による作用のほうが大きくなる．しかし，この場合でも衝突により分子の運動が平均化され，流体の粘性として現れる．

5-2　粘性率（粘性係数）

　粘性の大きさは流体の運動に大きく関係する．簡単なモデルで流体の運動と粘性の関係を考える．

　図7aのように，静止した液体中に2枚の平行な板を入れ，一方の板に一定の力を加えて平行に一定の速度で移動させる．このとき，板に挟まれた部分の液体は板に引きずられるように動き出す．動かした板と液体との接触面では摩擦により液体に板の移動方向と同じ向きの力が作用し，液体の上部に応力が発生する．この応力は液体の位置を元の位置からずれさせるので，ずり応力と呼ばれる．ずり応力は接触面の単位面積当たりに作用する力のことである．

　次に板と接触している液体より少し下にある液体部分について考える．液面中に図7bのように仮想の流体ブロックA，Bを想定する．ブロックAが動くと，ブロックBとの境界面に応力が作用しブロックBが動き出す．ブロックBはブロックAに引きずられて動くので，その運動速度はブロックAより遅くなる．2つのブロック間に速度の差が現れることは，流体が境界面で裁ち切られたことを意味する．速度の差が両ブロック間の距離に比例するとして，この速度の勾配を γ [(m/s)/m] としてずり速度と定義すると，γ はずり応力の大きさに関係する．最も単純にずり速度 γ がずり応力 τ に比例すると考えると，

$$\gamma = k \cdot \tau \tag{10}$$

と記述できる．ここで比例係数の逆数 $\dfrac{1}{k} = \mu$ と定義すると，

$$\gamma = \frac{\tau}{\mu} \tag{11}$$

で表すことができる．このときの μ を粘性率といい，流体の動きにくさを表す指標

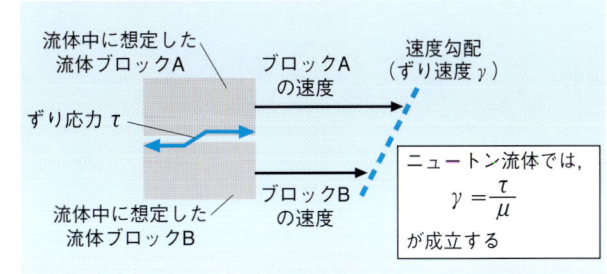

図7 流体における粘性の働きとニュートン流体における粘性率の定義

a) 静止した流体
- 平行に置いた板：水平に動かす
- 板の動きに引きずられて、接触部分の流体が動き出す
- 平行に置いた板：静止状態

b) 静止した流体（粘性率 μ）
- 流体中に想定した流体ブロックA
- ずり応力 τ
- 流体中に想定した流体ブロックB
- ブロックAの速度
- ブロックBの速度
- 速度勾配（ずり速度 γ）
- ニュートン流体では、$\gamma = \dfrac{\tau}{\mu}$ が成立する

となる．ずり速度は流体のずれの大きさの時間的変化であり，単位長さ当たりの速度変化となる．ずり速度 γ の単位は[(m/s)/m]であり，ずり応力 τ の単位は[Pa]なので，粘性率 μ の単位は[Pa・s]となる（[Pa]については，「II-4．物体の変形に関する力学」を参照）．

　このように，ずり応力 τ とずり速度 γ が正比例するとみなせるような流体を総称してニュートン流体という．応力が一定でも流れの状態によって速度勾配が一定にならないような流体は非ニュートン流体と呼ばれる．水はニュートン流体として扱うことができる．厳密にいえば，ニュートン流体は概念のうえでしか存在できない仮想の流体であるが，数式の取り扱いが容易であるので，運動の範囲を制限してこの式を利用することが多い．たとえば，血液は非ニュートン流体であり，運動速度が小さいときの血液は粘性率が高く，運動速度が速いと粘性が低下する．しかし，速度の変化が小さいときはその範囲内で血液をニュートン流体とみなして，そのときの粘性率を見かけの粘性率として定義し，粘性率に関係する数式にこれを当てはめる．

　ここではいろいろな流体現象の中から，流体自身のもつ分子間力によって現れる表面張力や毛管現象，および，流体の材質としての性質を表す粘性について述べた．「III-1．流体の特徴と圧力」と併せて固体とは異なる液体や気体の基本的な概念を理解してほしい．「III-3．層流と乱流」では流体の最も本質的な振る舞いである流れについて解説する．

第Ⅲ章　流体の力学

Ⅲ-3. 層流と乱流

「Ⅲ-2. 表面張力，粘性」では主として静止した流体について，流体の物質としての性質に影響を与える粘性についての基本的な概念と関連する現象について説明した．ここでは流体の振る舞いを特徴付ける「流れ」を対象に，現象やその理論的考え方について解説する．はじめに，流れを全体的にとらえて圧力と流量，抵抗などの関係についての考え方を示す．さらに，流体のもつ粘性が流れに与える影響や，流れの場(たとえば流路)，流れの量や速度，流体の密度(比重)などによって決まる流体の「流れ方」を説明する．特に，流れを表す代表的な無次元量であるレイノルズ数については，流れの状態や相似性を説明する大切な指標であるので，少し詳しく説明する．

1. はじめに

　流体は固体と違って物体の形が定まらず，流動的である．したがって，流体それ自体が自立的な形を保つことができない．「Ⅲ-2. 表面張力，粘性」まではおもに容器に入っている流体を対象として考えてきたが，もし流体が容器からこぼれれば，低いほうへと流れてしまう．このように流体は「流れる」ことがその特徴を最もよくいい表す性質といえる．

　流れは日常的によくみられる現象であり，川の流れ，水道の水の流れ，雲の動きで観察される大気の流れなどがある．流れは流体を構成する分子が移動している様子を表現する用語である．流体は非常に多くの分子で構成されているが，巨視的にみてそれらをまとまりのある物質として考えると，全体としての振る舞いが把握しやすくなる．すなわち，個別に存在する分子を連続的に分布する物体と考え直して，その運動を考えることになる．

2. 流線と連続の式

2-1　流線

　流れを考える前に，まず，流体の一部を取り出して，無数に存在するバラバラの分子を，あるまとまりをもった集まりとして，流体の性質を定義しておく．ある体積ΔVの流体の一部分を考え，この中のすべての分子の質量をΔmとする．このとき，流体の密度ρは，

$$\rho = \frac{\Delta m}{\Delta V} \tag{1}$$

と定義できる．ΔVの体積をもつ流体で，流体分子はそれぞれ独立した速度で移動しているとしても，その平均速度vを考えることができる．この流体の一部分の重心をPとして，密度ρの流体が点Pにおいて速度vで移動していると言い換えるこ

図1 流線

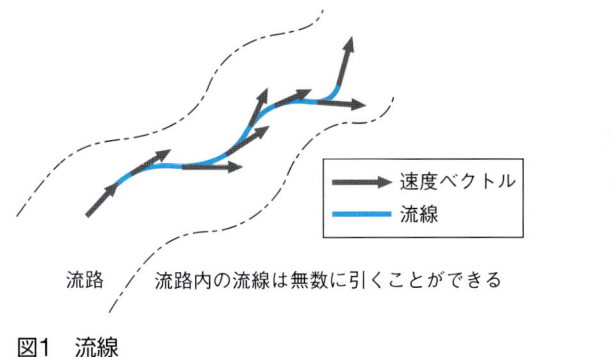

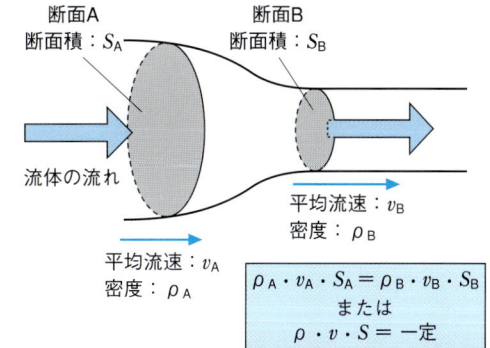

図2 連続の式

とになる．点Pは流体のあらゆる場所に置くことができる．図1のように，ある時間に流体中に分布する速度ベクトルを描いてその方向をたどって線を引くと，その時間における流体の流れの状態を表すことができる．この線のことを流線という．流線は流体内部に無数に引くことができる．

点Pが移動しているとき，流体の流れの様子はPの軌跡をたどることでも表現できる．Pの軌跡を流跡線という．流線と同様に，流れ全体では無数の流跡線をもつことになる．流れの状態が常に変わらないとき，この流れを定常流と呼ぶ．定常流ではPの軌跡は流線と一致する．また，このとき流れの決まった場所に絵の具などを垂らして，その筋(流条線)をたどると，流線および流跡線と一致する．

流れが穏やかであるとき，流体に描かれる流線は交わることがなく平行となる．このような流れを層流(laminar flow)という．流れが大きくなったり，流速が速くなったりすると流れは乱され，流線は交差したり，渦を描いたりする．流線が交差するような流れを乱流という．

2-2 連続の式

適当な管を用いて，その中を流れる流体について考える．図2に示すような流路管で流れがあるとき，断面A（断面積：S_A）の場所での平均流速をv_Aとする．この断面を微小時間ΔTに通り抜ける流体の質量mは，流体の密度をρ_Aとすると，

$$m = \rho_A \cdot v_A \cdot S_A \cdot \Delta T \tag{2}$$

となる．定常流の場合には流れの状態が時間によって変化しないので，別の断面B(断面積：S_B)をmに等しい質量の流体が通り抜けることになる．別のいい方をすれば，断面Aから入った量と同じだけの流体が断面Bから出て行く．したがって，断面Bでの密度をρ_B，速度をv_Bとすると，

$$m = \rho_B \cdot v_B \cdot S_B \cdot \Delta T \tag{3}$$

が成立する．式(2)，式(3)より

$$\rho_A \cdot v_A \cdot S_A = \rho_B \cdot v_B \cdot S_B \tag{4}$$

となる．断面AやBは管路内のどの位置に想定してもよいので，結果として任意の断面(断面積S)においてその場所での密度をρ，速度をvとすると，

$$\rho \cdot v \cdot S = 一定 \tag{5}$$

の関係が成立する．この式は定常流の場合に成り立つ．また，水のように非圧縮性（圧力によって体積の変化が起こらない）の流体であれば，密度は管路のどの場所でも一定なので，

$$v \cdot S = 一定 \tag{6}$$

と記述することができる．

式(5)や式(6)のことを連続の式という．

2-3 ベルヌーイの定理と連続の式

すでに「Ⅲ-1. 流体の特徴と圧力」で説明したように，液体の圧力は以下の3つの形態に分離して考えることができる．

> ①密閉された容器に封入されている流体の分子運動によって壁に作用する圧力：この圧力を静圧といい，pで表す．
> ②重力による圧力：液体の密度をρ，液体の高さをh，重力加速度をgとすると，水かさによる圧力は$\rho \cdot g \cdot h$で表せる．
> ③流体の流れ（巨視的な流れ）がもつ運動のエネルギーに相当する圧力：この圧を動圧といい，$\frac{1}{2} \cdot \rho \cdot v^2$である．

これら3つの圧力は流体中で互いに変換される．ある液体が上記の圧力をもって流れている場合，摩擦によるエネルギーの損失を考えなければ（粘性を無視する：このような流体を理想流体と呼ぶ），その総和は変わらない．

この現象は流体の運動方程式から説明できるが，ベルヌーイ(Bernoulli)の定理としてまとめられている．流れに外部から力が作用していない状態では，流れのもつ圧力Pは，

$$P = p + \rho \cdot g \cdot h + \frac{1}{2} \cdot \rho \cdot v^2 \tag{7}$$

で示され，圧力の形が別の形に変わったとしても，Pは一定の値を保つ．このときのPを総圧という．

今，図3のように重力に対して等しい高さにある管内での流れ（定常流）を考える．流れの途中で管の太さが断面積S_Aから断面積S_Bへと小さくなったとき，連続の式を適用すると，管の太いところと細いところでの速度は変化し，両者の関係は，

$$v_A = v_B \cdot \frac{S_B}{S_A} \tag{8}$$

となり，断面積S_Aの場所での速度v_Aより断面積S_Bの場所での速度v_Bのほうが大きくなることがわかる．

これをベルヌーイの定理に従って圧力の関係に置き換えれば，断面積S_Aの部分の圧力（静圧＋重力による圧力）のほうがS_Bの部分の圧力より高くなる．

2-4 ベンチュリ管

この関係を利用して圧力を利用した流量計が考案されている．図3を使って，圧

III-3. 層流と乱流

図中テキスト：

断面A：
断面積 S_A

水かさ：h_A

水位の差（圧力差）：$h_A - h_B$

水かさ：h_B

流体の流れ
流量：Q

流速：v_A
流速：v_B

断面B：
断面積 S_B

・連続の式から
断面積 $S_A >$ 断面積 S_B のとき，
$v_B > v_A$, $h_A > h_B$
$v_A = v_B \cdot \dfrac{S_B}{S_A}$ または $v_B = v_A \cdot \dfrac{S_A}{S_B}$

・ベルヌーイの定理を利用した
ベンチュリ管による流量の算出
$$Q = \dfrac{S_B \sqrt{2g \cdot (h_A - h_B)}}{\sqrt{1 - \left(\dfrac{S_B}{S_A}\right)^2}}$$

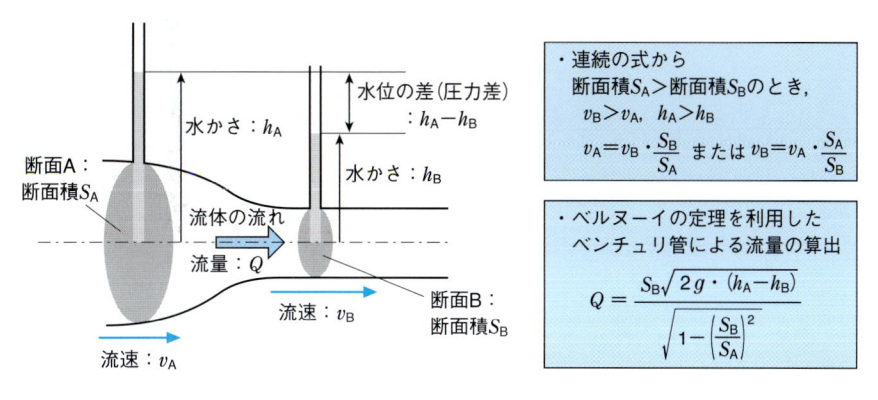

図3 ベルヌーイの定理と連続の式の関係

力から流量を計算する方法を説明する．管内に流れのある状態で，管の断面A（断面積：S_A）での水かさ（圧力）が h_A，細くなったほうの断面B（断面積：S_B）での水かさが h_B であったとする．断面Aにおける速度を v_A，断面Bにおける速度を v_B とすると，粘性による圧力損失を考えなければ，ベルヌーイの定理より，

$$\frac{1}{2} \cdot \rho \cdot (v_B^2 - v_A^2) = \rho \cdot g \cdot (h_A - h_B) \tag{9}$$

が成り立つ．

ここで連続の式を利用して，式(8)を代入すると，

$$\frac{1}{2} \cdot \rho \cdot v_B^2 \left(1 - \left(\frac{S_B}{S_A}\right)^2\right) = \rho \cdot g \cdot (h_A - h_B) \tag{10}$$

となるので，両辺の密度 ρ を消去して整理すると，

$$v_B^2 = \frac{1}{1 - \left(\dfrac{S_B}{S_A}\right)^2} \cdot 2 \cdot g \cdot (h_A - h_B) \tag{11}$$

$$v_B = \frac{1}{\sqrt{1 - \left(\dfrac{S_B}{S_A}\right)^2}} \cdot \sqrt{2g \cdot (h_A - h_B)} \tag{12}$$

が得られる．

管を流れる流量は断面積と速度の積（断面積の単位は $[m^2]$，速度の単位は $[m/s]$）で表せ，単位は $[m^3/s]$ となる．流量を Q とすると，

$$Q = v_B \cdot S_B$$

となるので，

$$Q = \frac{S_B}{\sqrt{1 - \left(\dfrac{S_B}{S_A}\right)^2}} \cdot \sqrt{2g \cdot (h_A - h_B)} \tag{13}$$

となる．

```
          管路      断面A           断面B
                ┌─────┐
                │     │
          力:F_A→│ 流体 │←力:F_B
                │     │
                └─────┘
          圧力 = F_A÷断面積    圧力 = F_B÷断面積
```

> 粘性をもつ流体は圧力損失（圧力差）に比例した速度で流れる
>
> 管路の入り口と出口の圧力差（差圧）を ΔP とし，管の抵抗を R とすると，
> $$Q = \frac{\Delta P}{R} \quad \text{または} \quad \Delta P = Q \cdot R$$

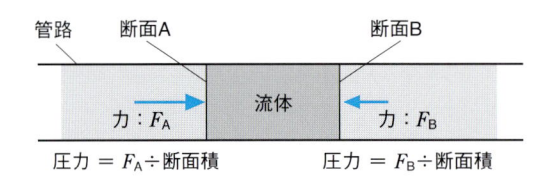

図4　圧力差と流体の流れ

したがって，管の断面積 S_A，S_B があらかじめ決まっていれば，$h_A - h_B$ を測定することによって流量を求めることができる．

このような管は<u>ベンチュリ管</u>と呼ばれ，流量測定装置を<u>ベンチュリ計</u>という．実際の装置ではベルヌーイの定理の条件である理想流体を使用できないので，粘性による補正が行われる．流体が水の場合，補正係数は0.96～0.99と1に近く，ほぼ原理通りの測定が可能である．

3. 流れと圧力

3-1 流れに対する抵抗

どのような物体も，それが運動するときには力が作用する．流れにおいても同様に流体に力が作用することで，<u>流体の運動</u>（流れ）が生じる．ここで，一定の断面積をもつ管を流れる流体を対象に，流体に加わる力と運動の関係を説明する．

今，図4に示すように，流体の一部に断面AとBを仮定して，両断面間に挟まれている部分の流体の運動を考える．流体が静止していたとき，左側の断面Aから流体を力 F_A で押す．このとき，右側の断面Bでは流体を力 F_B で押し返しているとするが，$F_A > F_B$ の場合，流体は力の差によって断面Aのほうから断面Bのほうへと移動することになる．ある面積に力が作用したとき，単位面積当たりにかかる力は圧力と定義される．断面Aと断面Bでは断面積が等しいので，両断面A，Bにおける圧力の差は力の差に比例する．すなわち，流体は圧力の差によって移動することになる．どのような流体でも流れは圧力の高いほうから低いほうへと起こる．

流体を固体のように考えて，対象にしている部分だけを圧力の差を変えずに右のほうへ移動するとすれば，流体の運動は加速度運動になるはずである．また，少しの圧力差があれば流体はどんどん加速することになる．しかし，実際の管内では，流体の運動に従って管壁や流体内部で<u>摩擦力</u>が働き，速度が大きくなるにつれて流体に対する摩擦も大きくなる．

管に圧力損失が生じるとき，管の摩擦力を管の抵抗という．摩擦は<u>流体の粘性</u>によって発生するが，なめらかな管で静かに流れる流体（層流）では摩擦力は平均流速 v に比例する．この結果，摩擦による力の損失（<u>圧力損失</u>）が速度 v に比例するので，v に応じた圧力損失に等しい差圧を与えれば，流体が速度 v で流れることになる．

結果として，層流における平均流速は管路の圧力差に比例するので，断面積が変わらなければ，流量は入り口と出口の差圧に比例することになる．

a)層流　　　　　　　　　　　　b)乱流

- 流線が交わらない
- 速度分布は放物線状となる

- 流線が交差する
- 速度分布は一様になる

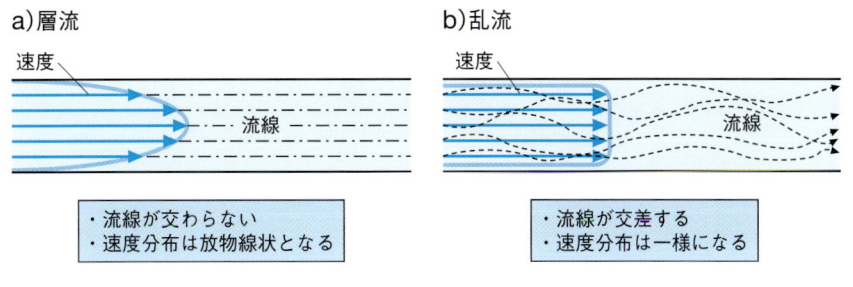

図5　層流と乱流

この関係は簡単な式に表すことができる．管路の入り口と出口の圧力差（差圧）を ΔP とし，管の抵抗を R とすると，流量 Q は，

$$Q = \frac{\Delta P}{R} \quad \text{または，} \quad \Delta P = Q \cdot R \tag{14}$$

と記述できる．この式はきわめて単純で，また電気のオームの法則に類似しているので覚えやすい．ちなみに，オームの法則は，

$$電流 = \frac{電圧の差}{抵抗} \quad \text{あるいは，} \quad 電圧の差 = 電流 \times 抵抗 \tag{15}$$

であり，概念的にはまったく同じである．このことから，式(14)を流体のオームの法則などということもある．

3-2　層流と乱流

　流れの状態を流線で表すと，流れにはさまざまな形があることがわかる．ゆっくりとした流れでは，観測される流線は交わることなく，それぞれが1つの線となって流れる．しかし，流れが速くなったり，太い管に変えると，流線が乱れ，流線が交差する現象がみられることがある．このような流れの変化は，同一の管路でも圧力勾配を大きくして流速を増加すると突然発生する．

　図5に2種類の流れの様子を示す．図5aに示すように，流線が交差しない流れを層流という．この流れでは，流体の各部分は層状に流れて交わることがない．ニュートン流体（流れによって粘性率が変化しない流体）では，層流の条件で流れの内部に微小部分を考えて力のつり合いを計算すると，流れ全体の様子を解析的に解くことができる．考慮すべき力は，圧力勾配と，粘性による抵抗力である．円管を流れる流体では流れの速度は中心部に近いほど速く，周辺部で遅くなり，流速の分布は放物線になる．流れの中央部は最も流速が速く，流れの平均流速の2倍となる．

　これに対して，図5bのように，流線が交差し流れが乱れた状態では流線が入り乱れるので，流速は平均化してほとんど一様になる．この場合には流れに対する摩擦力が中央部と周辺部であまり変わることなく，場所に無関係に一定となる．このような流れを乱流という．実際の流れでは，流れの端になる管壁に近い部分で流線の混合が少なくなり，薄い層流の層が存在する．流れに対する管路の抵抗を考える場合，流れが層流の場合と乱流の場合とで扱い方が異なる．

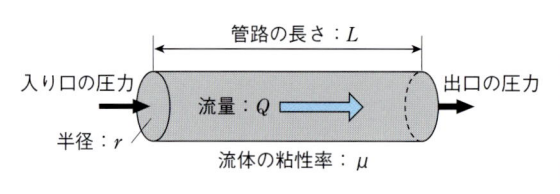

図6 ハーゲン・ポアズイユの式
ニュートン流体で流れが層流のときに成立する．

3-3 ハーゲン・ポアズイユの式

　流れが穏やかな状態では，流線は交差することなく層流となる．このとき，管路の抵抗は流速や流体の密度に無関係であり，流体の粘性と管路の形状だけで抵抗値を決めることができる．

　図6のように，半径rで長さがLの円筒管を流体が流れるとき，粘性率をμとすると，円管の抵抗Rは，

$$R = \frac{8\mu L}{\pi r^4} \tag{16}$$

で与えられる（πは円周率）．

　ここでは省略するが，層流では流速が放物線状になるので式(16)を理論的に導くことができる．この式を利用すると，流量Qと管路両端の圧力差ΔPの関係は，

$$Q = \frac{\Delta P}{R} = \Delta P \cdot \frac{\pi r^4}{8\mu L} \tag{17}$$

と表すことができる．

　この式はハーゲン・ポアズイユ(Hagen-Poiseuille)の式と呼ばれる．複雑な式のようにもみえるが，解釈はそれほど難しくない．まずこの式には，流体のオームの法則を適用して，流量Qが管路の圧力差ΔPに比例し，抵抗Rに反比例することが示されている．さらに，抵抗は管路の長さL，および管内を流れる流体の粘性率μに比例し，管の半径r（直径で考えてもよい）の4乗に反比例する．すなわち，管の抵抗は，管の形状と流れる流体の基本的な性質である粘性のみで決まるのである．したがって，流れが層流である限り圧力を加えれば，圧力に正比例した流量を流すことができることになる．

　流れに対する抵抗は管の半径（あるいは直径）に強く依存する．同じ圧力で流体を流すとき，管の太さが半分(1/2)になると，抵抗は$2^4 = 16$倍に増加して流量が1/16に激減する．もし同じ流量を流そうとするならば，圧力を16倍に上げなくてはならない．

　導線を電流が流れる場合，電気抵抗は抵抗線の断面積（太さに対して2乗）に反比例する．これは電流が導線内を一様に流れるためである．これに対して粘性流体では，流れは中心部で速く，周辺で遅くなる．このため，流れに対する抵抗が管の径に大きく影響されるのである．

一方，流れが乱流の場合，管路の抵抗をRとすれば，圧力差$\varDelta P$と流量の関係を層流の場合と同様に，

$$Q = \frac{\varDelta P}{R}$$

と記述できる．しかし，抵抗Rは管路の形状と粘性だけで決まるのではなく，流れの状態に依存してその値を変化させる．一般に乱流の場合，管路の抵抗は管壁の粗さに関係し，同時に流速の増加につれて抵抗が大きくなる．

4. レイノルズ数

　流れの速度を増していくと，流れは層流から乱流に突然変化する．英国の物理学者レイノルズ(Osborne Reynolds，1842～1912)は流れが層流と乱流に分かれる条件を研究し，流れの状態を決定する条件が，流速だけでなく，管の太さや流体の粘性率に依存することを見出した．

　流れの中に物体が置かれた状態を考える．物体の大きさを代表する値をD，流体の密度をρ，速度をv，粘性率をμとすると，

$$Re = \rho \cdot D \cdot \frac{v}{\mu} \tag{18}$$

が粘性流体特有の数値として与えられる．この値Reはレイノルズ数と呼ばれ，単位が1となる無次元数である．ここで物体を代表する大きさとは，たとえば，流体の流れに平行に置いた平板では流れ方向の長さとなり，円管を流れる場合には管の直径である．

　Reについて詳しく考えてみよう．Reは無次元(単位のない数値)であるので，式(18)の分母と分子は同じ次元(単位)をもつことになり，それらは同じ概念の物理量といえる．Reはその比を示していることになる．分子は流れの量や大きさに関係し，分母は粘性であり，流れの各部に働く抵抗力に関係する．したがって，レイノルズ数Reは概念的に，

$$Re = \frac{流体の慣性力}{粘性力} \tag{19}$$

と考えることができる．より直感的な表現をとれば，

$$Re = \frac{流体の荒々しさ}{流体を押し留める力} \tag{20}$$

となる．

　このように考えれば，Reが大きくなると流体は荒々しさを増し，流れは乱流になり，逆にReが小さければ流れは穏やかな層流となることが理解できる．層流と乱流の境界となるReは臨界レイノルズ数(Re_c)と呼ばれ，実際の値はおよそ2000～3000である．

　すでに述べたように，管の中を流体が流れる場合，層流のときは流量は圧力差に比例するが，乱流の状態では抵抗が流速の増加に従い大きくなる．流れは，流速がある一定値を超えると層流から乱流へと移行するので，流速が限界点を超えたとき

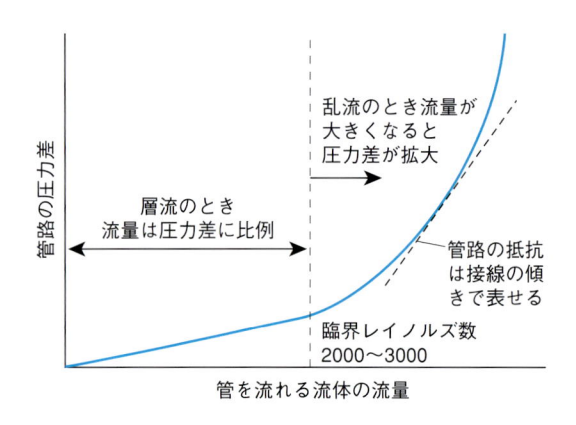

図7 管路を流れる流体の圧-流量の関係

には流量と圧力差の比例関係が崩れる．図7は，管路に圧力差を与えたときの，圧と流量（流速でもよい）の関係を示したものである．流量が小さいとき（圧力差が小さいとき），圧と流量は正比例するが，流量を大きくすると，ある点から圧力差はどんどん大きくなる．この点が限界点（臨界流速）である．図7に示した直線の勾配は抵抗を示すので，限界点を超えると管路の抵抗が流量（流速）に応じて大きくなることがわかる．

レイノルズ数に用いられる粘性率 μ と流体の密度 ρ は流体固有の値であり，流れの状態には関係しない．このため，粘性率と密度の比を ν（ニュー）と定義し，これを動粘性率（係数）として用いることが多い．これに従えば，動粘性率は，

$$\nu = \frac{\mu}{\rho} \tag{21}$$

となり，レイノルズ数を，

$$Re = D \cdot \frac{v}{\nu}$$

と書き換えることができる．たとえば空気は，密度は小さいが同時に粘性率も小さいので，動粘性率は，20℃，1気圧のとき，1.51×10^{-5} m^2/sである．これに対して水の場合，密度も粘性率も大きいので，動粘性率は20℃で1×10^{-6} m^2/sとなり，水のほうが約1桁小さい．すなわち，同じ管に水と空気を流したとき，水は空気に比べレイノルズ数が約1桁大きくなるので，水のほうが空気より乱流になりやすいことになる．

人は空気の中で生活しているので，風に吹かれたときのことを考えてみよう．人の1/10程度の大きさの物体（Dが1/10）は，同じ風量に対して人の1/10のレイノルズ数をもつことになる．このことは，小さな物体が空気中で感じる風の流れは，人が同じ流速の水の中で感じる風の流れと同等になることを意味する．これよりもっと小さい物体の昆虫の蟻を考えてみよう．蟻にとっての空気の流れは，人が油などのねばねばした液体の中にいるときよりずっとレイノルズ数が低い状態となる．そのため，蟻が机の上から落ちても流体（空気）の抵抗が非常に大きく感じられ，何ら傷つくことなく生きていられることになる．昆虫が飛んでいるのを見て，その形状や

構造，飛行の方式を単純にまねても，昆虫に比べて大きさが何桁も異なる人間のための飛行装置を作ることはできない．

このように考えると，レイノルズ数は流れの相似性を与える数値といえる．**流れの相似性**とは，単に形状が幾何学的に相似であるだけでなく，流体の振る舞い（流線の位置など）に対しても相似則が成立することである．たとえば，川の流れを実験室で模擬する場合，単に川筋の形状を相似にして水を流しただけでは流れの性質を模擬することができない．川筋を1/100に縮小したならば，流速を100倍にしなければ同じレイノルズ数にはならない．レイノルズ数が等しければ，流れの相似性が保証される．

第Ⅳ章

振動と波動

第Ⅳ章　振動と波動

Ⅳ-1. エネルギー，振動

「Ⅱ-3. 力の作用と運動」で力と運動について説明した．力の作用により加速度運動が生じることや，運動量，力積などについても述べた．ここでは力の作用と力学的エネルギーの関係を解説する．エネルギーは熱や音響などの説明においても現れる概念であり，力や運動だけに関係する用語ではないが，ここでは力学的な現象に特定してエネルギーの基本的な考え方について説明する．特に，エネルギーを使って説明できる運動の状態を代表して，いくつかの振動現象を理論的に解析した．また，エネルギーは機械的な仕事として利用されるため，物理的な意味での仕事と同義に扱われることがあるので，これを区別して理解できるように，概念としての類似点や相違点を述べる．

1. はじめに

　動いている物体が運動量をもつことはすでに説明した．力の作用で物体が動くとき，与えた力 F [N]（ニュートン）により物体は質量 m [kg] に反比例した加速度 a [m/s^2] の運動を生じる．この加速度運動は力を与えている間だけ続き，力を取り除けばその時点での運動状態が維持される（等速度運動または等速直線運動）．このとき，質量 m の物体は一定の速度 v で移動し続ける．質量と速度の積は運動量と定義されている．

　運動している物体は力によってどのような量を受け取ったことになっているのだろうか．この場合，力の大きさと力が作用する時間の積を力積として定義して，力積によって運動量が変化（質量が変わらなければ速度が変化）したと考える．

　今，互いに反対の方向から動いてきた2つの物体がぶつかって一体となり一緒に運動したとしよう．このとき，2つの物体が同じ質量で，等しい大きさの運動量をもっていた（ただし向きは逆）とすると，合体後の運動量は0となる．言い換えれば，合体後の物体は静止する．衝突前後の運動量は変わらない．何かごまかされたような気がするが，衝突前はそれぞれの物体は同じ大きさで符号の異なる運動量をもっていたので，両者の和は0である．衝突後は速度が0なので運動量は0となり，運動量が変化しなかったことが理解できるだろう．

　しかし，実際の物体でこのようなことが起これば，ただ単に運動量が0になっただけではすまないのがわかる．交通事故で正面衝突が起きれば，車がグシャグシャに壊れることになる．大きな速度で激しくぶつかれば壊れ方も大きくなる．この壊れ方やその大きさを説明する量がエネルギーである．エネルギーには形としての実体がないので，抽象的な概念として説明のためだけに存在する量のように思えるが，具体的な数値としての取り扱いが可能な実在する量である．

エネルギーは物理現象を説明するだけでなく，自然科学を考えるうえで最も重要な概念である．エネルギーという用語が一般的に使われるのでエネルギーの概念は自明のように考えられているが，物体のエネルギーが物体のどこに，どのくらいの大きさで存在し，それがどのように変化するのかを説明することはそれほど簡単ではない．

2. エネルギーと仕事

2-1　エネルギーとは

　エネルギーは物質のような実体をもたない．しかし，その実体に動きの変化を与えることができる．エネルギーは物体自体に内在したものであり，形としては見えないが，エネルギーが別の形のエネルギーに変換されるときにその存在が明らかになる．たとえば，運動している物体がブレーキの作用で停止すれば，運動中に物体がもっていた運動のエネルギーは失われるが，停止過程でブレーキに摩擦熱が発生して熱エネルギー(熱量)に変わったと考えることができる．

　このようにエネルギーはいくつもの形で現れ，いろいろな形で蓄えておくこともできる．

2-2　力と仕事

　ある物体がもつエネルギーを変化させるとき，この物体に対して行われる作業のことを仕事という．ある物体に力学的な力を作用させて仕事をすると，物体は力の作用で動かされる．仕事は，力によってどのくらい動いたか，その大きさとなる距離を使って定義される．

　物理的には，仕事は，

$$\text{仕事} = \text{力} \times \text{距離} \tag{1}$$

として定義されている．力積が「力×時間」で定義され，これによって運動量が変化するのに対し，仕事が時間ではなく距離に比例することに注意したい．ここでいう距離とは，力の加わった方向に物体が移動した位置の変化のことである．

　たとえば，机の上に置いてある物体は机に対して何も仕事をしていない．物体は机の上で静止しているので，エネルギーの授受はない．摩擦を無視した場合，この物体を机の上で水平に移動しても仕事が与えられることはない(図1)．物体は重力の作用によって机を押し，机は反作用で逆の方向に物体を押し返している．この状態での横方向への移動は仕事にはならない(ただし，摩擦が存在すれば横へ動かすときに力が作用するので，この分だけは仕事として考えることもできる)．

　では，机に置かれた物体に仕事をするためにはどうすればよいか．この場合，物体を机の面から上に持ち上げれば仕事をしたことになる．物体は初めの位置より上部に移動し，この移動距離と力の積が仕事となる．力は重力に逆らって物体を持ち上げるのに必要最低限の大きさとなる．物体の質量をm，重力加速度をgとすれば，

$$\text{力} = m \cdot g \tag{2}$$

である．

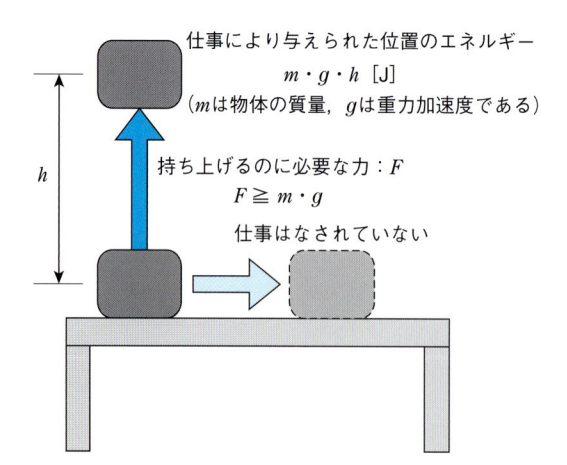

図1 仕事と位置エネルギーの変化

　仕事とエネルギーとは非常に関連の深い概念であり，ほとんど同義に使うこともある．しかし，厳密には両者はしっかりと区別しておかなくてはならない．エネルギーは必ずしも物体のもつエネルギーの総量を表現しているわけではない．物体を1 m持ち上げる仕事によって与えられたエネルギーは，物体が初めからもっていたエネルギーと移動後のエネルギーとの差であり，物体自体のエネルギー量ではない．エネルギーと仕事はある現象の表裏の関係であり，「仕事とは物体のもつエネルギーに変化を与えること」と考えることができる．仕事はエネルギーの変化分であり，両者は同じ単位をもつ．仕事（およびエネルギー）の単位は力の単位（ニュートン[N]）と距離の単位（メートル[m]）の積であり，[N・m]（ニュートン・メートル）となる．SI単位系ではエネルギー，仕事，熱量に対して固有の名称ジュール[J]を用意し，

　　1 J = 1 N・m

　　（SI基本単位では[$m^2 \cdot kg \cdot s^{-2}$]）　　　　　　　　　　　　　　　　　(3)

で定義される．1 Jの仕事（あるいはエネルギーの変化）とは，1 Nの力で物体を力の方向に1 m移動させるときの仕事量をいう．

3. 力学的エネルギー

　物体に対して加えた仕事が，その前後で物体にどのような変化を引き起こすかによってエネルギーにはさまざまな表現が可能である．仕事によって位置が変化したとすると，物体には位置のエネルギー（ポテンシャルエネルギー）が与えられたことになる．また，力によって速度が与えられれば，運動エネルギーが与えられたことになる．このように力学的な表現で説明されるエネルギーのことを力学的エネルギーと呼ぶ．別の表現で説明される熱エネルギーや化学エネルギー，電気的エネルギーも，原子や分子の振る舞いまでさかのぼれば運動エネルギーやポテンシャルエネルギーとしてまとめて考えることができる．

3-1　ポテンシャルエネルギー

　物体は置かれた位置によるエネルギーをもっている．このエネルギーが位置の変

化を与える仕事として取り出せるとき，それを**ポテンシャルエネルギー**という．ポテンシャルエネルギーは物体自身が静止した状態で保持しているエネルギーである．その意味ではバネの伸縮によって蓄えられたエネルギーもポテンシャルエネルギーとなる．物体を重力に逆らって持ち上げることによるエネルギーの変化を単に位置エネルギーと呼ぶことが多いが，正確には**重力ポテンシャルエネルギー**E_pである．

質量mの物体を上方にh持ち上げると，仕事＝エネルギーの変化E_pは，

$$E_p = m \cdot g \cdot h \tag{4}$$

となる．gは重力加速度であり，$m \cdot g$は物体を持ち上げるのに必要な力である（**図1**）．

重力ポテンシャルエネルギーは物体の高さの差によって決まり，移動の途中経過には依存しない．

3-2 運動エネルギー

運動エネルギーは，仕事が運動の状態に変化を与えたときのエネルギーのことである．物体は運動することでエネルギーを蓄え，このエネルギーを変換させる過程で仕事をすることができる．

物体が速度をもつことで保持しているエネルギー（運動エネルギー：E_k）は，質量と速度によって与えられ，

$$E_k = m \cdot \frac{v^2}{2} \tag{5}$$

である．この式の意味は，運動エネルギーを位置のエネルギーに変換して，E_kが移動距離と力の積で表せることを確認すると考えやすい．

図2aに示すように，ある速度v_0で動いている物体に力を加えて，それを静止させる場合を考えてみよう．力Fが質量mの物体に加速度aを与えたとすると，

$$F = m \cdot (-a) \tag{6}$$

となる．初めの速度が加速度aによって，時間tの経過後に速度vとなるとき，

$$v = v_0 - a \cdot t \tag{7}$$

と記述できる（aは減速方向となるので，－を付けて表した．aの符号は正である）．運動が停止した時点で速度は0となる．**図2b**に記述したように，初めの速度v_0から一定の減速（等加速度運動）で速度が0となるまでの移動距離hは，

$$h = \frac{v_0}{2} \cdot t , \quad t = \frac{v_0}{a} \quad \therefore h = \frac{v_0^2}{2a} \tag{8}$$

となる．この過程で運動エネルギーの変化Eを位置のエネルギー変化として$F \cdot h$で記述すると，式(6)から，

$$E = F \cdot h = m \cdot a \cdot h \tag{9}$$

となる．式(8)から，$a \cdot h = \dfrac{v_0^2}{2}$となるので，

$$E = m \cdot \frac{v_0^2}{2} \tag{10}$$

が得られる．この結果は，運動エネルギーがポテンシャルエネルギーとしての「力

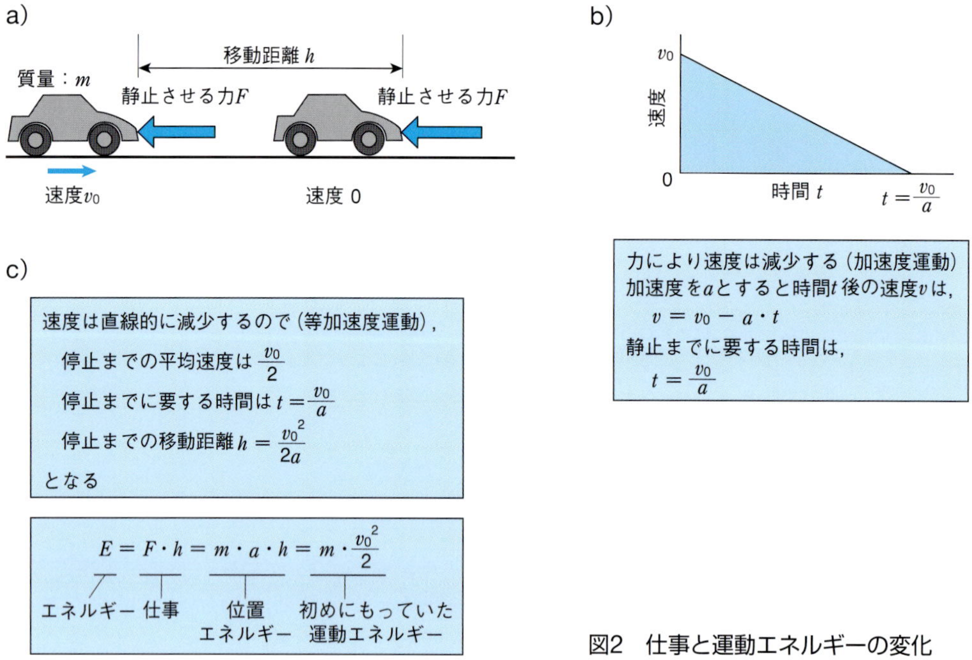

a)

質量：m　静止させる力F　移動距離h　静止させる力F
速度v_0　　　　　　　　　　　速度0

b)

速度 - 時間tグラフ、$t = \dfrac{v_0}{a}$

力により速度は減少する（加速度運動）
加速度をaとすると時間t後の速度vは，
$$v = v_0 - a \cdot t$$
静止までに要する時間は，
$$t = \dfrac{v_0}{a}$$

c)

速度は直線的に減少するので（等加速度運動），
　停止までの平均速度は $\dfrac{v_0}{2}$
　停止までに要する時間は $t = \dfrac{v_0}{a}$
　停止までの移動距離 $h = \dfrac{v_0^2}{2a}$
となる

$$E = F \cdot h = m \cdot a \cdot h = m \cdot \dfrac{v_0^2}{2}$$
エネルギー　仕事　位置エネルギー　初めにもっていた運動エネルギー

図2　仕事と運動エネルギーの変化

×距離」と同じ単位をもち，両者が量を変えずに変換できたことを示している．また，運動エネルギーは速度の2乗に比例する（図2c）．

4. エネルギー保存則

　エネルギーは別のエネルギーに量を変えずに変換できる．物体に対して仕事をすることは，その物体にエネルギーの変化を与えることである．ある量のエネルギーを与えるためには，それと等しいエネルギーを物体に受け渡すこととなる．このとき，受け渡す側は同じ量のエネルギーを失う．たとえば，物体が高いところから地上に落ちたとき，その物体は位置のエネルギーを失うが，落下の最中には位置のエネルギーは運動エネルギーに変換されている．では地上で停止したとき，エネルギーはどうなったのであろうか．この場合，エネルギーは決して失われてはいない．落下時の地面の振動や音，熱に変わってエネルギーが拡散してしまっただけである．それらをすべて含む系を考えれば，エネルギーの総量は変わらない．

　エネルギーは何もないところから生み出されることはなく，消えてしまうこともない．エネルギーが形を変えても，その総量は変化しない．このことを<u>エネルギー保存則</u>という．宇宙の始まりから現在に至るまで，その総量は一定である．エネルギーとはそのような量として定義された概念である（図3）．

5. 力学的エネルギーと振動

5-1　単振り子

　物体の位置のエネルギーと運動エネルギーが時々刻々変換される運動の1つに<u>単

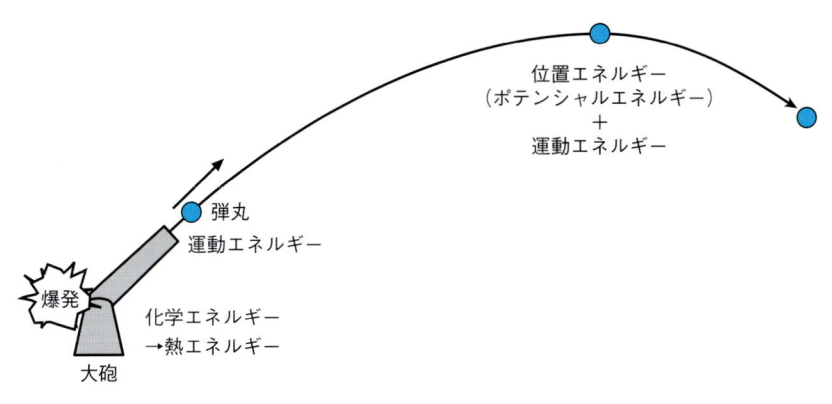

図3 エネルギーの変換とエネルギー保存則

振り子がある．振り子は一定の時間で往復するので，機械式の時計に使われてきた．振り子の運動はエネルギーの変換を考えると簡単に説明できる．

　伸びない糸の片方を固定し，もう一方の端に小さくて重いおもり(質点とみなす)を吊す．糸を弛ませずに重力に逆らっておもりを少し横に持ち上げ，そっと手を離すと，おもりは固定した点を中心としてある面内を往復運動する．振幅が小さいときのおもりの運動を単振動という．この運動を解析してみよう．

　図4のように，運動中の糸の長さLは変わらないので，おもりは糸の固定点を中心とした円周上を運動することになる．振り子が固定点の真下にあるとき，この点を原点として，直交座標を考える．

　初めにおもりを鉛直方向から角度θ_0だけ動かした点に置くと，手を離したとき，おもりに与えられた位置のエネルギーE_pは，

$$E_p = m \cdot g \cdot (L - L\cos\theta_0) \tag{11}$$

となる．手を離してこのエネルギーが運動速度に変換されたとすれば，位置のエネルギーが0となった原点では，エネルギーのすべてが運動エネルギーとして横方向の速度vに変換される．エネルギーの保存則から，

$$m \cdot \frac{v^2}{2} = m \cdot g \cdot (L - L\cos\theta_0) \tag{12}$$

なので，原点でのおもりの速度vは，

$$v = \sqrt{2 \cdot g \cdot L \cdot (1 - \cos\theta_0)} \tag{13}$$

となることがわかる．

　この運動の状態を詳しく解析するには，運動の状態を糸の張力Pを使って運動方程式で記述する．おもりの位置を任意の位置(x, y)として，x軸，y軸それぞれについて力のつり合いを表現した運動方程式を立てる．力は質量と加速度の積に等しくなるので，おもりの運動を位置x，yにおける加速度を使って表せば，

$$m \cdot \frac{d^2x}{dt^2} = -P\sin\theta, \quad m \cdot \frac{d^2y}{dt^2} = -m \cdot g + P\cos\theta \tag{14}$$

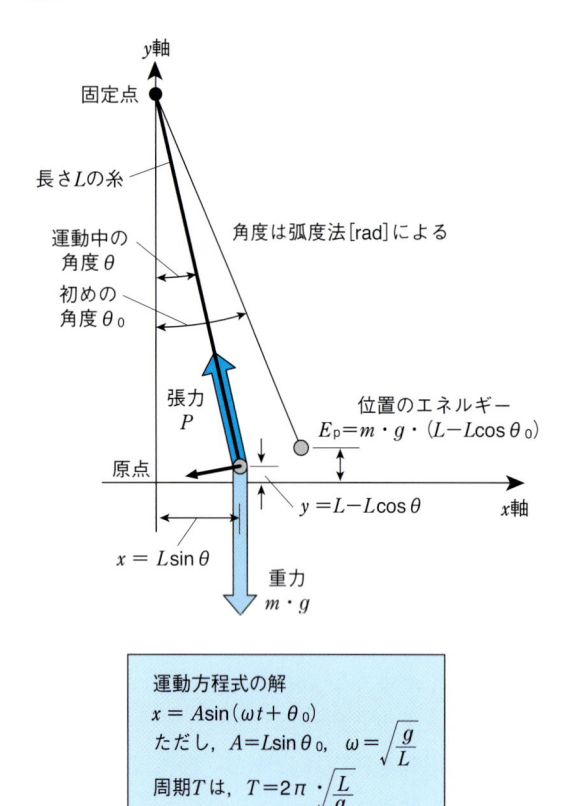

図4　単振り子の運動

左図：
- y軸、固定点、長さLの糸、運動中の角度θ、初めの角度θ₀、角度は弧度法[rad]による
- 張力 P、重力 $m \cdot g$
- 位置のエネルギー $E_P = m \cdot g \cdot (L - L\cos\theta_0)$
- 原点、$y = L - L\cos\theta$、$x = L\sin\theta$、x軸

運動方程式の解
$x = A\sin(\omega t + \theta_0)$
ただし、$A = L\sin\theta_0$, $\omega = \sqrt{\dfrac{g}{L}}$
周期Tは、$T = 2\pi\sqrt{\dfrac{L}{g}}$

右図：
おもりの運動を考えると，
位置 x, y における速度は，
 x方向：$\dfrac{dx}{dt}$
 y方向：$\dfrac{dy}{dt}$
位置 x, y における加速度は，
 x方向：$\dfrac{d^2x}{dt^2}$
 y方向：$\dfrac{d^2y}{dt^2}$
力は「質量×加速度」なので，位置 x, y における力は，
 x方向：$m \cdot \dfrac{d^2x}{dt^2}$
 y方向：$m \cdot \dfrac{d^2y}{dt^2}$
力のつり合いは，
 x方向：$m \cdot \dfrac{d^2x}{dt^2} = -P\sin\theta$
 y方向：$m \cdot \dfrac{d^2y}{dt^2} = -m \cdot g + P\cos\theta$
θが小さいとき，$\sin\theta \fallingdotseq \theta$，$\cos\theta \fallingdotseq 1$ とみなせる。またy方向の加速度は0と近似できるので，力のつり合いは，
 x方向：$m \cdot \dfrac{d^2x}{dt^2} = -P \cdot \theta$
 y方向：$0 = -m \cdot g + P$
となり，$x = L\sin\theta \fallingdotseq L \cdot \theta$ を使ってθとPを消去すると，
$\dfrac{d^2x}{dt^2} = -g \cdot \dfrac{x}{L}$
が成立する（本文の式(17)）

が成立する．

　この単振り子の運動軌道は糸の長さによって拘束された円周なので，
$$x = L\sin\theta, \quad y = L - L\cos\theta \tag{15}$$
である．ここで，簡単にするためにθが小さいものとすると，
$$\sin\theta \fallingdotseq \theta, \quad \cos\theta \fallingdotseq 1 \tag{16}$$
（θの単位は弧度法[*1]による[rad]）

の近似が成り立ち，y方向の加速度も0と近似できるので，式を簡単にして方程式の解を求めることになる．xについての方程式は，最終的に，
$$\dfrac{d^2x}{dt^2} = g \cdot \dfrac{x}{L} \tag{17}$$
で表される2次の微分方程式となる．この微分方程式を解くためには数学の力が必要であるが，ここでは途中経過をすべて省略して，解のみを示すことにする（「参考

[*1]　**弧度法**：半径1の円の円周の中心角に対応する弧の長さで角度を表す方法．この方法では，円の一周に相当する360°が2πとなる．

IV-1. エネルギー，振動

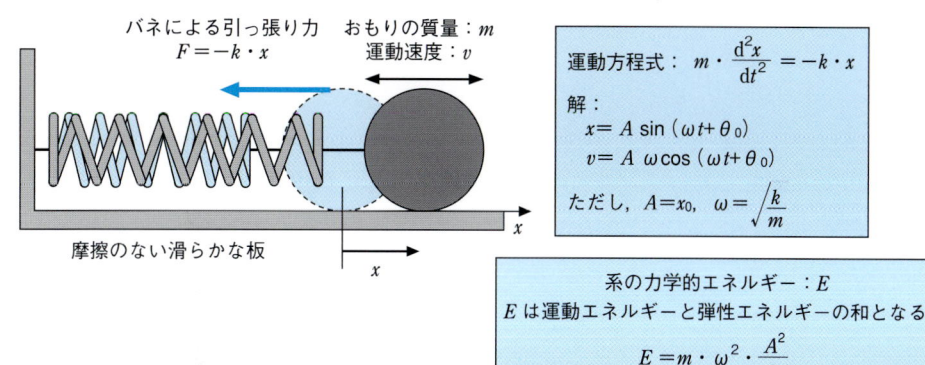

図5 バネとおもりによる単振動

（図中）
- バネによる引っ張り力 $F = -k \cdot x$
- おもりの質量：m
- 運動速度：v
- 摩擦のない滑らかな板

運動方程式：$m \cdot \dfrac{d^2 x}{dt^2} = -k \cdot x$

解：
$x = A \sin(\omega t + \theta_0)$
$v = A \omega \cos(\omega t + \theta_0)$

ただし，$A = x_0$，$\omega = \sqrt{\dfrac{k}{m}}$

系の力学的エネルギー：E
E は運動エネルギーと弾性エネルギーの和となる
$E = m \cdot \omega^2 \cdot \dfrac{A^2}{2}$

文献－さらに詳しく知りたい読者のために」に成書を示すので確認してほしい）．
解は，

$$x = A \sin(\omega t + \theta_0)$$

（ただし，$A = L \sin \theta_0$，$\omega = \sqrt{\dfrac{g}{L}}$ ） (18)

となり，x軸方向の位置の時間変化が周期的に変化することがわかる．解に現れるωのことを角速度という（角振動数ともいう）．運動は角度ωtが2π（弧度法で円の一周に対応する角度：360°に対応する）ごとに同じ軌道を動くので，周期Tとの間には$\omega \cdot T = 2\pi$がある．したがって，

$$T = \dfrac{2\pi}{\omega}, \quad T = 2\pi \cdot \sqrt{\dfrac{L}{g}} \tag{19}$$

となる．周期Tが初期条件にかかわらず，糸の長さL（および重力加速度g）だけで決まるので，時計などへの応用にたいへん便利である．これを振り子の等時性という．

小学生の頃，1 mの糸でおもりを揺らすと，1秒ごとに右，左の運動を繰り返すと教わったことがある．そのときは1 m，1秒が強く印象に残って，それ以来ずっと時間と距離が何かの関係で決められているのだろうと思っていた．高校の頃，ここに示した結果を知って，なんで1秒（1周期だと2秒）だったのだろうと再び不思議に思った．式(19)をよくみると，周期Tに関係する量はL以外にはπと$\sqrt{g}$しか残っていない．$\pi = 3.14\cdots$，$\sqrt{g} = \sqrt{9.81} = 3.13\cdots$となることを確認してほしい．単なる偶然であるが，両者が非常に近い値となっているのを知って妙に感動したことを憶えている．

5-2 バネの振動

図5のように，バネにおもりを付けて振動させた場合も，運動エネルギーとポテンシャルエネルギーの変換で説明できる．この場合，バネの変位により蓄えられた力とおもりの加速度運動に対応する力とのつり合いを考えればよい．フックの法則により，バネによる力Fは変位xと比例するので，比例係数をkとすれば，

$$F = k \cdot x$$

となる．初めに与えた変位をx_0として，おもりの質量をmとすれば，運動方程式は，

$$m \cdot \frac{d^2x}{dt^2} = -k \cdot x, \quad \frac{d^2x}{dt^2} = -k \cdot \frac{x}{m} \tag{20}$$

となる．この式(20)は式(17)と同じ形をしているので，$\frac{g}{L}$ を $\frac{k}{m}$ に置き換えれば，解をそのまま適用できる．

解は，
$$x = A\sin(\omega t + \theta_0) \tag{21}$$

（ただし，$A = x_0$，$\omega = \sqrt{\frac{k}{m}}$ ）

となり，振幅Aはx_0，周期Tは $T = 2\pi \cdot \sqrt{\frac{m}{k}}$ となる．また，$k = m \cdot \omega^2$ の関係も成立している．速度vは変位の時間変化，すなわち，$\frac{dx}{dt}$ なので，
$$v = A\omega\cos(\omega t + \theta_0) \tag{22}$$
となる．

このような振動を<u>単振動</u>という．理想的な単振動ではバネの弾性力以外の力が働いていないので，力学的エネルギーが保存されて振動は永久に続く．現実には，空気の抵抗や台の摩擦などが働くので，エネルギーは次第に周りに拡散し，時間が経過すると振動は止まってしまう．このような振動を<u>減衰振動</u>という．

エネルギーが保存されている理想的な単振動では，力学的エネルギーE [J]は<u>運動エネルギー</u>と<u>弾性エネルギー</u>の和となる．弾性エネルギーは力と変位の積で表されるが，変位0からxまでの間に，力は変位に比例して0から$k \cdot x$に変化する．この結果，バネをxだけ変位させる仕事は，この間の平均的な力 ($k \cdot \frac{x}{2}$) と変位xの積である．運動エネルギーは速度によって決まるので，エネルギーの総和は，
$$E = m \cdot \frac{v^2}{2} + k \cdot \frac{x^2}{2} \tag{23}$$
となる．これに式(21)，式(22)の結果を代入すると，
$$E = m \cdot \frac{\{A\omega\cos(\omega t + \theta_0)\}^2}{2} + k \cdot \frac{\{A\sin(\omega t + \theta_0)\}^2}{2} \tag{24}$$
であり，$k = m \cdot \omega^2$ を代入すると，
$$E = m \cdot \frac{A^2\omega^2\{\cos(\omega t + \theta_0)\}^2}{2} + m \cdot \omega^2 \cdot \frac{A^2\{\sin(\omega t + \theta_0)\}^2}{2} \tag{25}$$
となる．ここで，$(\sin\theta)^2 + (\cos\theta)^2 = \sin^2\theta + \cos^2\theta = 1$ なので，式(25)は，
$$E = m \cdot \omega^2 \cdot \frac{A^2}{2} \tag{26}$$
と整理できる．

このように，単振動では力学的エネルギーEが<u>角速度</u>（角振動数）ω [rad/s]の2乗と振幅A [m]の2乗に比例することになる．同様の式が音響のエネルギーを説明す

る場合にも現れるが，振動現象のもつエネルギーとして覚えておくとよいだろう．

第Ⅳ章　振動と波動

Ⅳ-2. 波動の基本的性質

「Ⅳ-1. エネルギー，振動」では振動現象について解説したが，ここでは振動現象が空間的に広がって作り出される波について説明する．波にはいろいろな種類があるが，波のもつ共通の性質は一般化して記述できる．ここではまず，波とは何かを考え，さらに，波の基本的な性質として，空間的な伝搬を特徴付ける速度や周期，波の重ね合わせによる干渉などについて説明を加える．波にはこれ以外にも興味深い性質があるが，これらについては「Ⅳ-3. 速度に関連する波の性質」に譲って，ここでは波の数式的な表現を詳しく説明する．波はかなり複雑な現象であり，使える数学のレベルにより説明の方法や数式的な取り扱いにもずいぶん程度の差がある．ここではできるだけ容易に理解できることを念頭に，必要事項の説明を試みる．

1. はじめに

　水に石を投げ込むと水面に波紋が広がる．地震があると，震源地からその揺れが広がって，時間差をもって広い地域で揺れが観測される．音は音源から離れた場所にも到達するが，距離が長いほど遅れて到達する．これらは日常的に感じることのできる波である．その他にも，直接体感できないが，ラジオやテレビに情報を伝える電波，いろいろな用途に使われる光も，波の性質をもっている．

　物理学では波のことを波動と呼ぶ．波は固定的な現象ではなく，時間的にも空間的にも動きのある現象である．簡単に述べるならば，波は何らかの物理量(弾性的な変形や圧縮と膨張など)が周期的に変化するとき，この変化が空間に伝搬(伝播)する現象である．伝搬するのはこの周期的な変化であって，波を形成している物質自体が伝搬するわけではない．実際には物質自体が波とともに速度をもって移動することもあるが，この速度と波の速度とは明確に区別して考えなくてはならない．たとえば，血管内を移動する血流の速度は血圧や血管の脈動の伝わる速度(脈波伝搬速度)とは直接的な関係はなく，まったく異なった値となる．

　通常扱う波は振動や変位が伝わっていく現象のことをいい，波を作り出している物質(波を伝えている物質)のことを媒質という．波は媒質の存在によって伝えられるが，光や電波(電磁波)は真空中を伝わる．この場合の媒質は物質ではなく，空間それ自体ということになる(電磁波は媒質のない波動であると表現されることもある)．

　このように，波にはいろいろな種類があるが，波には波としての共通の性質が存在する．ここではまず，波の基本的な性質を考えることにする．

a) 時間を止めて観察した波

「富嶽三十六景　神奈川沖浪裏」（葛飾北斎）
（山口県立萩美術館・浦上記念館　所蔵）

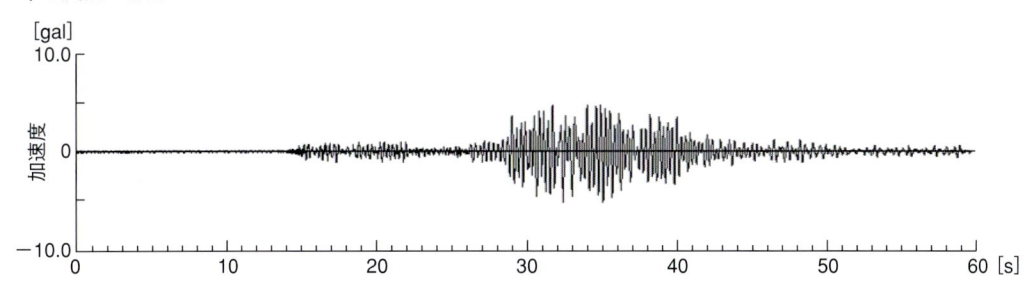

b) 地震計の波形

図1　波のもつ基本的な性質を表した例

2. 波の特徴

2-1 空間的な周期性と時間的な周期性

図1に有名な波の絵と地震計の波形を示した．図1aは，荒々しい海のうねりの波頭がまさに崩れようとしている瞬間を描いている．この波はある瞬間の波の空間的な形状を示している．ある瞬間の波は1つの波の頂点から次の波の頂点へと空間的な周期性をもっている．しかし同時に，時間が少し経過してしまえば，また別の波が違った景色を作っている．一方，図1bの地震計の波に注目すると，ある地点での揺れの時間的経過が記録されている．ここに描かれた波は時間的な周期性をもった震動の大きさの変化である．

このように，波を考えるときには空間と時間の2つの要素が組み合わさった現象であることを念頭に置かなくてはならない．

2-2 縦波と横波

ある場所で発生した振動現象が別の地点へと広がっていくとき，「波が進行している」と表現される．波の進行は，それを伝える媒質の性質によって異なり，直線的（または曲線的）に一方向に伝わる波を1次元の波という．同様に平面的に広がる波を2次元の波（平面波），球面を広がる波を球面波という．ここでは説明を簡単にするた

めに1次元の波について考えることにする．

　波には進行方向とは別に媒質の形を変える方向が存在する．たとえば，地震の横揺れや縦揺れがこれに該当する．波の進行方向と媒質の振動の向きが垂直であるとき，この波を横波という．これに対し，波の進行方向と媒質の振動の向きが平行であるときの波を縦波という．縦波では振動が波の進行方向に平行であるので，波の中に媒質が部分的に密集し，波全体には密な部分と疎な部分が繰り返し現れる．このため，縦波のことを疎密波とも呼ぶ．縦波は密度の振動が伝わっていると考えてもよい．

　目で観察できる波は比較的容易に縦波と横波の区別がつく．光や電波(電磁波)は直接に波を観察することは難しいが，横波であることが知られている．

　横波や縦波をグラフに表すとき，横波については進行方向をx軸で表し，波の振れをy軸で表すとわかりやすく表現できる．これに対し縦波では，疎と密の部分を表現することが難しい．媒質中にある個々の物質は波の進行方向に平行な運動をしているので，一般に媒質中の各点での位置の変化をy軸に置き直して，横波と同様の表し方にする(図2)．

2-3　いろいろな波

　音波や地震波のP波は縦波である．また，弦を伝わる波，電磁波，地震波のS波は横波である．しかし，すべての波が縦波と横波に分類されるわけではない．たとえば，海の波など水面に現れる波は表面波といい，表面付近の水は波の進行方向に対して回転運動をしている．また波のもつ基本的な形(波形)によっても区別でき，たとえば，津波や衝撃波のように連続的でない波が孤立して移動することもあり，これらは孤立波に分類される．長いロープを床にはわせてその一端を大きく揺らすと，パルス状の波の山が進行する．この波も孤立波である．また，波はいつでも進行しているとは限らず，同じ場所にとどまって振幅だけが周期的に変化しているような波を定常波あるいは定在波といい，一定の音色で響いている弦では，このような波が観察される．また，複数の進行波がきれいに重なり合って合成された波が定常波となることもある．このように波にはいろいろな種類があるが，どのような波にも，縦波や横波と共通する基本的な波としての性質が存在する．

P波とS波

　地震は地下の地盤がずれることによって発生する振動現象である．振動は地盤の中を波として伝わるが，地震の波には縦波と横波の2種類がある．このうち，縦波は疎密波として音波のように伝わり，比較的速い速度をもつ(地盤の浅いところで約6 km/s)．一方，横波は媒質となる地盤の固体としての弾性に依存し，縦波より遅い速度で伝わる(3.5 km/s)．このため，震源地から離れた場所ではまず縦波が伝わり，次に横波が伝わることになる．初めに現れる波をP波(「最初の」という意味のラテン語"*primae*"，英語の"primary"に由来)，次の波をS波(「2番目の」という意味のラテン語"*secundae*"，英語の"secondary"に由来)という．

a) バネで連結されたおもりの振動による波動(静止状態)

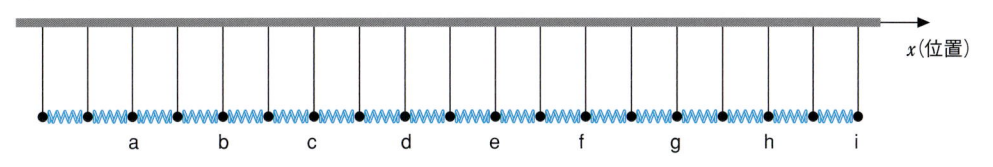

b) バネで連結されたおもりの振動による波動(振動状態)

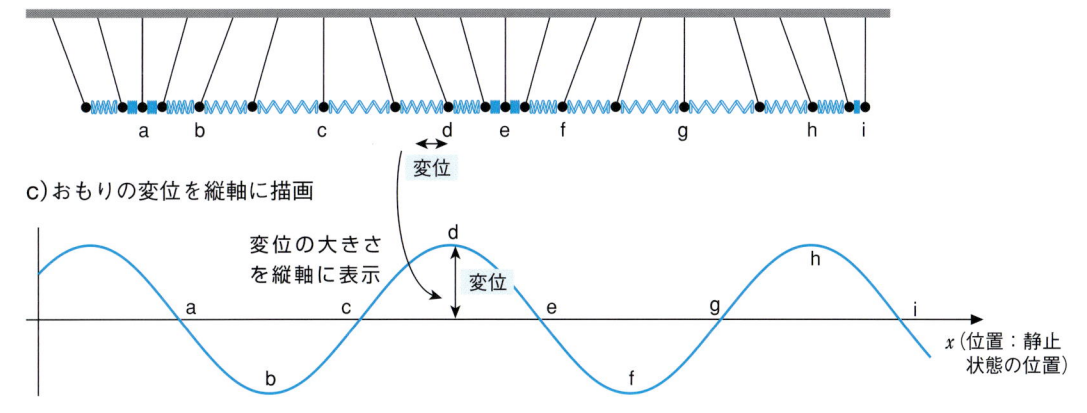

c) おもりの変位を縦軸に描画

図2　グラフで示した縦波

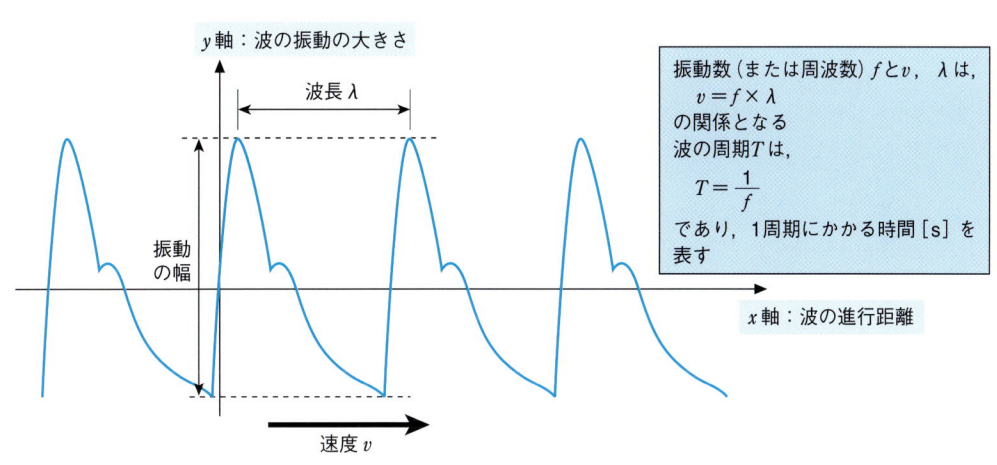

振動数(または周波数)fとv, λは,
$$v = f \times \lambda$$
の関係となる
波の周期Tは,
$$T = \frac{1}{f}$$
であり, 1周期にかかる時間[s]を表す

図3　波に関する基本的な量

3. 波を表す式

3-1 波に現れる基本的な量

　　　波はそれ自体どんな形をしていてもよいので, 簡単な式で記述できるとは限らない. しかし, 波の進行方向をx, 振幅の方向(縦波の場合には密度の大きさや媒質内の各点の位置の変化)をy軸に描くと, 図3のようになる. 図中に波を表す基本的な量として, 速度v, 振幅a, 波長λを示した. 波の速度は波の位置の時間による変化を示す量で, 単位は[m/s]となる. たとえば, 波の頂点が1秒間に何メートル移

動するかを示す．振幅は波がどれくらい振れているかを表す．振幅は間違って表現されやすく，図3のy軸の最高点と最低点の幅は振動の幅であり，振幅とはいわないので注意が必要である．すなわち，正弦波のように振動の幅が上下対称であるとき，振動の幅の半分の長さを振幅という（図3のように振動の幅が上下対称でない場合は，振幅という表現は使わない）．波長は波の同じ形の繰り返しを考え，その1つの波形の幅をいう．波の形がすべて同じであれば，頂点から頂点，あるいは最下点から最下点は，どこから始めても同じ幅になる．波の振幅が変化している場合にも，基本的な繰り返しを考えれば波長λを知ることができる．波長の単位は[m]である．

速度vと波長λがわかれば振動数（周波数ともいう）fが決定できる．振動数f[Hz]は1秒間に振動している数をいう．1秒で進む速度がv（1秒間に距離vだけ進む）で，1つの波の幅（波長）がλのとき，振動数fは，

$$f = \frac{v}{\lambda} \ [\text{Hz}] \tag{1}$$

で表される．式(1)は，

$$\lambda = \frac{v}{f} \quad \text{あるいは} \quad v = \lambda \cdot f$$

とも表現できる．このとき，振動数（周波数）は整数になるとは限らない．fの逆数Tを波の周期と呼び，$T = \dfrac{1}{f}$で与えられ，波の1周期にかかる時間[s]を表している．

3-2　正弦波で表す波の式

波を表す最も一般的な式は，波の形を正弦波で表現した式である．正弦波は「Ⅳ-1．エネルギー，振動」で説明した単振動や単振り子などの簡単な振動の運動を表す方程式の解としてよく現れるので，振動の伝搬を表現するのに適している．波の形はsinやcosなどの三角関数のグラフと同じ形で，波は正弦波と呼ばれる．一般的な波を正弦波で表すと，フーリエ級数という数学を利用してより一般的な波の記述に利用できる利点がある．

フーリエ級数とフーリエ展開

同じ形を繰り返す周期的な波（周期関数）はいくつかの正弦波の和として表現できる．個々の正弦波はそれぞれ周波数が一番小さな周波数（基本周波数）の整数倍で，振幅の異なる波で表せる．ある周期関数を複数個の正弦波に展開することをフーリエ展開という．この方法を利用すると，任意の周期関数（波）に対して，どのくらいの周波数をもつ正弦波がどの程度の大きさ（振幅）で含まれるのかが計算できる．コンピュータを用いて高速にこの展開を行う方法にFFTがある．FFTとは，"fast fourier transform"の頭文字をとったもので，「高速フーリエ変換」という意味の数学的解法の1つである．この方法はいろいろな波形の解析に利用できるほか，音声や画像圧縮技術などにも使われている．

sin関数の角度は一般に弧度法で表す．弧度法はすでに「Ⅰ-2．SI単位系」で平面角の単位として説明したが，平面での角度θを表すラジアン[rad]は「円の一周に相当する角度(360°)を2πとする」もので，半径1の円の円周上の弧の長さに対応する中心角を意味する．すなわち，角度を円の半径とこの円周上のある弧の長さの比で表現したもので，角度は<u>無次元数</u>で表現される．すなわち，

$\theta = 0$のとき，$\sin\theta = 0$

$\theta = 2\pi n$（nは整数）のとき，$\sin\theta = 0$

$\theta = \left(\dfrac{2n-1}{2}\right)\pi$のとき，$\sin\theta = 1$，または$-1$

となる．このように，[rad]を使った角度を利用すると，角度を含む数式の微分や積分をするうえで非常に便利である．

波の振動（振れの大きさ）はその位置によって異なり，また時間によって変化するので，波の振動を式で表すと，変位yは位置xと時間tの関数$y(x, t)$となる．<u>単振動</u>が広がって波を形成したときの波の振る舞いを式で表してみる．

今，原点（$x = 0$）で生じた単振動が，

$$y_{x=0} = a \cdot \sin 2\pi \frac{t}{T} \tag{2}$$

であったとする．ここで，xは位置，tは時間であり，aは振幅，Tは周期である．この振動が波としてx軸の正の方向に速度vで伝わると考える．このとき，原点からx軸上の座標xまで振動が伝わるのにかかる時間tは$\dfrac{x}{v}$ [s]となる．波が形を変えずに移動してきたと考えると，x点での時刻tにおける波の変位yは，時刻$t - \dfrac{x}{v}$における原点での変位に等しいことになる．すなわち，式(2)のtの代わりに$t - \dfrac{x}{v}$を代入しても同じ変位yが与えられる結果となる．したがって，

$$y(x, t) = a \cdot \sin 2\pi \frac{t - \dfrac{x}{v}}{T} \tag{3}$$

が成り立つ．式(3)は振動数（周波数）fを使って書き直すと，

$$y(x, t) = a \cdot \sin 2\pi f \left(t - \frac{x}{v}\right) \tag{4}$$

で表すこともできる．

図4にこの関数をグラフで示した．図には横軸をx（位置）で表したものと，t（時間）で表したものの2つを描いた．横軸をxとした場合は，グラフはある時間t_0で止めたときの波の状態を表し，横軸がtの場合には位置xをx_0に固定して，この位置での波の振れの時間的な変化を表していることになる．位置や時間を固定するということは，xやtに適当な値を代入することである．たとえば，xを0にしたり，tを0にすれば，位置や時間についての原点における波の形を表現したことになる．図1で

a)時間をt_0で固定して波の形を観測したグラフ

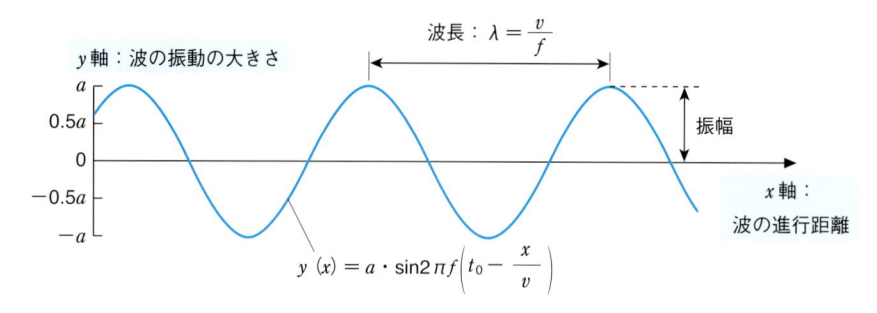

$y(x) = a \cdot \sin 2\pi f \left(t_0 - \dfrac{x}{v} \right)$

b)位置をx_0で固定して波の時間的な変化を観測したグラフ

$y(t) = a \cdot \sin 2\pi f \left(t - \dfrac{x_0}{v} \right)$

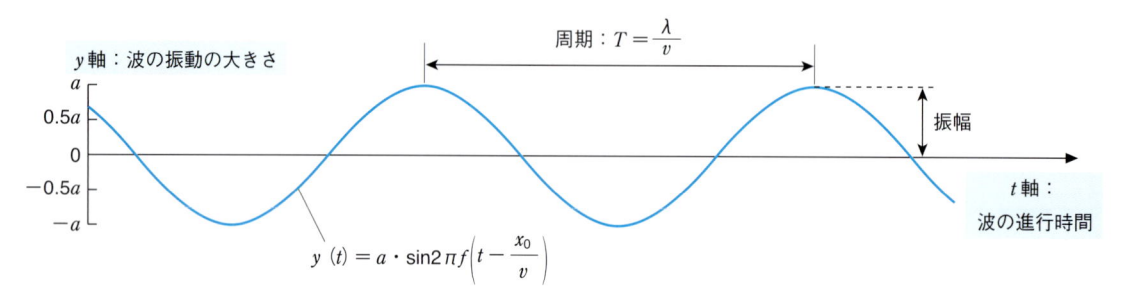

図4 波の様子を表すグラフ

いえば，横軸が位置の場合は北斎の波の絵(**図1a**)に相当し，横軸が時間の場合には地震波の記録(**図1b**)に対応する．

図4に戻ると，この正弦波のxについての繰り返し周期は，

$$\lambda = \dfrac{v}{f} \tag{5}$$

であり，これが波長である．一方，tについての周期は式(1)および$T = \dfrac{1}{f}$より，

$$T = \dfrac{\lambda}{v} \tag{6}$$

となり，波には位置についての周期と時間についての周期の2つの周期性があることが理解できる．

式に戻って，sin波の1周期は角度にすれば2πとなる．波の周期を角度で表現すると，波の振動数もまた角度を使って表現できる．

このとき，

$$\omega = 2\pi f \tag{7}$$

としてωを角振動数(角速度や角周波数ともいう)という．式(5)～式(7)を使って正弦波の式(3)を書き直すと，

$$y(x, t) = a \cdot \sin 2\pi \left(\dfrac{t}{T} - \dfrac{x}{\lambda} \right) \tag{8}$$

$$= a \cdot \sin(\omega \cdot t - k \cdot x) \tag{9}$$

と記述することもできる．

ここで，k を波数と呼び，$k = \dfrac{2\pi}{\lambda}$，または，$k = \dfrac{\omega}{v}$ である

式(3)，式(8)においてsinの角度を表している

$$2\pi \dfrac{t - \dfrac{x}{v}}{T} \quad \text{あるいは，} \quad 2\pi\left(\dfrac{t}{T} - \dfrac{x}{\lambda}\right)$$

のことを座標 x，時刻 t における位相と呼ぶ．位相は波を伝える媒質の状態を表し，正弦波の性質からもわかるように，位相が 2π 変化するごとに同じ振動状態となることがわかる．

4. 波のエネルギー

バネとおもりで作る振動のように，波は媒質の振動現象と考えることができる．このとき，振動する媒質は運動エネルギーと媒質の弾性による位置エネルギーをもつ．「Ⅳ-1．エネルギー，振動」で示したように，運動する物体の質量を m，周波数を f（角速度で表すと $\omega = 2\pi f$），振動の振幅を A とすると，単振動のエネルギー E は，

$$E = m \cdot \omega^2 \cdot \dfrac{A^2}{2} \tag{10}$$

あるいは，

$$E = m \cdot 2\pi^2 \cdot f^2 \cdot A^2 \tag{11}$$

で表される．波についても同様に，波の振幅を a としてまったく同じ式が成立する．ただし，波のエネルギーを考える場合はおもりのような固まりを考えるのではなく，媒質の振動であることを考慮し，質量 m に相当する部分は単位体積当たりの密度 ρ で表現して，単位体積当たりのエネルギーとして記述する．したがって，波のもつ単位体積当たりのエネルギー $\dfrac{E}{V}$ は，

$$\dfrac{E}{V} = 2\pi^2 \cdot \rho \cdot f^2 \cdot a^2 \tag{12}$$

で表すことができる．波の媒質のもつエネルギーは振動数の2乗に比例し，また振幅の2乗に比例することがわかる．エネルギーの単位はジュール[J]である．

また，エネルギーに関連して波の強さが定義されている．波の強さとは，波動によって単位時間に運ばれる単位体積当たりのエネルギーの量のことをいう．波の単位時間の移動量は波の速度 v に相当するので，波の強さ I は，

$$I = 2\pi^2 \cdot \rho \cdot f^2 \cdot a^2 \cdot v \tag{13}$$

となる．I の単位は $[(\mathrm{J/m^3}) \cdot (\mathrm{m/s})] = [\mathrm{J/(s \cdot m^2)}]$ である．

5. 波の重ね合わせ

同じ物理現象による波が同一空間上で出合うと，波の重なりが生じる．2つ以上の進行波が媒質中を進むとき，波が重なり合って，元々の波の形とは異なる合成された波を形成する．このとき，波の上の任意の位置で合成された変位は，元の波の

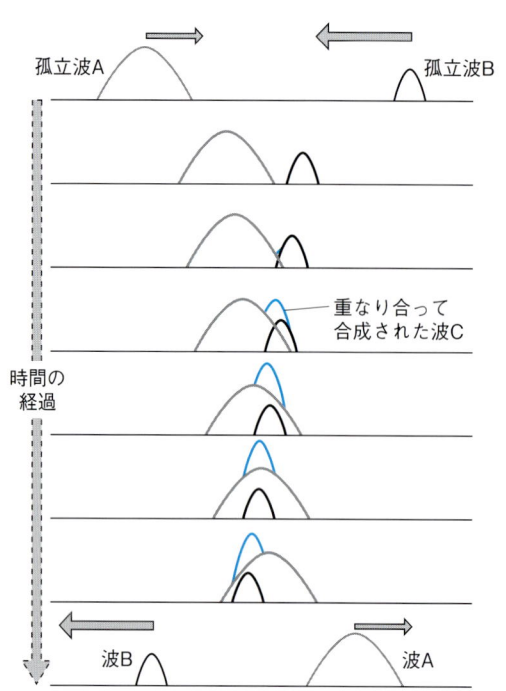

図5　進行する孤立波A，Bの重ね合わせ
波は横波の形式で記述した．

変位をそれぞれ加え合わせたもの(代数和)になる．

　簡単に説明するため，**図5**のような孤立波A，Bが両側から進行し，重なり合ったとする．このとき，それぞれの波はあたかも衝突などなかったかのように進行する．このことを<u>波の独立性</u>という．波自体は重なり合って元の波の変位の和が観測されるが，波が離れれば，再び元の波形を保って進行を続ける．進行速度にも何ら変化はない．このように，波は容易に重なり合うが，それぞれの波自体に存在する固有の情報が消えてしまうことはない．

　2つの波が重なったときの媒質の変位yは，2つの波のそれぞれの変位y_1，y_2を足したものになるので，任意の正弦波を，

$$y_1 = a_1 \cdot \sin \frac{2\pi f_1}{v_1}(v_1 t - x) \tag{14}$$

$$y_2 = a_2 \cdot \sin \frac{2\pi f_2}{v_2}(v_2 t - x) \tag{15}$$

としてそれぞれを足し合わせれば，合成された波の式ができることになる．波の形はかなり複雑である(**図6**にその一例を示す)．

　特別な正弦波を重ね合わせるときわめて特徴的な波が現れる．たとえば，波長と振幅が等しくて進行方向が反対の2つの正弦波の場合，加法定理を用いて新しい波が合成されることを確認できる．

　この場合は振幅および振動数をそれぞれa，fとし，波の速度を$+v$および$-v$とすると，

$$y_1 = a \cdot \sin \frac{2\pi f}{v}(vt - x) \tag{16}$$

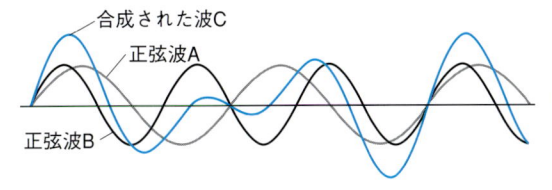

図6 周期(または波長)の異なる正弦波の重ね合わせ
縦軸は波の変位, 横軸は位置または時間.

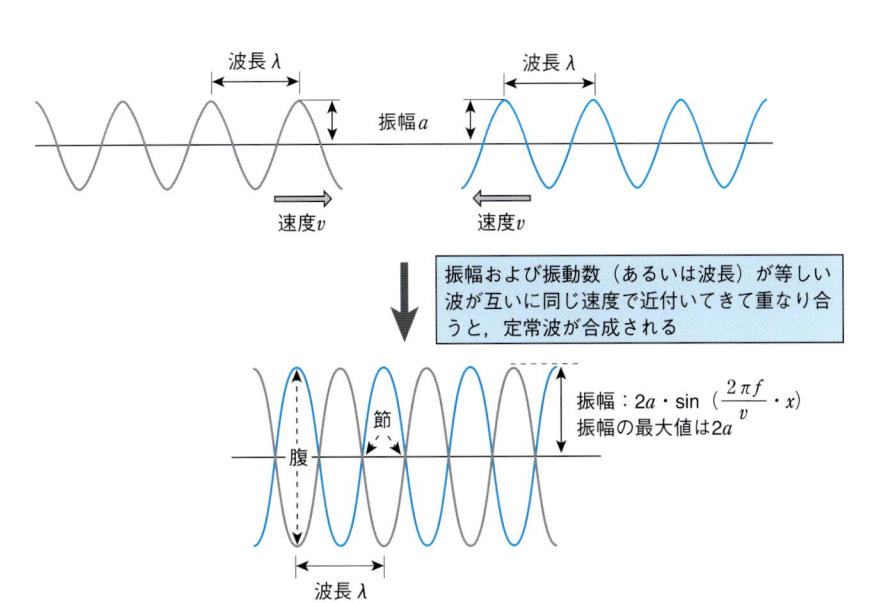

図7 特別な波の合成：定常波の形成

$$y_2 = a \cdot \sin \frac{2\pi f}{v}(-vt - x) \tag{17}$$

から,

$$y_1 + y_2 = -2a \cdot \sin\left(\frac{2\pi f}{v} \cdot x\right) \cdot \cos(2\pi f \cdot t) \tag{18}$$

となる．この波は座標 x 点で振幅が $2a \cdot \sin\left(\frac{2\pi f}{v} \cdot x\right)$, 振動数 f (または波長 $\lambda = \frac{v}{f}$, 周期 $T = \frac{\lambda}{v}$) の振動をしている．時間が推移しても合成された波は進行せず, そこ

三角関数の基本的公式

三角関数はいくつかの基本公式を覚えておくと取り扱いが楽になる．忘れてしまった人のために, ここで使った加法定理の公式を示しておく．

$\sin(\alpha + \beta) = \sin\alpha \cdot \cos\beta + \cos\alpha \cdot \sin\beta$
$\sin(\alpha - \beta) = \sin\alpha \cdot \cos\beta - \cos\alpha \cdot \sin\beta$
$\cos(\alpha + \beta) = \cos\alpha \cdot \cos\beta - \sin\alpha \cdot \sin\beta$
$\cos(\alpha - \beta) = \cos\alpha \cdot \cos\beta + \sin\alpha \cdot \sin\beta$

にとどまっているようにみえる．このような波は定常波と呼ばれる（図7）．特定の x 座標で振幅が常に0となる点が現れる．この点を波の節という．また，振幅が最大となる点を腹という．振幅に現れる $\sin\left(\dfrac{2\pi}{v}f\cdot x\right)$ は1と−1の間を周期的に動くので，振幅の最大値は $2a$ である．

定常波の周期は元の波と同じであるが，節と節（あるいは腹と腹）の間隔は重なり合う前の進行波がもっていた波長の半分になる．

6. おわりに

ここでは波の説明をおもに式を使って行った．正弦波は数学で扱う三角関数であるが，単振動などの最も基本的な振動を表す方程式の解として現れる．これ以外にも物理現象を説明するときにいろいろな場面で正弦波が使われるので，この際しっかりと復習しておくとよいだろう．

第Ⅳ章　振動と波動

Ⅳ-3. 速度に関連する波の性質

「Ⅳ-2. 波動の基本的性質」は，波動の基本について波を表す式を使って説明した．ここでは波とは何かについて理解したうえで，波の移動速度と媒質の性質との関係を述べる．波について厳密な解を求めるのはかなり難しい．ここでは弾性波では波の速度が弾性率と密度（あるいは張力と質量）に関係することを簡単に説明するが，医療専門職の立場で取り扱う波のほとんどはこのような直感的な理解で十分であろう．さらに波に特有の現象として反射，屈折，回折について説明する．これらの原理は幾何学的にはホイヘンスの原理に基づいて説明できるが，同時に物理的な基本法則であるエネルギー保存則にも関係している．波は空間的，時間的な広がりと動きをもつ現象であり，図式的な解釈なしには頭に入りにくい現象である．単に言葉を知るだけでなく，いろいろな現象をしっかり把握することで，代表的な波である音や光に関する現象の理解と，これらを利用したさまざまな機器の原理を学ぶうえで役立ててほしい．

1. はじめに

　波は，振動が時間と空間の両者に関係して伝わっていく現象である．振動が弾性をもつ媒質の中を伝わるとき，波が伝搬する過程で媒質中の各点は振動のもつ力学的なエネルギーを波源から伝えられたことになる．媒質中のある点がエネルギーの作用で元あった場所からずれたとき，その点と隣り合った媒質の部分では，そのずれによって新たなずれが発生するが，同時に反作用として元の位置に戻そうとする力が働く．

　このずれの方向が波の進行方向と直角であるとき，波は横波である．この場合，ずれを元に戻そうとする力は媒質の剪断弾性率に依存する．一方，縦波では媒質のずれの方向と波の進行方向が一致している．縦波では，物体に働く力は圧縮や引っ張り力であり，このときに現れる弾性率は縦弾性率（ヤング率）である．媒質となる物体が固体であれば，媒質は縦方向，剪断方向のいずれについても弾性率をもち得るので，振動の伝搬（すなわち波動）は，横波，縦波の両方を伝えることができる．しかし，液体や気体のような流体では剪断方向の弾性率をもたないので横波を伝えることはできない．流体中では力の伝達は圧力の形をとるので，縦波の伝搬には圧力による体積変化に対応した弾性率である体積弾性率が関係する．

　波はエネルギーの伝搬であるが，一方で媒質の変位が連続に起こる（媒質が部分的にちぎれたりしない）変位の伝搬現象でもある．波が異なった性質の媒質をまたいで伝わるときに起こる屈折や反射は，これら2つの伝搬についての整合性から説明することができる．波には反射だけでなく，特有の性質である屈折，回折がある（図1）．これらは数式的な説明よりも，もっと直感的なホイヘンス（Huygens）の

a) 反射，透過，屈折

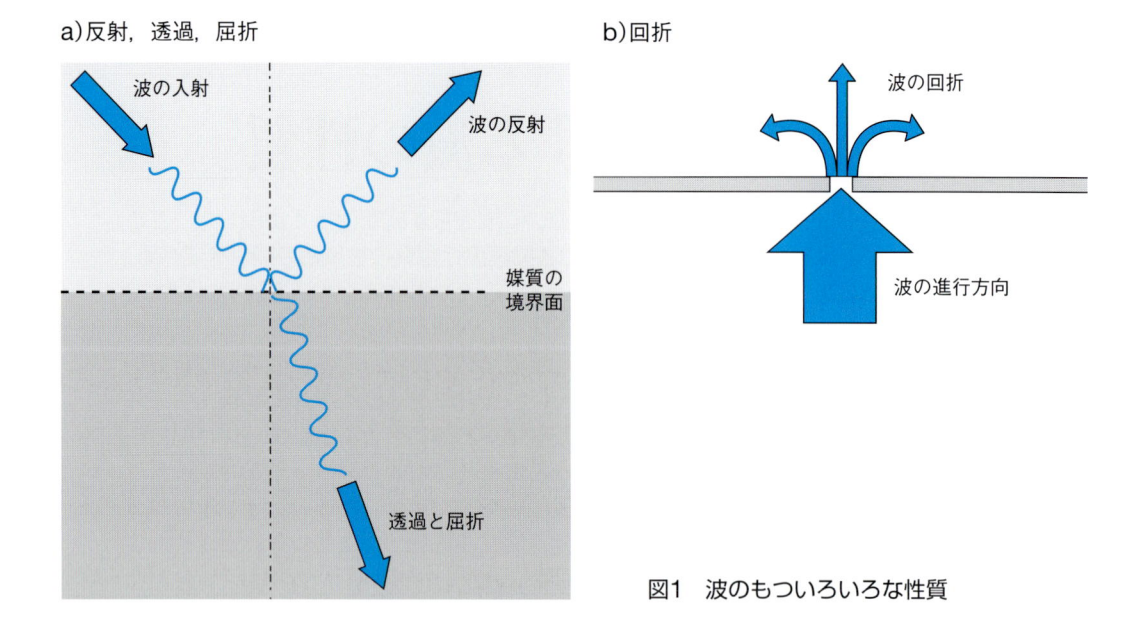

b) 回折

図1　波のもついろいろな性質

原理を使って現象を把握するほうがわかりやすい．

2. 波の速度

2-1　媒質の弾性率

弾性波は媒質に存在する弾力が復元力になって弾性体内に生ずる波であり，媒質となる物体のもつ弾性率に依存した速度で進行する．

前述のように，縦波と横波では波の形成に関係する弾性率が異なる．縦波では波の進行方向と平行なひずみに対する弾性力(応力)が関係するが，横波に対しては媒質に対する剪断弾性率が関係する．媒質が固体の場合には，縦波と横波の両者について媒質の形状に合わせて考えなくてはならない．これに対して，媒質が流体の場合には剪断に対する弾性が働かず，横波が現れないので縦波についてのみ考慮すればよい．しかし，気体のような媒質では圧縮による体積に対する弾性が変位の復元力となるので，体積弾性率が関係する．

どのような弾性率においても，弾性率は物体に働く応力とひずみの比として定義されているが(「II-4．物体の変形に関する力学」を参照)，ここで再確認しておく．

1) 縦弾性率

物体を引っ張ったり圧縮したときに現れる荷重方向のひずみ(縦ひずみ) ε_L と応力 σ が比例するとき，

$$E = \frac{\sigma}{\varepsilon_L} \tag{1}$$

として，比例係数 E を縦弾性係数(率)という．E はヤング率(Young's modulus)ともいう．

2) 剪断弾性率

物体に対する荷重に対して物体内部がずれるように（剪断されるように）変形するとき，この変形に対する弾性率を横弾性率あるいは剪断弾性率と呼ぶ．この弾性率も応力とひずみの関係として定義できる．この場合，応力として剪断応力 τ，ひずみとして剪断ひずみ γ を考えると，剪断弾性率 G が求められる．

$$G = \frac{\tau}{\gamma} \tag{2}$$

3) 体積弾性率

応力が作用して体積変化が生じるとき，これを応力に対する体積ひずみと考えると，体積弾性率が定義できる．

圧力としての応力 σ_0 により生ずる体積ひずみを ε_V とすると，体積弾性率 K は，

$$K = \frac{\sigma_0}{\varepsilon_V} \tag{3}$$

と表すことができる．

なお，弾性率の単位は，ひずみが無次元量なので，応力と同じパスカル[Pa]である．

4) ポアソン比

物体の縦方向にひずみが生じたとき，同時にこれと直角の横方向にひずみが起こると，物体の体積はこの両者に依存して変化することになる．荷重によって生じる縦方向の変形と横方向の変形の割合は，その物質の性質によって決まる．一般に縦ひずみ ε_L と横ひずみ ε_D の大きさの比はポアソン比 ν と呼ばれ，

$$\nu = \left| \frac{\varepsilon_D}{\varepsilon_L} \right| \tag{4}$$

と定義される．

5) 弾性率の相互関係

以上のように，弾性率にはいろいろ種類があり，それらは物体に固有の値であるが，物体がどの方向に対しても同じ性質をもつ（等方性）ならば，それぞれの弾性率が独立に決まるのではなく，相互に関係した定数となる．

縦弾性率 E，剪断弾性率 G，体積弾性率 K およびポアソン比 ν は相互に関係し，変形が大きくないときには，

$$E = 2G(1 + \nu) \tag{5}$$
$$E = 3K(1 - 2\nu) \tag{6}$$

が成立する．

2-2 弾性率と波の速度

正弦波を表す一般的な式は，

$$y(x, t) = a \cdot \sin 2\pi \left(\frac{t}{T} - \frac{x}{\lambda} \right) = a \cdot \sin(\omega \cdot t - k \cdot x) \tag{7}$$

である（「IV-2. 波動の基本的性質」を参照）．ここで，a は波の振幅，T は周期，λ は

波長，ω は角速度，k は波数 $\left(k = \dfrac{2\pi}{\lambda}\right)$ である．

波の速度は1秒間に波がどれだけ進むかを考えればよい．言い換えれば，波の波長(一周期で進む距離)と1秒間に何周期あるかを求めて，この積を計算することになる．しかし，式(7)から波の速度が計算できるわけではない．波の速度は弾性波を形成する条件として，復元力と運動との平衡状態を規定して求めることができる．したがって，条件を単純化することができれば，その解は単振動における角速度 ω を求めることと同じ結果になる．

波の速度を計算するために波を単振動に当てはめて考えると，波長に相当する一周期は 2π となるので，単振動における角速度 $\omega\,(=2\pi f)$ が波の速度に対応する．波がどのような媒質を伝搬するかによって関係する弾性率が異なるので，条件に合わせて波の速度を考える．

1) 細い棒状の媒質を伝搬する縦波

縦波は波の進行方向に平行な振動による伸び縮みの伝搬である．簡単に考えれば，縦方向(振動の伝わる方向)にバネが直列に連結された媒質と見なすことができる．ここで，棒の適当な部分で微小な単位長さを考えてバネの弾性率を E (この場合は伸びや縮みに対する弾性率なので縦弾性率)とする．適当な断面積を考えて単位長さ当たりの質量 m (棒の単位体積当たりの質量)を密度 ρ と置き換えると，棒の微小部分の運動による力(加速度×質量)は微小部分に蓄えられた力(応力×断面積)に変換されるので，運動方程式を作ることができる．この運動方程式は偏微分方程式になってしまうので，ここでは省略する．

しかし，求められる解は密度 ρ との組み合わせで与えられる振動の角速度 $\omega = \sqrt{\dfrac{k}{m}}$ と類似したものであり，弾性率 E および質量を使って，$\omega = \sqrt{\dfrac{E}{\rho}}$ が得られる．これが棒を伝わる縦波の速度となるので，波の速度 v は，

$$v = \sqrt{\dfrac{E}{\rho}} \tag{8}$$

で表すことができる．

2) 無限に広い固体内の縦波

棒状でない無限に広い固体を媒質と考えた場合，振動によって生じた縦方向のひずみは体積変化として現れ，また横方向に剪断ひずみとして働くので，体積弾性率 K と剪断弾性率 G が関係する．

数式的に解くのは難しいので省略するが，この場合には波による変位は3次元的に生じることになる．ここで体積変化が特定の進行方向だけの関数であるような特別な場合には，膨張波，または圧縮波の速度 v は，

$$v = \sqrt{\dfrac{2G(1-\nu)}{\rho(1-2\nu)}} \tag{9}$$

あるいは，式(5)，式(6)を利用してポアソン比 ν を消去すれば，

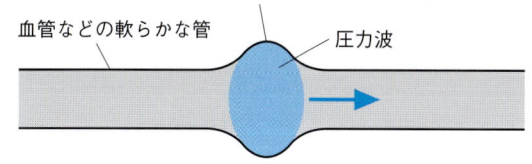

図2　弾性管内を伝わる圧力波
圧力波の進行は縦波と同様に考えることができる．

$$v = \sqrt{\frac{K + \frac{4G}{3}}{\rho}} \tag{10}$$

と表すこともできる．このときの波はある一方向(特定の進行方向)に伝わる縦波である．

3) 無限に広い固体内の横波

縦波と同様に横波では3次元的に広がる波(x, y, z方向)のうち，特定の進行方向(たとえばx方向)の成分をもたない場合といえる．このときの波の速度vは，

$$v = \sqrt{\frac{G}{\rho}} \tag{11}$$

という，きわめて簡単な式で表すことができる．

ここで式(10)と式(11)を比較してみよう．体積弾性率あるいは剪断弾性率は正の値をとるので，式(11)で表される速度のほうが小さくなることがわかる．すなわち固体内で進行する縦波は横波より大きな速度をもつことがわかる．地震波でP波がS波より速いことが理解できるだろう．

4) 流体内の縦波

流体では，固体と異なり剪断弾性が存在しない．したがって，波は必然的に縦波となり，その進行速度は式(10)で剪断弾性率Gを0とした場合に等しい．すなわち，

$$v = \sqrt{\frac{K}{\rho}} \tag{12}$$

である．気体や水中での音波の伝搬速度(音速)はこの式で導かれる．

非圧縮性の流体(水や血液など)が弾力性をもつ管内を流れているとき，圧力に脈動があれば圧力変化は波として進行する(図2)．このような波では流体自体が非圧縮性であっても，あたかも圧縮性の流体のように圧力の高い部分で管の弾性による

膨張波と圧縮波

膨張波は体積が大きくなるようなひずみが進行する波，圧縮波は体積が小さくなるようなひずみが進行する波のことである．音波は，この2つの波が繰り返し現れる波として進行する．

力を復元力として波が進行することになる．軟らかな管では，圧力波の進行速度は管の容積弾性率に依存し，式(12)と同一の式で近似できる．

流体で作られる波はすべて縦波というわけではなく，これ以外の波動も存在する．水面に現れる波紋のような波は水波と呼ばれ，水面の変位が重力と表面張力による復元力で弾性波のように伝わる波となる．この波は横波のような伝わり方をする．

5) 水波の速度

水波の速度 v は，

$$v = \sqrt{\frac{g \cdot \lambda}{2\pi} + \frac{2\pi \cdot \sigma}{\rho \cdot \lambda}} \tag{13}$$

である．ここで，g は重力加速度，λ は波長，σ は水の表面張力，ρ は水の密度である．波長が十分長いとき（15 cm 以上）であれば式(13)の第2項は無視できるので，

$$v = \sqrt{\frac{g \cdot \lambda}{2\pi}} \tag{14}$$

になる．水深が波長に比べ十分深ければ，水は表面と水面下の比較的浅い部分の間を小さな円を描いて振動する（図3a）．

さざ波のように波長が非常に短い場合，このときの水の動きはほとんど表面張力による復元力による波となる（図3b）．

この場合には式(13)第1項が無視できるので，

$$v = \sqrt{\frac{2\pi \cdot \sigma}{\rho \cdot \lambda}} \tag{15}$$

となる．

6) 弦を伝わる横波

弦を伝わる横波は，ピンと張った弦の一部を横方向に動かしたときの張力による復元力により形成される波である．

張力を T とすると，横波の進行速度 v は，

$$v = \sqrt{\frac{T}{S}} \tag{16}$$

で表される．この波の進行速度は弦の一部分で運動方程式を考えると，比較的簡単に導出できる．ただし，S は線密度（kg/m）である．

図4のように水平部分に働く張力を T としてピンと張った弦を考える．弦に力を加えて変形させたとき，弦が少し伸びて T' の張力が生じたとして，変形を開始した部分Pで力のつり合いを考えると，

$$T = T' \cdot \cos\theta \tag{17}$$

が成立する．ここで，弦に直角方向の変形速度を u とし，時間が少し進行したときの経過時間を Δt とする．波は弦の張られた向きに v の速度で進行すると考えると，

IV-3. 速度に関連する波の性質

a) 波長が十分長く，かつ，水の深さが波長に比べ大きい場合

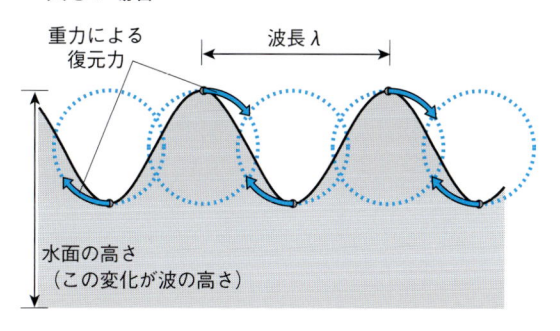

b) 波長が非常に短い場合

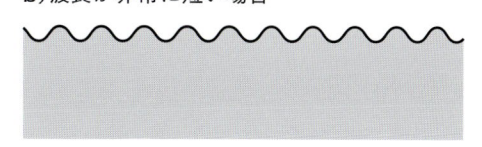

図3 水波の伝搬と波の形成にかかわる要因
a) 水波を形成している水は，表面と水面下の比較的浅い部分の間を小さな円を描いて振動する．
b) さざ波のように波長が非常に短い場合は，水の表面張力による復元力が支配的である．

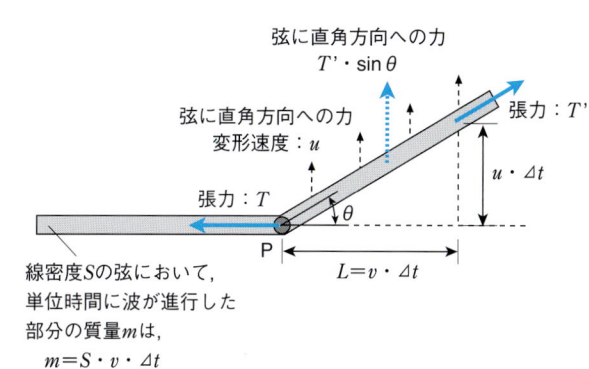

運動量＝力積から，質量×速度＝力×時間となるので，
$$S \cdot v \cdot \Delta t \cdot u = T' \cdot \sin\theta \cdot \Delta t$$
が成立し，同時に引っ張り力のつり合いから，
$$T = T' \cdot \cos\theta$$
が成り立つ
この式を解くと，
$$v = \sqrt{\frac{T}{S}}$$
が導かれる

図4 弦を伝わる横波の速度の求め方

Δt の時間に波が進行した距離 L は，
$$L = v \cdot \Delta t \tag{18}$$
となる．この部分の弦の質量 m は，
$$m = S \cdot v \cdot \Delta t \tag{19}$$
となる．横方向の力 F は「張力（$T = T' \cdot \cos\theta$）」と角度 θ を用いて，
$$F = T' \cdot \sin\theta \tag{20}$$
と表すことができる．運動量は「質量 m ×速度 u」であり，これが加えられた力積（＝力 F ×時間 Δt）と等しくなるので，
$$m \cdot u = S \cdot v \cdot \Delta t \cdot u = T' \cdot \sin\theta \cdot \Delta t \tag{21}$$
が成立する．このとき，式(21)の T' を式(17)を使って T に置き換えれば，式(21)から，
$$S \cdot v \cdot u = T \cdot \tan\theta \tag{22}$$
が誘導できる．さらに，$\tan\theta = \dfrac{u}{v}$ なので，
$$v^2 = \frac{T}{S} \tag{23}$$
から，
$$v = \sqrt{\frac{T}{S}} \tag{24}$$

図5 波の入射と反射，透過強度を考える

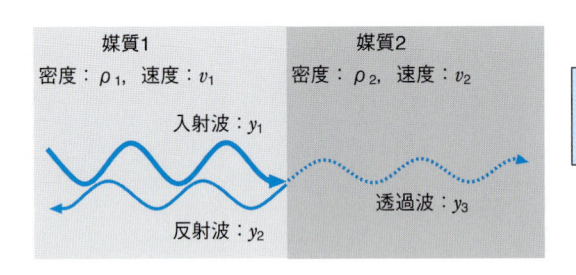

媒質の境界面で考慮すべき条件
①波のもつエネルギーの保存則
②境界面での変位が一致していること

が導かれる．

3. 波の反射，透過と屈折

3-1 反射波と透過波の大きさと位相

波がある媒質を進行しているとき，これとは性質の異なる媒質に進入すると，その境界面で波の一部は反射し，残りが透過する．反射波は元の媒質に戻ってくる波であり，元の波と同じ速度をもつ．これに対して，異なる媒質に透過した波は新たな媒質によって決まる速度に変化する．この結果，透過した波には屈折という現象が起こる．

このように，波の屈折も波の速度に関係する現象であり，2つの媒質を波が伝わるとき，媒質の性質で決まる波の速度が変化することで屈折の大きさが定まる．以下，順を追って説明する．

媒質1と媒質2により伝わる波がx軸上で正弦波として進行しているとき，P点で媒質が不連続になったとする．このP点で波の一部が反射し，同時に媒質2に伝わるとしよう．このとき，媒質1の密度をρ_1，波動速度をv_1とし，同様に媒質2の密度をρ_2，速度をv_2とする．

図5のようにそれぞれ入射波y_1，反射波y_2，透過波y_3を定義し，それぞれの波を角速度ω，および速度vを使って表現すると，入射波y_1と反射波y_2は速度の大きさが等しく，方向が逆となるので，

$$y_1 = A_1 \cdot \sin\omega\left(t - \frac{x}{v_1}\right) \tag{25}$$

$$y_2 = A_2 \cdot \sin\omega\left(t + \frac{x}{v_1}\right) \tag{26}$$

となり，入射波y_1と透過波y_3は速度の方向が等しく，大きさが異なるので，

$$y_3 = A_3 \cdot \sin\omega\left(t - \frac{x}{v_2}\right) \tag{27}$$

となる．ここで，A_1, A_2, A_3はそれぞれの波の振幅である．

次に，境界点Pにおける波のもつエネルギー（強さ）Iが保存されること，および変位が等しいことを条件として等式を作る．単位時間での波のエネルギーについての等式は「Ⅳ-2. 波動の基本的性質」で説明したように，

$$I = 2\pi^2 \cdot \rho \cdot f^2 \cdot A^2 \cdot v \tag{28}$$

となる．よって，y_1, y_2, y_3の波のエネルギーをそれぞれI_1, I_2, I_3とすると，

$$I_1 = I_2 + I_3$$
が成り立ち，$\omega = 2\pi f$として等式を整理すると，

$$\frac{\rho_1 \cdot \omega^2 \cdot A_1^2 \cdot v_1}{2} = \frac{\rho_1 \cdot \omega^2 \cdot A_2^2 \cdot v_1}{2} + \frac{\rho_2 \cdot \omega^2 \cdot A_3^2 \cdot v_2}{2} \tag{29}$$

が成立し，

$$\rho_1 \cdot A_1^2 \cdot v_1 = \rho_1 \cdot A_2^2 \cdot v_1 + \rho_2 \cdot A_3^2 \cdot v_2 \tag{30}$$

となる．

一方，変位に関する等式は，P点におけるxを0としてその点の両側で波の変位が一致していると考えれば，

$$A_1 \cdot \sin\omega t + A_2 \cdot \sin\omega t = A_3 \cdot \sin\omega t \tag{31}$$

すなわち，

$$A_1 + A_2 = A_3 \tag{32}$$

が成り立つ．式(30)と式(32)を連立させてA_2，A_3をA_1で表すと，

$$A_2 = A_1 \cdot \frac{\rho_1 \cdot v_1 - \rho_2 \cdot v_2}{\rho_1 \cdot v_1 + \rho_2 \cdot v_2} \tag{33}$$

$$A_3 = \frac{A_1 \cdot 2 \cdot \rho_1 \cdot v_1}{\rho_1 \cdot v_1 + \rho_2 \cdot v_2} \tag{34}$$

の関係が成り立つ．

この2つの式から，$\rho_1 \cdot v_1 > \rho_2 \cdot v_2$のとき$A_2$が正，すなわち反射波は入射波と同位相となることがわかる．このような反射を自由端反射という．一方，$\rho_1 \cdot v_1 < \rho_2 \cdot v_2$のとき，反射波が入射波と逆位相（$\pi$あるいは180°の位相ずれ）となる．このような反射を固定端反射という．また，透過波はどんな場合でも位相のずれを起こさない（A_3の符号はA_1に等しい）ことも理解できよう．また，同じ入射波であっても媒質の性質にしたがって反射波と透過波の大きさが変わることがわかる．

3-2 反射波と透過波の進行方向

波は異なる性質をもつ媒質の界面で反射や透過をするが，特に透過波が曲がって進むことを屈折するという．波が媒質の境界面に斜めに入射すると，反射波と透過波は向きを変えて進む．波の進行方向は「ホイヘンスの原理」を使って説明できる．ホイヘンスの原理は波の広がりを図形的にとらえたもので，「ある時刻の波面から出される素元波の包絡面が新しい波面になる」というものである．

図6のように，ある時刻の波面で波の先端部分をみると，先端部の媒質の動きがそれに接する媒質を動かして伝わっている．この先端部の動きを新しい波の元（波源）として，ここから同位相の波が送り出されていると考え，この点を基点として同心円状に新しい波（素元波）が形成されるとする．波の先端部のどこからも同じように波ができれば，合成された波の波面は各点で形成された波面に共通に接する曲線で表される．これを使って反射と透過での波の進行方向を考えてみる．

図7aのように，2次元的な面内を進行する波が媒質の境界面で反射したとする．このとき，境界面に対して斜め方向から入射角θで波が当たると，ホイヘンスの原理を適用すれば，P点ではこの点を基点とした同心円状の波が形成されることになる．

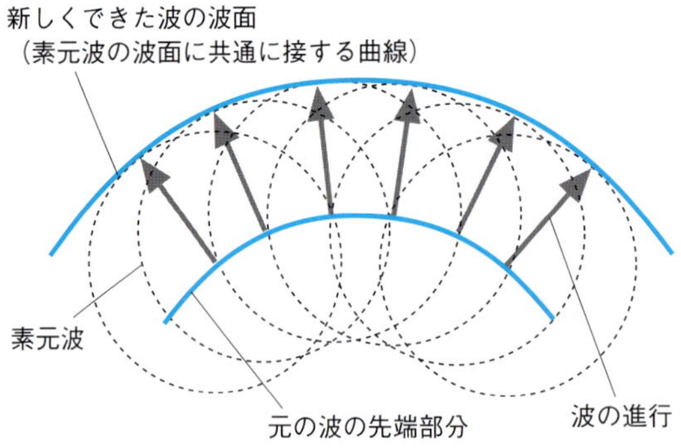

図6 ホイヘンスの原理：素元波の合成による波の進行

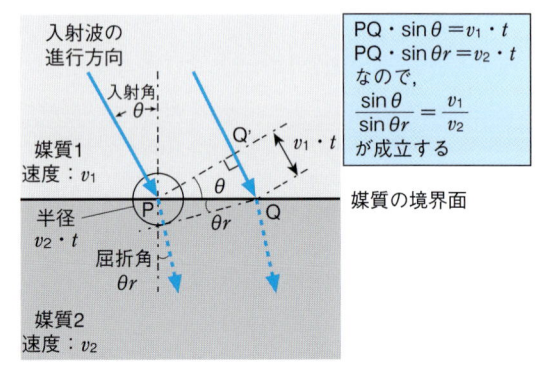

図7 ホイヘンスの原理を使った反射波および透過波の進行方向の考え方

　P点で反射が起こったとき，境界面上のQ点に向かって進む波はまだQ点には到着しておらず，Q'点にある．Q点には少し遅れて波が到着する．Q点に波が到着した瞬間に，P点で形成された素元波の先端部は同心円状のあるP'点に到達している．今，Pを中心としてP'を通る円にQ点から接線を引くと，直線PP'とP'Qが直交するとき，接点はP'となる．反射波はQP'を新しい波面としてPP'の向きに進行するので，反射波の進行方向は反射面に対して入射角θと対称の方向になる．この角度を反射角といい，「反射角＝入射角」が成り立つことがわかる．

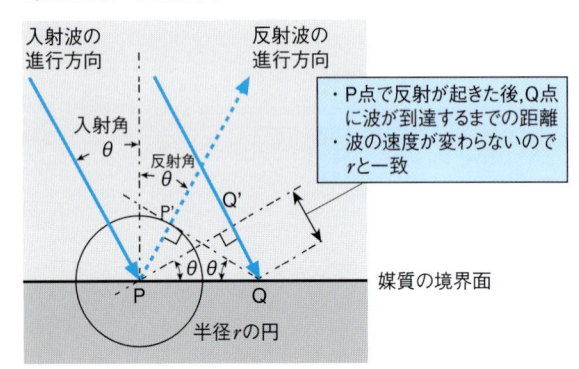

　同様に図7bには透過した波が角度を変えて進行する様子を示している．この場合，媒質1から媒質2へ入射したとたんに波の進行速度が変化する．この場合，元の波が速度v_1で単位時間Δtに進行する距離は$v_1 \cdot \Delta t$，透過した波の進行距離は$v_2 \cdot \Delta t$となる．入射角θの波が透過して法線に対してある角度（屈折角θr）で進行したとすると，$\sin\theta$と$\sin\theta r$の比はそれぞれの媒質内での速度v_1とv_2の比に等しい．また波の周波数は変わらないので，この比は波長λの比と等しくなる．すなわち，

$$\frac{\sin\theta}{\sin\theta r} = \frac{v_1}{v_2} = \frac{\lambda_1}{\lambda_2} = n_{12}$$

となる．n_{12}を媒質1に対する媒質2の屈折率という．

a) スリットの幅が狭い場合

b) スリットの幅が広い場合

波長

波の進行方向

スリットの幅が波長に比べ狭いとき，
波はスリット通過後に広がる（回折する）

波長

波の進行方向

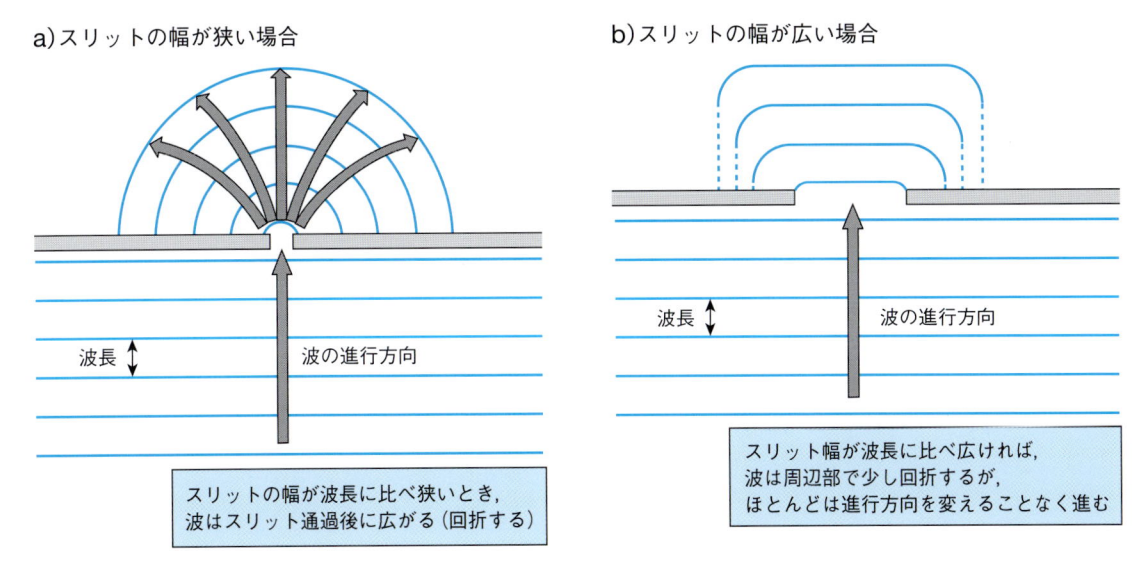

スリット幅が波長に比べ広ければ，
波は周辺部で少し回折するが，
ほとんどは進行方向を変えることなく進む

図8　波の回折

3-3　回折

　　平面波が進行中に小さな隙間（スリット）を通り過ぎると，進行波はまっすぐ通り過ぎるのではなく，隙間から広がって進む．このような現象を回折という．回折は波の波長が隙間の幅より長いときにはっきりと現れる．この現象もホイヘンスの原理で簡単に説明できる．

　　波がスリットに到達すると，波はスリットを基点として同心円状に広がる．スリットの幅が狭ければ基点となる部分も狭い範囲にとどまり，形成される新しい波面はほぼ同心円状になる．この結果，ある一定方向から波が進入したにもかかわらず，この波は壁を回り込むように裏側に広がることになる．スリットの幅が広い場合にはスリットの両端部分のみでこの現象が観察され，中央部分では平面波が進行方向と向きを変えずに進むことになる（図8）．

　　スリットの幅と波の波長は相対的な関係であり，同じ幅のスリットでも波長が長い波であれば強く回折し，波長の短い波は回折が起きにくいことがわかる．

第V章

音波

第Ⅴ章　音波

V-1. 耳で聞くことのできる音としての物理学

音は波動が縦波として伝わる現象である．波のもつ基本的な性質は「Ⅳ-3．速度に関連する波の性質」までにすでに説明したが，音には耳で聞くことのできる波として，生理学的にも知っておかなくてはならない現象がある．生理学（あるいは生物学）としての事項であっても，音が物理現象であることには変わりはなく，我々の感覚器官としての聴覚や，認知される音の特徴など，すべてにわたって物理学的な考察が必要になる．ここでは単に縦波の性質を説明するのではなく，耳で聞く音として，関連する物理学的な事象に焦点を当てて説明する．特に，感覚としての音の属性と物理的な性質との関係，音はなぜ聞こえるのか，耳や聴覚の仕組みなどを物理学の視点から解説する．これらを理解することで，生体のもつ機能が物理現象と深くかかわっていることを理解してほしい．

1. はじめに

「百聞は一見にしかず」といわれるように，聴覚による情報量は視覚のそれより少ないかもしれないが，それでも聴覚は我々にとって非常に重要な感覚である．聴覚は，音を知覚することで外界の状態を認知し，また危険を察知したり，情報の交換を行ったり，さまざまな目的で活用されている．我々が認知する音は物理的には流体を伝わる波動現象であり，縦波である．すでに波動としての基本的な性質は説明してあるが（「Ⅳ-2．波動の基本的性質」を参照），ここでは特にヒトが聞く音としての物理学的性質と，これに関連した生理学的な機能について考える（図1）．

音は流体中を伝わる縦波であるが，ヒトは陸上に住んでいるので，音は空気を伝わる疎密波として耳に届く．もちろん液体や固体の中でも圧力波としての音波は伝搬する．しかし，耳の中を液体で満たさない限り，我々は疎密波としての空気の振動が鼓膜を振動させることで音を感じる．音を伝えるヒトの聴覚器官の基本構造は，気体による疎密波を知覚するのに適した物理的な構造をもっている．ここまでは「音」という用語を，流体の振動現象としての物理的な意味と，その振動がどのように聞こえるかという感覚としての音の意味でも使ったが，以下，できるだけ混同しないように，「音」を人の耳に聞こえる縦波（疎密波）に限定して説明する．

2. 音の基本的な性質と属性

振動数（周波数）が20 Hz～20 kHzの間にある空気の振動が耳に入って鼓膜を振わせると，ヒトはそれを音として知覚する．音の周波数や大きさは，それらの組み合わせによってさまざまな感覚を引き起こす．単に疎密波として共通の感覚を与えるのではなく，我々が認知する音は以下に示すような感覚的な属性をもっている．

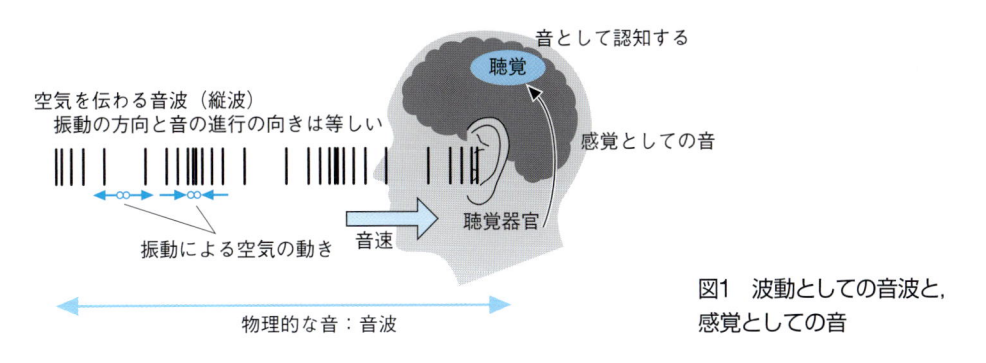

図1 波動としての音波と,感覚としての音

これらの属性は波動としての物理的な基本属性にそれぞれ対応している.

2-1 音の高低

音の周波数が大きいときは高い音と感じ,周波数が小さいときは低い音と感じる.これは聴覚にある周波数の違いを検出する仕組みが音の周波数を区別して知覚し,脳内で音の高さの違いとして認知されるためである.音の高さのことを"pitch"ともいい,周波数と同じ意味である.聞こえる音の最低周波数を最低可聴限,最高周波数を最高可聴限といい,ヒトの場合,年齢などによる違いはあるが,それぞれ約 20 Hz,20 kHz である.最高可聴限より高い周波数をもつ音波を超音波というが,超音波は音波であり,超音波固有の物理的性質をもつわけではない.

2-2 音の強さ

波動は周波数と振幅に関係した波としてのエネルギーをもっている.耳で聞いたときの音の大きさは音波のもつエネルギーの大小に関係するが,感覚としての音の大きさがエネルギーに正比例するわけではない.

一般に,感覚としての音の大きさは刺激となる量の対数に比例する(Weber-Fechnerの法則).音の大きさもこの法則に従う.

音の強度は可聴最小限界となるエネルギーI_0を基準として,これに対する音のエネルギーIを対数で表記する.音の強度Nは,

$$N = 10 \log \frac{I}{I_0} \tag{1}$$

で与えられ,Nは比率を表し,単位はデシベル[dB]である.

音波だけでなく,波の強さとは波動によって単位時間に運ばれる単位体積当たりのエネルギーの量のことであり,運動エネルギーを考えればよい.「IV-2. 波動の基本的性質」ですでに示したが,波の単位時間の移動量は波の速度vに相当するので,正弦波の場合,波の強さ(エネルギー)Iは,

$$I = 2\pi^2 \cdot \rho \cdot f^2 \cdot a^2 \cdot v \tag{2}$$

または,

$$I = \frac{a^2 \cdot \omega^2 \cdot \rho \cdot v}{2} \tag{3}$$

となる.Iの単位は[(J/m³)・(m/s)] = [J/(s・m²)] = [W/m²]となる.ただし,ρは媒質の密度,fは周波数(ωは角振動数:$\omega = 2\pi f$),aは振幅,vは速度である.

なお，ヒトの耳で知覚できる音の可聴最小限界となるエネルギーI_0は10^{-12} W/m^{2}とされている．

音の強度は，エネルギーの比だけでなく，疎密波の圧力変化でも表現できる．圧力変化は式(2)，式(3)の振幅aに相当するので，これを使って強度Nを表現すると，

$$N = 10 \log \frac{I}{I_0} = 10 \log \frac{a^2}{a_0^2} \tag{4}$$

となる．ただし，a_0はI_0に対応する基準音圧(20μPa $= 2 \times 10^{-5}$ N/m^2)である．式(4)を変形すると，

$$N = 10 \log \frac{a^2}{a_0^2} = 10 \log \left(\frac{a}{a_0}\right)^2 = 20 \log \left(\frac{a}{a_0}\right) \tag{5}$$

となり，音圧の比を使っても表現できる(単位は[dB])．これを音圧レベルと表現することもあるが，音の強さを表す値はエネルギーの比で考えても同じである．音の強度(エネルギー)の比であれば対数の前の倍数が10であるのに対し，音圧(振幅)で表現すると倍数が20になることに注意しておきたい．

感覚としての音の大きさは，ここで示した物理的な強さだけでなく，聴覚の音響特性に従って周波数にも依存する．任意の周波数をもつ音(いろいろな周波数の波が混ざっていてもよい)がどのくらいの大きさで聞こえるかを表現するには，基準となる周波数の音と比較して，対象となる音と同等の大きさに感じる強度を求める．基準音の周波数を1000 Hzとして強度を変化させ，任意の音の大きさが1000 Hzの音のある強度と等しく感じたとき，このときの強度(dB値)を使って別の単位ホン[phon]で表記する(単にdBで表記されることも多い)．会話における音の大きさや，いろいろな周波数の音を含む騒音などはこの原理で数値化される．

2-3 音色，音質

いろいろな楽器で演奏すると，同じ曲でもさまざまな音色で表現されることに気付く．音が同じ高さで聞こえても，音色として表現される音の質はさまざまである．音は縦波であるが，音圧を縦軸にとって横波で表して楽器の発する音波を波形として記録すると，それぞれの楽器に特徴的な波形が認められる．図2に示すように，音色の違いは波形として現れる．図2ではそれぞれの音の高さに差があるので，基本的な周波数は異なっているが，その違いははっきりとしている．音叉[*1]の音は単純な正弦波にみえる．また，ギターではピアノに比べて細かな波が多く出現していることが特徴である．

例示したいろいろな楽器の音は異なった音色をもつが，それぞれの音色では，似たような音の波形が繰り返し現れる．周期的に現れる波形はフーリエ展開によって異なった周期の正弦波の組み合わせで表現できるので，それぞれの音は周波数の異なるいくつかの正弦波に分解できる．しかし，人の耳はそれを高さの違う複数の音として聞くだけでなく，音色の違いとして認識する．

異なった音色であれば音波は異なる波形を示すが，異なる波形が常に異なる音色

[*1] 音叉：叩くと一定の振動数の音を発生する．楽器の調律などに用いられる．

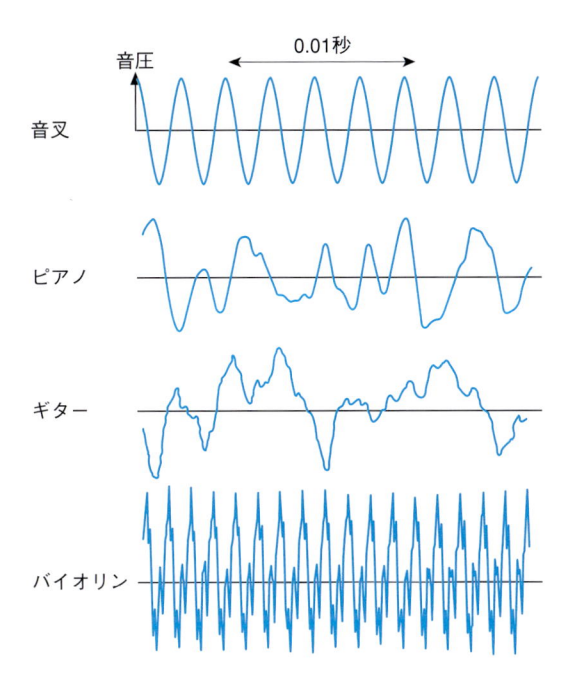

図2 いろいろな楽器の奏でる音波の波形
音の高さが異なるので基本周波数は異なっているが，波形の違いがそれぞれの楽器に特徴的な音色を作っている．

となるわけではない．ヒトの耳は音波に含まれるさまざまな周波数に対応した音の高さを同時に感じることはできるが，それぞれの周波数の位相の違いまでを正確に感じているわけではない．いろいろな成分の波に位相差があって，異なった音波を形成しても耳はそれを聞き分けられないので同じ音色に聞こえる．これは物理的な理由によるものではなく，感覚器の性能として理解すべき事項であろう．

3. 聴覚器官における音波の伝搬

音に限らず，感覚の情報は，最終的には神経に伝わって電気信号として知覚されることになる．ここではまず，耳に入った音の振動がどのように内部に伝わり，検出器で神経の活動と結び付くのかを考えることにする．感覚器の構造は解剖学や生理学の領域であるが，物理的なエネルギーとしての音波が体の内部で伝わるとき，その構造は物理学的にも音の伝搬に適合していることに注目して欲しい．

3-1 聴覚器官の構造

図3aは耳介から音の検出器である蝸牛に至るまでの聴覚器官の構造である．聴覚器官は形態的に外耳，中耳，内耳に分類されている．

集音器としての働きをもつ耳介から鼓膜までは大気がそのまま存在し，管状の外耳道となっている．外耳の終端は薄い鼓膜で閉じられていて，音は鼓膜を振るわせることで内部に伝搬される．鼓膜の内側は中耳と呼ばれるが，中耳腔は耳管を介して鼻の奥につながっていて，空気が入っている．このため，鼓膜の両面は等しい圧力の空気に接していることになる．鼓膜の中耳側にはツチ骨が接していて，これとキヌタ骨，アブミ骨からなる小さな骨(耳小骨系)で音波が骨の振動として伝わる．耳小骨系の末端にあるアブミ骨は，内耳にある渦巻き状の器官である蝸牛に卵円窓

a) 聴覚器官の構造

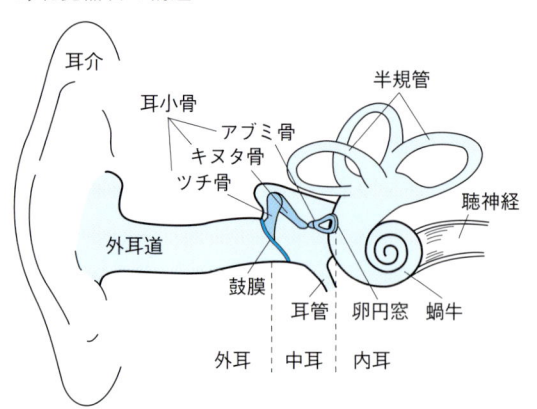

b) 蝸牛の断面図

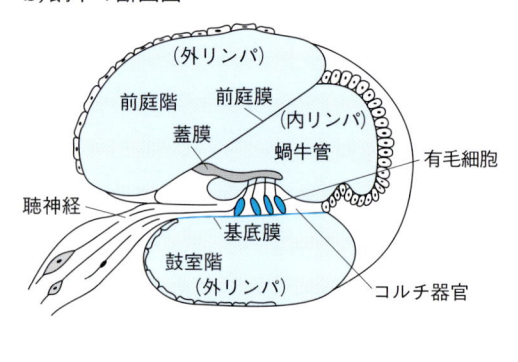

図3 聴覚器官の構造(堀川宗之: 感覚器, 臨床工学ライブラリーシリーズ③エッセンシャル解剖・生理学, p199-200, 秀潤社, 2001より一部改変引用)
外耳道を通った音波は鼓膜を振動させる．振動はツチ骨，キヌタ骨，アブミ骨を介して蝸牛に伝わる．

で接している．

蝸牛の内部は液体(リンパ液)で満たされ，鼓室階，蝸牛管，前庭階の3層に分かれていて，鼓室階と蝸牛管はさらに基底膜で仕切られている．音の振動はこの基底膜の振動として伝えられ，基底膜の上にあるコルチ器管で感覚有毛細胞の興奮を引き起こし，電気信号に変換されている(図3b)．

有毛細胞には1列の内有毛細胞と3列の外有毛細胞の2種類があり，おもに内有毛細胞により音の検知が行われる．

3-2 音の反射・透過と音響インピーダンス

解剖学的構造には音波の物理的な性質ときわめて密接な関係がある．

耳に入った音は鼓膜を振るわせ，耳の内部にある中耳へと伝わる．音は空気の振動から膜の振動を介して内部の聴覚器官へと伝搬される．音波に限らず，波が性質の異なる媒質へ伝搬するとき，媒質が変化した部分で反射や透過が起こる．この現象により耳に入った音が鼓膜で反射してしまうと音のエネルギーが反射によって失われるので，耳の内部にあまり伝わらず，聞こえにくくなってしまう．

音のエネルギーがどのくらい内部に伝搬するかを考えてみよう．「Ⅳ-3．速度に関連する波の性質」で説明したように，密度と速度の異なる媒質の境界面に振幅 a_1，角速度 ω，速度 v_1 の正弦波

$$y = a_1 \cdot \sin\omega\left(t - \frac{x}{v_1}\right) \tag{6}$$

が平面波として伝わるとき，反射波の大きさ(振幅 a_2)は，

$$a_2 = a_1 \cdot \frac{\rho_1 \cdot v_1 - \rho_2 \cdot v_2}{\rho_1 \cdot v_1 + \rho_2 \cdot v_2} \tag{7}$$

となる．ただし ρ_1，ρ_2 はそれぞれ媒質1と媒質2の密度である．同様に透過波の振幅 a_3 は，

$$a_3 = \frac{a_1 \cdot 2 \cdot \rho_1 \cdot v_1}{\rho_1 \cdot v_1 + \rho_2 \cdot v_2} \tag{8}$$

となる.

　速度はvで表すが，一般に音速はcで表すことが多いので，ここからは音速をvではなくcで表すことにする．密度ρと音速cの積$\rho \cdot c$は音響インピーダンスと呼ばれ，Zで表される．媒質1および媒質2の音響インピーダンスをそれぞれZ_1，Z_2とすると，反射波の振幅は，

$$a_2 = a_1 \cdot \frac{Z_1 - Z_2}{Z_1 + Z_2} \tag{9}$$

で記述できる．同様に透過波については，

$$a_3 = 2a_1 \cdot \frac{Z_1}{Z_1 + Z_2} \tag{10}$$

となる．元の波と透過波の振幅の変化を考慮して，元の音のエネルギーI_1と透過する音のエネルギーI_3を表すと，元の音のエネルギーは式(3)より，

$$I_1 = \frac{a_1^2 \cdot \omega^2 \cdot Z_1}{2} \tag{11}$$

であり，透過波のエネルギーI_3は式(3)に式(10)を代入して，

$$I_3 = \frac{a_3^2 \cdot \omega^2 \cdot Z_2}{2} = 4 \cdot \frac{a_1^2 \cdot Z_1^2}{(Z_1 + Z_2)^2} \cdot \frac{\omega^2 \cdot Z_2}{2} \tag{12}$$

となる．ここで，音の透過率をTとして$T = \dfrac{I_3}{I_1}$とすると，

$$T = \frac{I_3}{I_1} = \frac{4Z_1 \cdot Z_2}{(Z_1 + Z_2)^2} \tag{13}$$

となる．式の意味をわかりやすくするために，さらに媒質2の媒質1に対する音響インピーダンスの比をKとすると，$K = \dfrac{Z_2}{Z_1}$となるので，式(13)の分母と分子をそれぞれZ_1^2で割ると，透過率Tは音響インピーダンスの比を使って，

音響インピーダンス

　波動におけるインピーダンスは波の伝わりにくさの指標である．音波の場合，音響インピーダンスは粗密波における圧力変化に対する弾性体の変形の比で与えられ，音圧（大気圧と粗密波の圧力変動分の差）に対する媒質の粒子速度の比を音響インピーダンスと定義している．音響インピーダンスの単位は[Pa/(m/s)] = [Pa・s/m] = [N・s/m^3]である．

　自由平面を進行する音波では，音響インピーダンスは音波のないときの媒質の密度ρと音速cの積，すなわち$\rho \cdot c$に等しい．このとき，音響インピーダンスは音の周波数や大きさに依存せず媒質に固有の値をもつので，音響特性インピーダンスと呼ぶ．音響特性インピーダンスの単位は[kg/(m^2・s)]である．音響インピーダンスの単位にある力Nを「質量×加速度」として単位変換すれば，音響特性インピーダンスと音響インピーダンスの単位が一致していることを確認できる．

$$T = \frac{4K}{(1+K)^2} \tag{14}$$

と表すことができる．同様に反射率を計算すると，エネルギーについては透過率と反射率の和が1となる．すなわち，伝搬した音が透過または反射しても，エネルギーの総和は変わらないことを確認できる．

図4はTとKの関係をグラフにしたものである．Kが1より小さくても，また大きくても，透過率は1より小さく，$K=1$がTの極大点となることが理解できる．このことから，2つの媒質の音響インピーダンスの比が1に近いほど音はよく透過することがわかる．

3-3 インピーダンスマッチング

このように，音を効率良く伝えるためには媒質の音響インピーダンスをできるだけ近い値にすることが必要となる．このことを音響インピーダンスのマッチング（インピーダンス整合）という．

ここで鼓膜や中耳，内耳における音響インピーダンスを考える．

鼓膜は薄い膜で，その振動は縦波として媒質を伝わるのではなく，鼓膜自体の振動として現れる．この場合，音響インピーダンスは密度と音速の積ではなく，鼓膜に加わる音圧とそれによる体積速度の比で与えられ，大きさは鼓膜の硬さで決まる．

インピーダンス

インピーダンスとは，ある点における作用の大きさとそれに対する効果の比を表す．この比は効果の起こしにくさの指標となる．特に作用が周波数成分をもっているときの比をインピーダンスと称しているが，もちろん作用に変化がなくても適用できる概念である．

たとえば，電気回路において，電圧Eに対する電流Iの比をZ_eとすると，

$$Z_e = \frac{E}{I}$$

の関係で表せる．電圧Eが直流のとき，Z_eはインピーダンスではなく，抵抗（レジスタンス）と呼ばれる．この式はオームの法則として有名である．

機械の場合にはこの関係は力Fと機械の振動速度vとの比になり，機械インピーダンスZ_mは，

$$Z_m = \frac{F}{v}$$

となる．

音響インピーダンスZは作用として音圧をP，効果として粒子の平均速度をvとすると，

$$Z = \frac{P}{v}$$

であるが，損失のない平面波の場合には媒質の密度をρ，音速をcとすると，

$$Z = \rho \cdot c$$

と一致する．

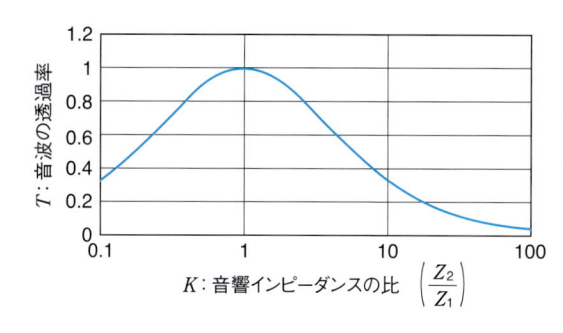

図4 媒質の異なる界面における音の透過率と音響インピーダンスとの関係
媒質1から媒質2へ音が伝搬するとき，それぞれの媒質の音響インピーダンスをZ_1, Z_2とし，その比$\frac{Z_2}{Z_1}$をKとする．

ここでは詳細は省略するが，膜の音響インピーダンスは，音により膜に伝わる力とそれに対する鼓膜の変形速度との関係を示す．円形の膜の場合，音響インピーダンスは共振周波数より低い周波数域で膜張力に比例し，膜径の4乗に反比例する．

鼓膜の音響インピーダンスは空気のそれに近いので，音はあまり反射せずに鼓膜を振動させる．また，耳小骨と蝸牛内のリンパ液の音響インピーダンスも近い値をとるので，ここでも音の伝搬はほとんど損失することなく行われる．これに対し，鼓膜と耳小骨ではインピーダンスが大きく異なる．材質的な意味でのインピーダンスの比は4000倍である．しかし，鼓膜の有効な振動面と耳小骨の末端のアブミ骨とでは断面積の比が約1/18であり，音圧による力は18倍に拡大される．さらに，ツチ骨とキヌタ骨は組み合わさって，てこを構成している．この作用によって振幅が1/1.3に減少するが，逆に力は1.3倍になるので，結局，これらを合わせて耳小骨系で力は22倍に増幅される．この結果，本来ならほとんど反射してしまう音を相当に効率良く伝えることができるのである．

共振（共鳴）

共振とは，ある物体に外部から振動が伝わったとき，その振動数が物体の固有振動数に等しい場合に起こる．このとき，外部からの振動エネルギーは損失なく物体に伝わり，振動のエネルギーが物体に次々と加わるので，振動は大きくなる．

固有振動数とは物体を自由に振動させたときの周波数で，たとえばバネ定数kのバネと質量mのおもりによる振動系では角速度ωは$\omega = \sqrt{\frac{k}{m}}$となる（「Ⅳ-1．エネルギー，振動」を参照）．また音波では，音源から伝わった音波が別の物体を共振させ，同じ周波数の音を発することがある．これを共鳴という．

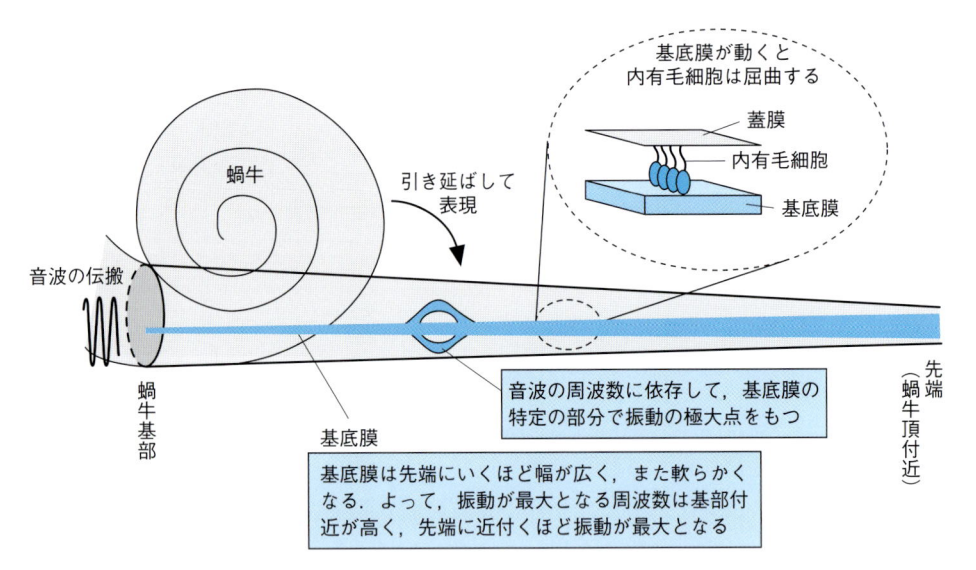

図5 基底膜構造の模式的表現と振動の極大点による音波の周波数弁別

4. 蝸牛における音の周波数弁別

　中耳の耳小骨を伝わった音波は蝸牛の前庭窓で蝸牛内部を満たしたリンパ液の振動に変わる．リンパ液の振動は薄い前庭膜を隔てた内リンパに伝わり，コルチ器官と基底膜を振動させる．基底膜の上にある有毛細胞は一方が基底膜に，他方が蓋膜についているので，基底膜の振動により屈曲する．このとき，細胞に活動電位が発生し，これが聴神経へと伝達される．このように，音は最終的に神経の興奮として知覚されることになる．音の音色や高低の弁別は，音波に含まれる周波数に依存する．これを聞き分けることができるのは，基底膜の振動する場所が，音波の周波数によって異なるためである．

　これは基底膜の構造が一様ではなく，音波によって基底膜が振動するときに周波数に応じて決まった場所で振動の振幅が部分的に増大するためと考えられている．かつては基底膜の各部が独立に，特定の周波数に応じた共振を起こすと考えられていたが，現在ではこの考え方は否定されている．しかし，蝸牛を含む膜全体を1つの振動系と見なしても，基底膜上での振動の極大点は音の周波数に依存する．図5は渦巻き状になった蝸牛を引き延ばして模式的に示したものである．

　音波は蝸牛内部で圧力波として進行するが，このとき基底膜には音波による振動が引き起こされる．

　基底膜は先端にいくほど幅が広く，また構造的にも軟らかくなる．このため，基底膜上で振動が極大となる周波数は卵円窓に近い部分の基底膜で高く，先端部の蝸牛頂に近付くにつれて低くなる．したがって，高い音は蝸牛の基部に近い部分で，低い音は先端の部分で感知される．

　音が複数の周波数をもつとき，基底膜は対応する複数の部分が強く振動する．こ

のとき，聴覚としては音の周波数に対応した興奮を伝えられるが，位相の情報は失われている．このため，複数の周波数を含む2種類の音波を比較したとき，同じ周波数成分を同じ大きさで含んでいれば，位相が多少異なっていて，波形としては差があっても聞こえる音はその違いを認識することができない．この事実が，逆に基底膜の振動位置による知覚の妥当性を示す根拠ともなっている．

5. おわりに

　ここでは音がどのようにして聞こえるかを中心に説明したので，音波としての物理学と同時に生理学的な記述が多くなってしまった．生体の構造は，そこで起こる物理的な現象と無関係には存在できない．それどころか，物理的な現象に適合した生体固有のうまくできた構造が自然に作られていることに感心する．数式を使うわけでもなく，このような方法が完成していることも生体の神秘の1つである．

第V章 音波

V-2. ドプラ効果，うなり，共鳴

音源から発した縦波は観測者の耳に入って聴覚で知覚できる．このとき，音源から伝わる波の周波数や波形に応じて音の高さや音色が決まる．しかし，音源や観測者が動いている場合には，ドプラ効果により，発した音と異なる周波数の音が聞こえる．この現象は波の一般的な現象であるが，音ではいろいろな場面で経験できるので物理的な理由を詳しく説明する．また，音波の干渉の1つとして複数の周波数の音波が重なり合って生じるうなりについて，原理を説明する．これらの現象は耳で聞く音だけでなく，循環器系の計測装置である超音波ドプラ血流計でも利用されているので，しっかりと理解しておきたい．ドプラ効果やうなりは結果だけを覚えるのであればきわめて単純であるが，物理学を学ぶ姿勢として，なぜそうなるのかを正しく理解し，結果を誘導できるようにしておくことを常に意識してほしい．音を楽しみながら考えるために，金管楽器や木管楽器からなぜ音が出るのか，また，音階の変化はなぜ起こるのかについても物理的に解説する．経験と理論から作り出されたこれらの楽器について物理学の立場から考えると，また新しい興味がわくかもしれない．

1. はじめに

　耳で聞こえる音は，音源から伝わった縦波が外耳道に入り，鼓膜を振るわせることで聴覚器官に伝わって知覚される．このとき，音源で発生している振動の周波数が変化しなければ，音を伝える経路にある媒体（媒質）が複数存在して音速が変化しても振動数（周波数）は等しく保たれている．周波数が変わらず音速が変化するので，異なる媒質中では音の波長は音速に比例して変化することになる．

　しかし，特殊な条件を与えれば，音源の周波数と異なる周波数の音が耳に入り込むことがある．たとえば，電車に乗っているときに聞こえる踏切の警報音は，電車が踏み切りに近付くと音が高く（周波数が高く）なり，踏切から遠ざかると低い音（周波数が低い）に変化する．救急車などが通り過ぎるときも同じ現象が観測される．このことはドプラ効果として150年以上前に解析されている現象ではあるが，日常生活の中で頻繁に経験できるので，ラジオやテレビでこの効果が用いられると，移動している状況が直感的に思い浮かぶ（図1）．

　ここでは，普段経験できる音に関係する現象を対象に物理学の立場から解説を行う．ドプラ効果以外にも周波数の近い音の重なりによって生じる「うなり」，楽器の形態と音響学的な理屈との関連など，蘊蓄に近い知識ではあろうが，知っていて損はないものと思う．

2. ドプラ効果

　ドプラ効果は音源や観測者が移動していると，音源の周波数とは異なる周波数の

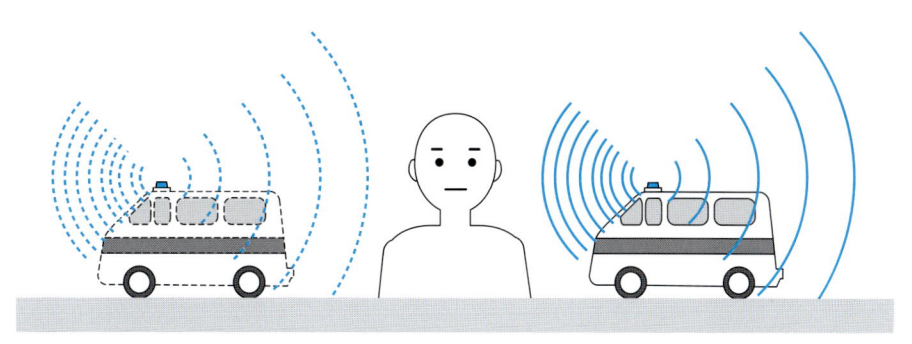

図1 ドプラ効果とは
救急車などが近付いてくるときには音が高く聞こえ，遠ざかると低い音に変化する．

音が聞こえる現象で，緊急車両のサイレンなどで日常的にも経験する現象である．速く移動できる乗り物がなかった時代には経験することは難しかったとも思うが，この現象が存在することはかなり前から知られていた．なぜ，このような現象が起こるかについて，オーストリアの物理学者であるドップラー（Christian Johann Doppler，1803〜1853）が移動速度と周波数との関係式を導いている．この現象は音だけでなく波動に共通の現象として現れ，ドプラ効果と呼ばれている．現象としては共通であるが，光（電磁波）でのドプラ効果は相対性理論にかかわり式が少し異なるため，ここでは音を対象に理論的な説明を行う．

ドプラ効果は音源と観測者の相対的な移動速度で説明できるような気がするが，実際には音源が動く場合と観測者が動く場合では考え方が異なる．

ドプラ効果に関係する項目をあらかじめ示し，条件に分けて考えることにする．関係するのは音速 c [m/s]，音源で発する音の周波数 f_S [Hz]，音源の移動速度 v_S [m/s]，観測される音の周波数 f_O [Hz]である．

2-1 音源が移動する場合

音源Sだけが動いて観測者Oが静止している場合を考える．図2のように，音源Sが右方向に等速度 v_S [m/s]で動き，観測者Oに近付く場合を想定する．初めの点 S_0 から一定の時間間隔で S_1，S_2……へと移動したとして，それぞれの場所で発した音が広がる様子を示した．一定時間 t が経過して S_0 で発生した音が P_0 に到達したとき，音源Sは S_t の位置に到達する．音速 c が変わらないので一定間隔で発した音の到達地点は図2に示すような円弧の列を描いて並び，時間 t の経過時における水平面上での位置は音源の移動方向（あるいは反対方向）に対してそれぞれ等間隔である．このとき，音の到達位置の間隔は音源の移動方向では狭くなり，移動の反対方向で間隔が広がる．

音源の周波数は変わらないので，それぞれの間隔の中にある音波の数は移動方向でも反対方向でも変わることはない．一定時間内における音波の数が不変でその間の移動距離が変われば，波長が変わったことを意味する．すなわち，図2では音源の進行方向で波長が短縮し，反対方向では波長は長くなる．この結果，P_0 の地点で音波を観測すると，観測者は波長の短い音波（すなわち周波数の高い音波）を聞くこ

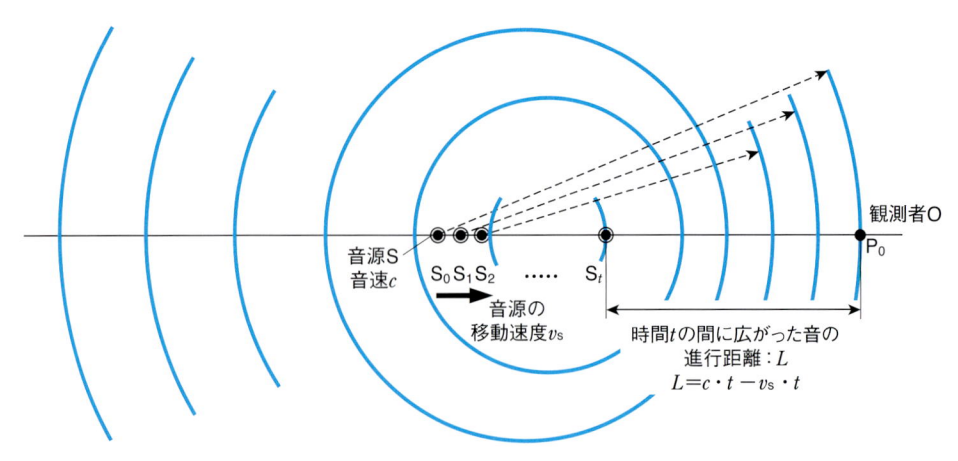

図2 音源が移動しているときのドプラ効果

音源の周波数をf_sとすると，観測者Oが聞く音の周波数f_oは$f_o = c \cdot \dfrac{f_s}{c - v_s}$となる．ただし，音速を$c$とし，音源の移動速度を$v_s$とする．

とになる．音源が近付いてきたときに音が高く（周波数が高く）聞こえるのはこのためである．

次に，図2を使って，音源の移動速度と周波数の変化を定量的に考えてみよう．音源Sが観測者Oに近付く場合，時間tが経過して音源がS_0からS_tに移動したとき，それぞれの場所から発した音はP_0からS_tの距離に広がる．この距離をLとすると，音速がcなので，

$$L = c \cdot t - v_s \cdot t \tag{1}$$

となる．音源の周波数をf_sとすれば，時間t内にある音波の数Nは，

$$N = f_s \cdot t \tag{2}$$

となる．観測される音波の波長λ_oは「音波の移動距離÷音波の数」なので，

$$\lambda_o = \frac{c \cdot t - v_s \cdot t}{f_s \cdot t} \tag{3}$$

$$= \frac{c - v_s}{f_s} \tag{4}$$

である．音源の波長λは，

$$\lambda = \frac{c}{f_s} \tag{5}$$

なので，v_sが正（すなわち音源が観測者に向かって移動する）の場合，観測される音波の波長は元の波長より短くなることがわかる．

音は音源の移動にかかわらず同じ媒質中を進むので，音速自体が変わることはない．したがって，観測者が聞く音の周波数f_oを波長から計算すると，

$$f_o = \frac{c}{\lambda_o} \tag{6}$$

V-2. ドプラ効果，うなり，共鳴

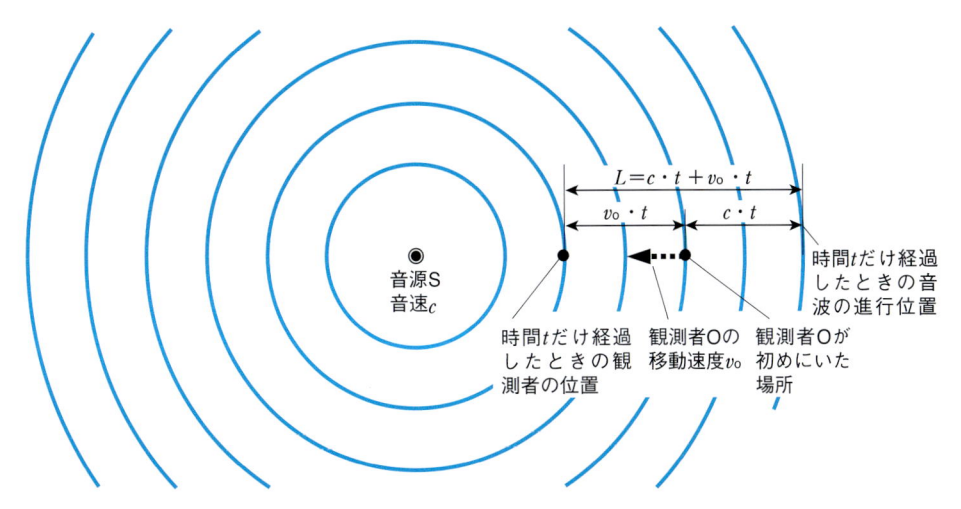

図3 音源が静止していて観測者が移動しているときのドプラ効果

音源の周波数をf_sとすると，観測者Oが聞く音の周波数f_oは$f_o = f_s \cdot \dfrac{c + v_o}{c}$となる．ただし，観測者の移動速度を$v_o$とする．

となり，λ_oに式(4)を代入して整理すると，

$$f_o = c \cdot \frac{f_s}{c - v_s} \tag{7}$$

となる．すなわち，観測者の聞く音の周波数f_oは元の周波数f_sの$\dfrac{c}{c - v_s}$倍に増えることがわかる．また，音源が観測者と逆の方向に進む場合にはv_sは負の値をとるので，式(7)からわかるように，観測者の聞く音の周波数は元の周波数より小さくなる．

2-2 観測者が移動する場合

音源Sが静止していて観測者Oだけが動いているときは考え方が少し異なる．音源と観測者のどちらが動いても相対的な速度を考えれば同じように思えるが，正確に考えると別の式が誘導されるので注意してほしい．

図3のように音源Sが静止して観測者Oが動いている場合は，音源からの音波の波長は変化しない．観測者は波長の一定な音波を横切ることになるので，観測者が静止している場合と移動している場合では一定時間に観測される音波の波数が違ってくる．観測者が音源に近付く場合は，静止している場合と比べて同一時間内により多くの音波が観測されることになる．すなわち，聞こえる音の周波数が高くなったことに相当する．

図3のように，音源Sからの音波が観測者Oに到達したとき，観測者が静止していれば，ある一定時間tの間に音波は$c \cdot t$だけ進む．音源の周波数をf_sとすると，波長λは式(5)から$\lambda = \dfrac{c}{f_s}$で一定であり，音波の数Nは，

$$N = \frac{c \cdot t}{\lambda} = t \cdot f_s \tag{8}$$

である．静止していた観測者が速度v_oで音源に近付いたとき（音源に近付く方向の速度を正とする），時間tの間に音波は$c \cdot t$進み，観測者自身は$v_o \cdot t$音源に近付く．この状態では時間tの間に観測者を通り過ぎる音波の距離Lは，

$$L = c \cdot t + v_o \cdot t \tag{9}$$

となる．波長λは変わらないので，時間tの間に観測者が感じる波数N_oは，

$$N_o = \frac{L}{\lambda} = \frac{c \cdot t + v_o \cdot t}{\lambda} \tag{10}$$

となる．$N_o > N$であり，同じ時間に聞く音波の数が増えることになる．これを観測者の聞く音の周波数f_oで表すと，

$$f_o \cdot t = N_o = \frac{c \cdot t + v_o \cdot t}{\lambda} \tag{11}$$

$$f_o = \frac{c + v_o}{\lambda} \tag{12}$$

である．$\lambda = \dfrac{c}{f_s}$なので，式(12)は，

$$f_o = f_s \cdot \frac{c + v_o}{c} \tag{13}$$

あるいは，

$$f_o = f_s \left(1 + \frac{v_o}{c}\right) \tag{14}$$

と記述できる．音速cに対する観測者の移動速度v_oの割合だけ周波数が増えることになる．

2-3 音源と観測者の双方が移動する場合

音源と観測者の双方が動く場合は，前述の考え方を順を追ってたどればよい．まず，音源Sが移動したときに，静止した観測者Oの聞く音の周波数fは式(7)より，

$$f' = \frac{c \cdot f_s}{c - v_s} \tag{7}'$$

となり，次にこの周波数の音を音源とし，観測者が速度v_oで動くと考えれば，観測者が聞く音の周波数f_oは，

$$f_o = f' \cdot \frac{c + v_o}{c} \tag{13}'$$

が成り立つので，式(7)'，式(13)'を組み合わせて，

$$f_o = \frac{c \cdot f_s}{c - v_s} \cdot \frac{c + v_o}{c} = f_s \cdot \frac{c + v_o}{c - v_s} \tag{15}$$

が成立する（音源と観測者の移動速度の符号は，両者が近付くときに正となるように決めてある）．

ドプラ効果は定性的には音源と観測者のいずれが動いても，両者が近付く方向への移動であれば周波数が高くなり，離れれば低くなる．しかし，式にして記述すると，それぞれの移動速度が分母と分子に分かれてしまい，異なった理由を考えなく

3. うなり

3-1 音波の干渉

複数の波が媒質中に同時に存在すると，波の干渉が起こって元の波形を重ね合わせた波が出現する．音波が重なり合ったときも同様である．簡単な式で考えてみよう．2つの音波をそれぞれ，

$$y_1(x, t) = a \cdot \sin 2\pi \left(\frac{x}{\lambda_1} - f_1 \cdot t \right) \tag{16}$$

$$y_2(x, t) = a \cdot \sin 2\pi \left(\frac{x}{\lambda_2} - f_2 \cdot t \right) \tag{17}$$

とする．ここでは計算を簡単にするために，2つの音波の振幅aは等しいものとする．また，それぞれの音波の波長はλ_1, λ_2, 周波数はf_1, f_2である．

2つの音波を合成すると，加法定理を使って，

$$\begin{aligned} y(x, t) &= y_1(x, t) + y_2(x, t) \\ &= 2a \cdot \cos 2\pi \left(\frac{x}{\lambda_{1-2}} - f_{1-2} \cdot t \right) \cdot \sin 2\pi \left(\frac{x}{\lambda_{1+2}} - f_{1+2} \cdot t \right) \end{aligned} \tag{18}$$

となる．ただし，

$$\lambda_{1-2} = \frac{2\lambda_1 \lambda_2}{\lambda_2 - \lambda_1}, \quad \lambda_{1+2} = \frac{2\lambda_1 \lambda_2}{\lambda_2 + \lambda_1}$$

$$f_{1-2} = \frac{f_1 - f_2}{2}, \quad f_{1+2} = \frac{f_1 + f_2}{2}$$

である．

では，式(18)の意味を考えてみよう．合成された音波は2つの三角関数の積で表され，式(18)の初めの項（cosの部分）に現れる波数は元の音波y_1, y_2の波数の差の半分，周波数も同様に差の半分である．また，sinの項では波数は元の音波の波数の平均（両者の和の半分），周波数も両者の平均である．

式だけではわかりにくいので，実際に周波数が20 Hzと18 Hzの2つの正弦波を合成してみよう．図4に2つの関数を数学的に加え合わせて合成した結果を示した．合成された関数（重なり合った音波）は一見複雑な波にみえるが，波長の短い（周波数の高い）19 Hz $\left(\frac{20+18}{2} \text{ Hz}\right)$ の波の振幅が波長の長い（周波数の低い）1 Hz $\left(\frac{20-18}{2} \text{ Hz}\right)$ の波で制限されていることがわかる．別の言い方をすれば，周波数の高い波が周波数の低い波で変調された波形が描かれているといえる．式(18)に戻って考えれば，周波数の高い波はsinの項に現れ，元の周波数の平均値（19 Hz）をもち，周波数の低い波は両者の差の半分（1 Hz）になっている．このとき周波数の低い波の中で，高い周波数の波の振幅が＋と－に振れるので，音の大きさの振動周期はcosに現れる周波数の2倍（元の周波数の差）となっている．すなわち，2つの音波の重な

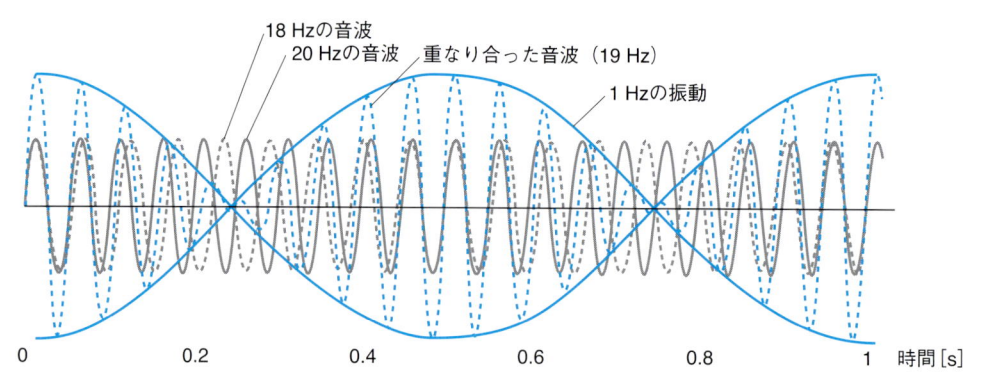

図4　2つの音波の重なり合い
重なり合った音波は元の音波の周波数の差（2 Hz）で，長い周期の振動現象（うなり）を生じる．周波数の異なる正弦波を数学的に加え合わせて合成した．うなりの振動は，1 Hzの周波数で振幅の大きさが変わるが，振幅に＋と－があるので振動の周波数は2 Hzとなる．

り合いでは，それぞれの周波数の差に一致した周波数で音の大きさに強弱が現れ，この強弱に応じた新しい周期の音波が加わって聞こえる．図4に示した例では，ヒトの耳で聞くには周波数が低すぎるが，では実際の音波でこのような現象が起こった場合，合成された音はどのように聞こえるのだろうか．

管楽器とは？

　管楽器とは，管で作られ，息を吹き込んで管内の空気を振動させて音を出す楽器のことであり，金管楽器と木管楽器がある．
　管楽器は，唄口における振動から楽器固有の振動周期をもつ音のみを共鳴により増幅させて，特徴ある音色をもつ音を大きく響かせることができる（図5）．構造上，閉管となる楽器と開管となる楽器に分けられるが，木管楽器ではフルートのように唄口に孔の開いている楽器は開管，クラリネットのようにリードのついた楽器は閉管としての共鳴構造をもつ．トランペットに代表される金管楽器は一般に開管である．
　閉管と開管では共鳴周波数が異なるが，いずれも基本周波の整数倍の周波数をもつので，共鳴周波数の音同士がきれいに重なり合って響く．また金管楽器は，音が連続した整数の倍数となる共鳴周波数をもつので，吹き方1つで周波数を段階的に変化させることができる．昔は，ラッパ（弁のない単純な構造のトランペット）のように，管の構造によって決まる特定の音階しか出せなかったが，現在では，いろいろな工夫が施され，さまざまな音階を出すことができるようになった．しかし，管楽器の構造による音階だけで決まる簡単な曲もたくさんあるので，聞いてみるとよいだろう．

図5　気柱共鳴を利用した管楽器

3-2 うなり

　複数の音波が合成されたとき，元の音波に加えて，重なり合って作られた別の周期の振動が形成される．元の音波の周波数が近いとき，基本となる音波の周波数は元の音波の周波数の平均値であり，元の音とほとんど変わらない．一方，新しく作られた振動の周波数は低くなるので，音の強弱は長い周期で繰り返されることになる．このとき，強弱の周波数が可聴周波数領域以下になると，合成された音の強弱は，音としてではなく音の震えとして知覚される．この周期がさらに長くなったときの音の聞こえ方を「うなり」という．うなりでは，音は低い周波数で強弱を繰り返しているので，「ウワン，ウワン……」とか「ワウ，ワウ……」と響いているように感じる．

4. 共鳴と楽器

　音楽では，音の重なり合いは和音（あるいは不協和音）として重要な要素となっている．管楽器では管の中の空気（気柱）の振動が共鳴して音波が形成される．共鳴する音波の周波数は管の長さや性質で決まるので，楽器の唄口（空気を吹き込む部分で，マウスピースやリード）での複雑な空気振動のうち，楽器の形状に応じた特定の周波数の振動だけが共鳴する．共鳴する音波は，基本周波数の音波と，基本周波数の整数倍の周波数をもつ高調波となるので，楽器の音としてはこれらの波の組み合わせとなる．音源の周波数が整数比をもつので，合成された音はうなりをもたず，安定した大きさの聞きやすい音波を形成する．

　このような共鳴現象は，唄口とは反対の管の端で反射した音波が音源の波形と重なり合って振動を増幅することで起こる．管の中で生じる共鳴は管の状態に依存する（共鳴については，「V-1. 耳で聞くことのできる音としての物理学」を参照）．

4-1 閉管と開管における共鳴現象

　閉管における音波の共鳴について考える．

　図6aのように，管の一方が閉じられているとき，開いているほうから進行した音は閉鎖部分で反射する．このとき，閉鎖部分では管の中の空気に比べ媒質の音響インピーダンスが大きくなっていると考えられるので，音は反射する．このとき，反射点では音圧が大きくなり，波は進行方向と逆の方向へと向きを変える．すなわち，音波は入射波と逆位相（πあるいは180°の位相ずれ）となる（固定端反射，「IV-3. 速度に関連する波の性質」を参照）．この音が元の音に重なり合って，合成された波は定常波を形成する．波の振幅が0となる部分が重なった点を節，振幅が最大となる部分の重なり合った部分を腹という．

　音波は管の反対側の開放部で再び反射する．この部分では同じ空気が媒質となって管の内部と外部に通じているので，音響インピーダンスに変化がなく，反射などが起こらないようにも思える．しかし，実際には管の中と外とでは音波の伝わり方が異なるので，媒質の連続性は失われている．管の中では音波の伝搬に伴って音圧の変化が伝わるが，管の開放部では急に断面積が広がるため，音圧が音速に関係なく0となってしまう．この結果，開放部では音響インピーダンスが管内より小さく

a) 片側が閉じた閉管で起こる共鳴

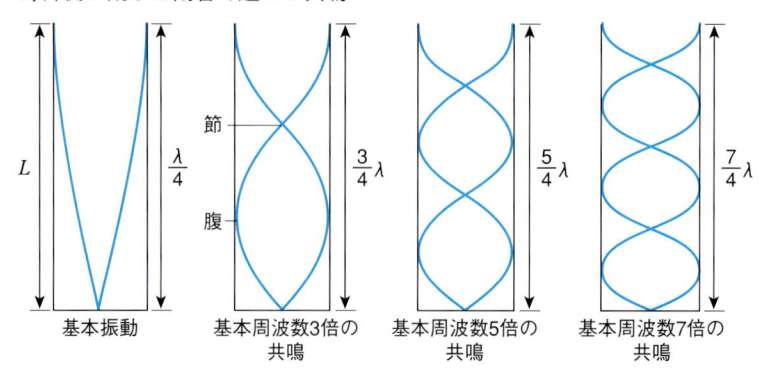

図中：L, $\dfrac{\lambda}{4}$ 基本振動／節・腹, $\dfrac{3}{4}\lambda$ 基本周波数3倍の共鳴／$\dfrac{5}{4}\lambda$ 基本周波数5倍の共鳴／$\dfrac{7}{4}\lambda$ 基本周波数7倍の共鳴

b) 両側が開いた開管で起こる共鳴

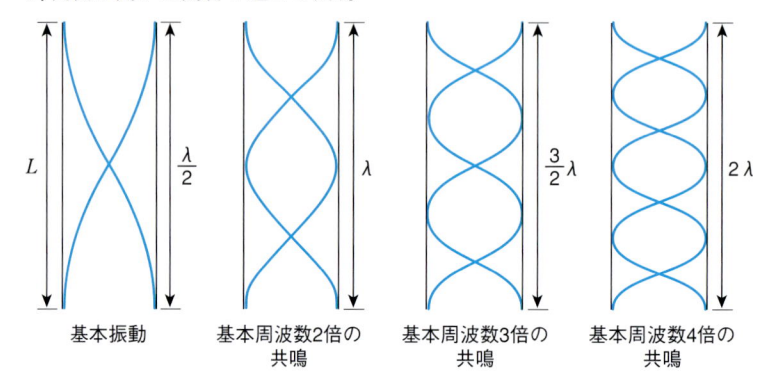

図中：L, $\dfrac{\lambda}{2}$ 基本振動／λ 基本周波数2倍の共鳴／$\dfrac{3}{2}\lambda$ 基本周波数3倍の共鳴／2λ 基本周波数4倍の共鳴

図6　気柱で起こる共振（共鳴）現象

なる．この場合は自由端反射となるので，反射点での変位は連続性を保ち，反射波は入射波と同位相である．

　元の音波と反射波の条件がそろってうまく重なり合ったときに定常波ができる．管の両端が開放されている場合の定常波は，図6bのようになる．

　管が閉管の場合と開管の場合では，管の長さが等しくても共鳴の基本周波数（共鳴が起こる最も低い周波数）は異なる．また，基本周波数の整数倍で起こる高調波についての共鳴も両者では違っている．

　図6a, bを比較すれば，図形的にこの違いがわかる．管の先端が閉じた閉管では管の端が節となり，共鳴する管の長さをLとして考える．基本周波数fの波長をλとすると，Lがλの1/4のとき，基本振動が起こる．すなわち，音速をcとすれば，$L=\dfrac{c}{4f}$のときに共鳴する．その次に管の端が節となる波長は初めの波長λの1/3であり，その次は1/5となるので，共鳴周波数（波長に反比例）は基本周波数の奇数倍になる．すなわち，共鳴周波数をf_mとすると，

$$f_m = (2m+1)\cdot\dfrac{c}{4L} \qquad m=0,\ 1,\ 2,\ 3,\ \cdots\cdots \tag{19}$$

になる．この場合，mが変化すると，共鳴周波数は奇数の倍数で変化する．

　同様に管の両端が開いた開管では，両端が腹となった状態で共鳴するので，Lが基本周波数fの波長λの1/2のとき，基本振動が起こる．$L = \dfrac{c}{2f}$のときに共鳴し，その次に管の両端が腹となる波長は初めの波長λの1/2であり，その次は1/4となる．したがって，この場合の波長は，基本となる波長を偶数で割った値となる．すなわち，共鳴周波数f_mは，

$$f_m = 2m \cdot \dfrac{c}{4L} \quad m = 0,\ 1,\ 2,\ 3,\ \cdots\cdots \tag{20}$$

$$= m \cdot \dfrac{c}{2L} \quad m = 0,\ 1,\ 2,\ 3,\ \cdots\cdots \tag{21}$$

となる．この場合，式(21)より，共鳴周波数は基本周波数の整数倍で変化することがわかる．

4-2 音階の変化

　ところで，音楽で使われる音階は，もともと楽器のもつ基本周波数とその倍数によって決められている．古典的な音階は基本周波数の音とその2倍の周波数の音の間を7つに分けて，それぞれの音の間隔（ある音と次の音階にある音の間を2度という）を決めている．なぜ7つなのかはわからないが，楽曲を構成するうえでこの程度の数が必要不可欠であったからと考えられる．周波数が2倍になることを1オクターブというが，これはラテン語で「8番目」を表す"octavus"に由来する．周波数が2倍の音同士は，高さは違ってもヒトの耳には本質的に同じ音色に聞こえる．

　それぞれの音階に対する周波数の振り分け方を考えると，音楽の音響上の本質に触れることができる．

　純正律という古典的な音律では，音階に表1のような周波数を割り当てることができる．基本となる周波数は決め事であり，適当に変えてもよいが，現在用いられている平均律という音階では基本周波数をA（ハ長調のラ）の音として440 Hzに決めているので，表1の純正律ではこれと対応させて近い値を示した．表に示したように，純正律では音階に対応する周波数の比が整数の組み合わせになるように調律されている．このため，整数の比で表される音階を組み合わせると，響きの良い和音を作ることができる．これに対し，平均律では純正律の音階にさらに半音5つを加えて1オクターブ（周波数が2倍）の間を等比級数で12に区分している．ピアノの白い鍵盤が基本となる7つの音階に対応し，黒鍵が付け加えられた半音に対応している．平均律では12の音階が規則的に作られているが，数値だけをみれば純正律に近い周波数になっていることがわかる．しかし，厳密には純正律の和音を平均律で作ると高調波で周波数がわずかにずれるので，うなりによって響きが微妙に乱されることになる．現在の楽器の多くは平均律で調律してあり，我々はこの音階に慣れてしまっているので，専門家でないと聞き分けるのは難しいかもしれない．

表1 音階と周波数

音階	和音階	純正律		平均律	
		周波数	比率	周波数	比率
A	イ	440.0	1	440.0	1
B	ロ	495.0	9/8	493.9	$1 \times 2^{2/12}$
C	ハ	528.0	6/5	523.3	$1 \times 2^{3/12}$
D	ニ	586.7	4/3	587.3	$1 \times 2^{5/12}$
E	ホ	660.0	3/2	659.3	$1 \times 2^{7/12}$
F	ヘ	704.0	8/5	698.5	$1 \times 2^{8/12}$
G	ト	792.0	9/5	784.0	$1 \times 2^{10/12}$
A	イ	880.0	2/1	880.0	$1 \times 2^{12/12}$

5．おわりに

　ここではいろいろな場面で経験できる音の聞こえ方を中心に物理的な理由を詳しく説明した．ドプラ効果やうなりは，公式を覚えているだけでも計算問題は簡単に解くことができるだろう．しかし，現象が起こる理由を説明でき，公式を誘導できることが本質的な理解につながる．さらに，音に関係して管楽器の原理や音階についても物理学の立場から触れたので，また新しい興味がわくかもしれない．

第VI章

光

第Ⅵ章 光

Ⅵ-1. 目で見ることのできる光の物理学

光は電磁波の一種であり，光のもつ物理的な性質を考えるには電磁波に共通する諸現象を理解することが重要である．同時に，光は視覚としてヒトが認知できる環境情報でもある．しかし人は電磁波のすべてを知覚できるわけではなく，このうちのごく狭い一定範囲にある波長領域だけを目に見える光(可視光)として感ずることができる．光を物理量として扱うためには，まず基本的な単位についても光のもつ物理的なエネルギーを考えながら説明すべきであろう．しかし，明暗は人の感覚に属する概念であり，明るさや色など，網膜の機能に応じた感じ方の尺度もまた大切であり，これらは純粋な物理学とはいえない面もあるが，物理量と密接に関連した考え方や単位が構築されている．普通の物理学では，光に関する現象として，レンズの働きや反射などを初めに解説するが，それは「Ⅵ-2．波動性と粒子性」に譲って，ここでは光についての物理的な説明を基本的な内容にとどめ，主としてヒトの目で感じる光について解説する．特に，ヒトはどのように明るさや色を知覚するのかを説明し，同時に，明るさに対する考え方や用語，SI単位で定義されている固有の単位系について解説する．

1. はじめに

ヒトは太陽の(あるいは電気の)光の中で暮らしている．歴史をたどるまでもなく，我々は古くから光を認識し，光の示す基本的な性質を理解してきた．光は単に明るいとか暗いとかだけでなく，鏡，望遠鏡，顕微鏡，カメラなどの発明から始まり，アインシュタインによる相対性理論，現代の量子力学など，最新の科学に至るまで物理学で大きな意味をもってきた．光についてかなり詳しく解明されている現在でも，光のもつ波動としての性質と粒子としての性質の両立性は直感的な理解を超えている．

光についての研究は，ヒトの目で認識できる可視光から始まった．その性質がその後発見された電磁波と共通するものであることが理解され，現在では光は物理的に電磁波の総称として，あるいはその一部として解釈されている．ろうそくに火をともすと周りが明るくなることから，光が光源と呼ばれる場所から発する，すなわち光が光源から周りに向かって進むことは簡単に理解できる．また，光が小さな孔を通るとそこに直線上の光の線が観察されるので，光が直進することも理解できる．別の方向から入ってきた2つの光の帯を交差させても，光は折れ曲がったりすることなく，元の方向に進む．

このような基本的な現象から，光の本質は物質の固まりとしての粒子ではなく，波の性質をもつと考えられてきた．「第Ⅳ章 振動と波動」で述べたような，屈折，回折，干渉などの現象が光でも観察できることからも，光の波動性は疑いのないものとなった．しかし，波動にはそれを伝える媒質が必要である．物質としての媒質

a) 磁場と電場の発生

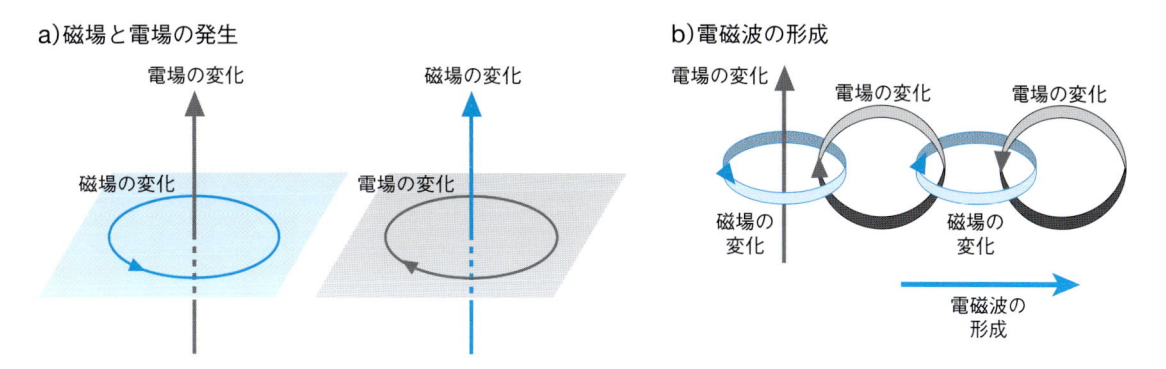

b) 電磁波の形成

c) 電磁波の伝搬

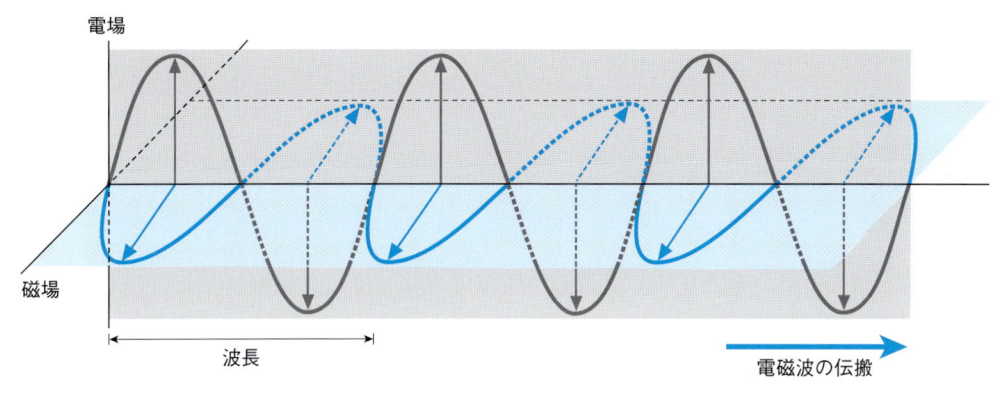

図1　電磁波の成り立ちと伝搬

のない真空中を進む光の波動性を説明するためには，電気と磁気の相互作用を理論化した電磁気学が役立った．この理論から，光が空間自体を媒質として進行する電磁波（の一種）であることが説明できる．

　電磁波の特定の波長領域を知覚すると，我々はそれを光として感じる．このような電磁波は可視光と呼ばれる．ここではおもに可視光に関して，その感知器としての視覚器，可視光における物理量の定義や単位について説明する．

2. 電磁波としての光

　本書では電磁気学を扱わないので，電磁波についてはごく簡単な説明にとどめる．
　電磁波は電気と磁気との相互作用によって成り立っている．電気が流れると（電場があると），その周りで電流に直交する平面に磁場が発生する（アンペールの法則）．また，逆に磁場が変化すると，これと直交する平面に電気の流れ（電場）が生ずる（ファラデーの法則）．この基本法則によれば，時間的に変化する電流があれば，その周囲に磁場の変化が起こり，さらに磁場の変化が電場の変化を形成する．この現象が空間に広がっていくことを電磁波の進行という．図1は電磁波の成り立ちを模式的に図示したもので，直交する電場と磁場をある方向に限定して描いたが，電場あるいは磁場と直交するどの方向へも広がることができる．

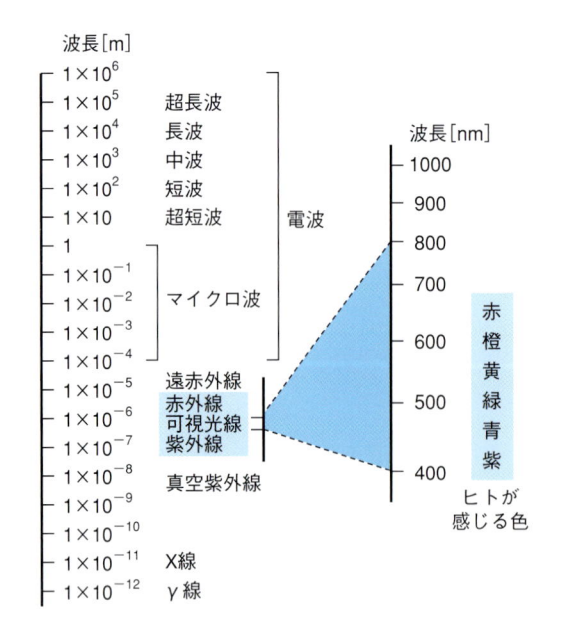

図2 電磁波の波長と名称
可視光線については感じる色と波長の関係を拡大して示した．

　図1cでもわかるように，電磁波は横波である．また，媒質は物質ではなく，電気と磁気との相互作用が起こる場があればよいので，空間そのものが媒質であるといえる．

　電場や磁場が周期的に変化したとき，ここから作り出される電磁波も同じ周期をもつ波となる．電磁波の進行速度は空間を構成する物質によっても異なるが，真空中では3×10^8 m/sである．これは秒速30万 kmに相当し，地球の円周が4万 kmなので，1秒間に地球を7周半する速さといわれている．実際には光は直進する（地球の重力による曲がりは無視できる）ので，地球の周りを回って帰ってくるわけではない．真空中では，電磁波の進行速度は周波数には依存しないので，波長は周波数に反比例する．電磁波を波長によって分類すると図2のようになる．

　商用交流などで使うような低い周波数では電磁波はあまり遠くまで影響を与えず，電線の周囲に電磁界を形成する程度だが，これより周波数が高いと電磁波は遠くまで届くようになる．周波数が数 kHzからT（テラ）Hzの範囲にある電磁波を電波という．このときの波長は数10 kmから0.1 mmの範囲で周波数が高いほど短くなる．電波は周波数に応じて超長波，長波，中波，短波，超短波と呼び方が変わり，さらに波長が短くなった波はマイクロ波と呼ばれる．波長が1 μm以下まで短くなって，400〜800 nm程度（1 nmは10^{-9} m）の波長になると，ヒトはその電磁波を光として感知することができる．この範囲にある電磁波を可視光線という．可視光線に比較的近い波長で，可視光線より波長の長い光（電磁波）を赤外線，波長の短い光を紫外線という．これよりずっと波長が短い電磁波には，X線やγ線などの放射線がある．

　図2でもわかるように，電磁波のもつ波長の範囲は非常に広いが，そのうち，ヒトが光として感知できる範囲はほんのわずかな波長領域に過ぎない．

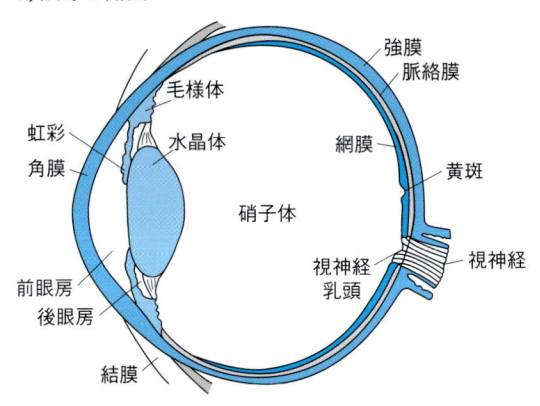

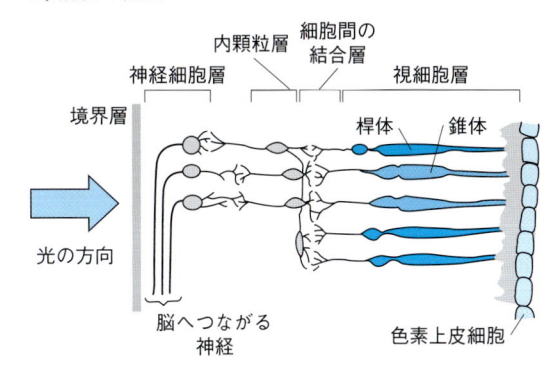

図3　眼球の構造と網膜内の細胞の接続

3. 視覚器と光を感じる仕組み

3-1　眼球の構造

　電磁波である光は目で感じることができる．ヒトは目で知覚した光を明るさとして，光の強さを認識できるが，これと同時に単に明るさだけでなく，その波長領域の違いを色として感じることができる．

　可視光線を「見る」ことは，外界からの情報を得るうえで欠くことのできない機能である．視覚は眼球から入った光を網膜上に結像させ，網膜に分布する視細胞の電気活動として脳で認知する．図3は眼球の構造と網膜内における細胞の接続を示している．眼球は直径が約2.5 cmの球状の構造体である．光の通路は眼球の最外面から，角膜，水晶体(レンズ)，硝子体，網膜の順である．角膜の全面と水晶体の前後両面が屈折面として働き，光は網膜の上で像を結ぶ．水晶体は弾力性をもっていて，周囲を支える毛様体の筋の活動によって水晶体の厚み(曲率)が調節される．水晶体が厚くなれば近距離がよく見え，薄くなれば遠方が見えやすくなる．この調節機能が低下すると，近視や遠視になる．水晶体の前面にある虹彩はカメラの絞りに相当する機能をもち，外界から目に入る光の量を調節する．虹彩の隙間から水晶体が覗く部分を瞳孔という．瞳孔の大きさは本質的には光の量に依存し，明るいところでは瞳孔は小さく，暗ければ大きくなる．虹彩は瞳孔筋により大きさを変化させるが，瞳孔筋は自律神経(交感神経と副交感神経)による支配を受けるので，緊張する(交感神経の活動が亢進し，副交感神経が抑制される)と瞳孔は散大し，その逆の効果により縮瞳する．

3-2　網膜の構造と光の感知

　網膜は眼球の内面を包む厚さ0.1 mm程度の膜状の組織である．さまざまな細胞が層状に重なり合って，それらが複雑に接続されている．網膜に到達した光はこれらの層を通り抜けて，視細胞層に至る．光を感じる視細胞には錐体細胞と桿体細胞の2種類があり，それらは異なった機能をもっている．

錐体細胞は明るいときに働く細胞で，明るさと同時に色に対する識別能（色彩視）をもっている．これに対して桿体細胞は暗いときに活動し，明暗のみを感じる．視細胞には視物質があって，光に反応して構造を変化させ，この過程で視細胞に活動電位が発生する．この電気信号が視細胞の上部にある細胞群に伝わり，神経細胞層，視神経を介して脳に伝達される．

この活動は錐体細胞でも桿体細胞でも同様であるが，錐体細胞は細胞自身のもつ視物質の種類により3種類に分けられる．これらの視物質はよく吸収する光の波長が異なっていて，最大吸収波長はそれぞれ575，535，450 nmである．このため，波長の異なった光を分離して認識することができる．この波長はそれぞれ，赤（実際には黄色または橙に近い），緑，青色の光に対応しており，すべての光はこの3つの波長を中心とした光量の重なりとして認識される．光の認識は，視細胞レベルでは赤（red），緑（green），青（blue）の3つの光（RGB）で行われるが，脳ではその重なり具合に応じて連続的な色の変化として認識できる．この結果，ヒトの目は波長が約380〜780 nmの光を感じ，波長の短いほうが紫，長いほうが赤に見え，この間にある波長は虹の色のように段階的（本来は連続的に）に変わって認知されることになる．

ブラウン管式のカラーテレビ画面に近付いて注視すると，小さな3つの色の組み合わせで画像が構成されていることがわかる．液晶テレビやプラズマディスプレイでも色や明るさの基本構成は同じで，3つの光（RGB）の重ね合わせによってさまざまな色や明るさを表現している．この3種を「光の3原色」という．

網膜には全部で約500万個の錐体細胞と1億個以上の桿体細胞が存在する．それぞれの光に対する感度には大きな差があり，桿体細胞は1光子（光の最小単位，photon）でも興奮できるが，錐体細胞の興奮にはその100倍以上の光が必要となる．網膜にある視細胞の数は視神経繊維の数より多く，視神経は複数の視細胞からの情報を統合して伝達している．

ヒトが可視光線だけしか認識できないのは，光の認知が視細胞にある物質の吸光特性に依存しているためである．視物質の物性によって吸光特性（波長と吸収率との関係）が決まってしまうので，視物質は特定の波長領域でしか光化学反応が成立しない．このため，反応の起こる波長域のみが認知されることになる．この物質は生物の種によって異なり，たとえば昆虫は紫外線領域まで知覚しているのでヒトとは違う色の認識を行っていることが知られている．また，ヘビは赤外線に対する感知能力をもっているので，暗い場所でも他の生物の体温によって放射される赤外線を認知し，獲物を見付け出す能力がある．

4. 可視光に対する用語の定義と単位

物理学だけでなく，単位は量のもつ意味を与えるために重要な概念であり，すべての科学的な分野にわたって，共通の概念を同じ単位で表現するのが基本である．光に対する単位もその意味では他の物理量と同様に扱うことが望ましい．光は広い意味で電磁波であり，電磁波に共通に利用可能な単位を用いてその量に意味を与え

ることも可能である．しかし，ヒトの感じる光は可視光だけであり，これを電磁波としてのエネルギーで表現したのでは，明るいとか暗いといったごく基本的な概念すら数値で表すことが困難である．このため，国際単位系（SI単位）でも，光（可視光）に関する基本単位はヒトの感覚を考慮した特別の概念を加えて他の物理量とは独立させて用意している．ここではSI単位に基づいて，可視光についての用語の定義と固有の単位について説明する．

4-1 光度

　光度は光の明るさを表す単位であるが，ヒトの目の生理学的な特性を考慮して決められている．もともとはろうそく1本につきどの程度の光が得られるかというような概念であったが，現在でははるかに厳密な基準によってその量が与えられている．光度の単位はカンデラ[cd]であり，SI基本単位の1つである．光に関する基本単位は光度しかない．

　ある場所から光が放射されている場合，放射光はエネルギーをもっているので，エネルギーの単位であるジュール[J]やその時間当たり量であるワット[W]を使えば表現できるかもしれない．しかし，光にはいろいろな波長があるので，放射エネルギーが一定でも，目に見える明るさは一定になるとは限らない．このため，明るさを定義するためには，可視光で波長を限定した光によって基準を決めておく必要がある．

　光度の単位[cd]は，「1 cdが周波数540×10^{12} Hz（波長555 nmに相当）の単色光を放射する光源の放射強度が1/683 W/sr（ワット/ステラジアン）となる光の光度である」と定義されている．波長が555 nmの光は緑色（黄緑に近い）に見え，明るい場所で最も高い感度で認識できる（同じ強度であれば最も明るく感じる）波長である．[cd]は時間当たりのエネルギーの単位である[W]（=[J/s]）を使って表されるが，ある方向への単位立体角[sr]内に放出される光の量の大きさに換算して表す．ステラジアン[sr]は球体表面の面積が球の半径を1辺とする正方形の面積と等しくなるように切り取る角度を表し，球体の表面全体を表す立体角は4πsrとなる．逆に，1 sr

---

光子（photon）とは？

　光は波の性質をもつが，同時に波では説明できない現象も存在する．たとえば，光のエネルギーについて考えると，光が波であればエネルギーは連続的に変化できるはずである．しかし，黒体放射や光電効果などの研究によって，光のもつエネルギーが連続的ではなく，最小量の倍数でしか存在できないことが明らかになった．すなわち，光はこの最小量をもつ粒子の集まりと考えることができる．この粒子を光子（光量子：photon）という．

　一方で，光の干渉などは波動現象として十分な説明が可能であり，現在では光（電磁波）は波動性と粒子性の両方の性質をもつとしている．この概念は量子力学という新しい物理学を創成し，相対性理論とともに現代物理学の基礎理論となっている．

a) 単位の考え方

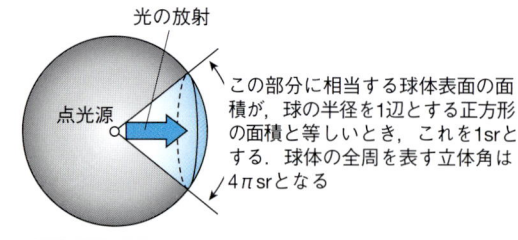

光の放射
点光源
この部分に相当する球体表面の面積が，球の半径を1辺とする正方形の面積と等しいとき，これを1srとする．球体の全周を表す立体角は4πsrとなる．

・波長555 nmの光の放射強度が1 sr当たり1/683 Wとなるとき，これを1 cdの光度という
・1 cdの光度を維持する光の量を1 lmの光束という

b) 可視光に関する用語

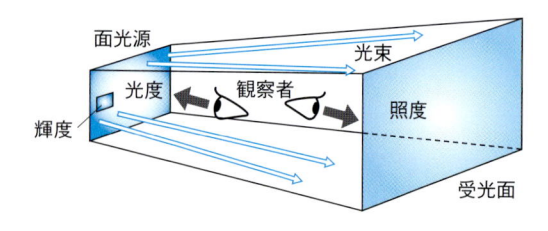

面光源　　　　光束
光度　観察者
輝度　　　　　　　照度
　　　　　　　　　受光面

図4　可視光に関係する単位の考え方

で切り取られる面積は全表面の約1/12.6になる．

4-2　光束

光束は一般に明るさではなく，その明るさを維持する光の発生量(1秒間に発生する光の量)を表している．光の発生量を表す単位はワット[W]であるが，光束の単位はcdの定義に使っている波長を限定した光で定義され，ルーメン[lm]であり，

$$1 \,\mathrm{lm} = 1 \,\mathrm{cd} \cdot \mathrm{sr} \tag{1}$$

となる．この式はすべての方向に1 cdの光度をもつ点光源が1 srの立体角内に放出する光束が1 lmであることを意味している(図4)．1 cdは，[W]を使って表せば $\frac{1}{683}$ W/srなので，

$$1 \,\mathrm{lm} = \frac{1}{683} \,\mathrm{W} \tag{2}$$

となり，仕事の単位に等しい．したがって光のエネルギー(単位は[J] = [W・s])を表すには，

$$光のエネルギー = [\mathrm{lm} \cdot \mathrm{s}](ルーメン・秒) \tag{3}$$

を計算することになる．

[lm]は照明器具から放出される光の量などを表すのに便利な単位で，100 Wの電力を消費する白熱電球ではおよそ1500 lmの光量が得られる．ちなみにろうそく1本の光量は10 lm程度(ろうそく1本の光度が1 cdとすれば，1 srで切り取られる面積を12.6倍して全表面への光束に直すと，12.6 lm)である．

4-3　照度

照度は明るさを表す量であるが，発光源の明るさではなく，照らされている面の明るさを表す．すなわち，光を受けている場所の単位面積当たりの入射光束である．単位はルクス[lx]であり，

$$1 \,\mathrm{lx} = 1 \,\mathrm{lm/m^2} \tag{4}$$

の関係がある．[lx]による明るさの表現は，照明器具からある光が放射されたときの机の上の明るさなどを表現するのに都合がよい．いろいろな作業では適切な明るさが要求される．環境の基準の1つに明るさが規定されていて，たとえば，一般の

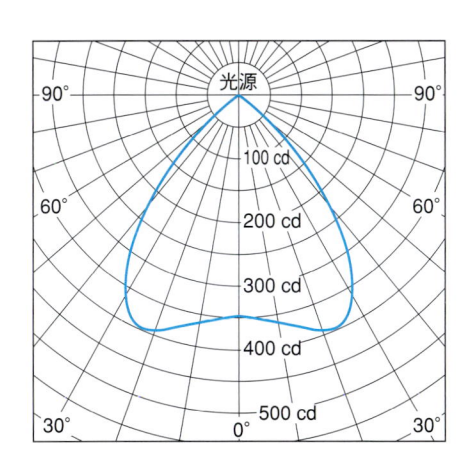

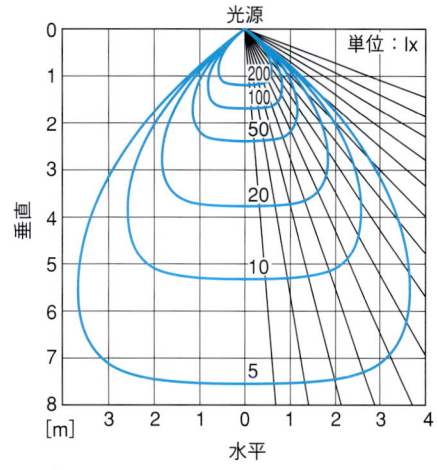

a) 光源からの角度に対する光の広がり　　b) 光源からの距離に対する照度

図5　照明器具の配光や照度を確認するための基礎データ

事務作業に適した明るさはおよそ500 lxであるとされている．**図5**はある照明器具の規格表から抜粋したものである．照明器具（光源）からの角度に応じた光度（直に照明器具を見たときの明るさ）と，光源からの距離（垂直および水平）に対応した面での照度が記載されている．このようなグラフを利用して，照明器具の配置や個数などの照明計画を立てることができる．

4-4　輝度

輝度は光源の輝きの強さを表す量である．明るさと輝きは単に言葉の違いだけのようにも思えるが，同じ放射強度をもつ光源でもその数が増したり，光る面の大きさが大きくなれば明るさも強くなる．輝度とは，光源の面積を考慮して光度を表したものと考えればよい．輝度は一般に面光源の場合に使う量で，光度を面積で割って，単位面積当たりの光度に換算したものである．輝度を表す単位には固有の名称はないが，

$$輝度 = \frac{\text{cd}}{\text{m}^2} \tag{5}$$

で表現することができる．発光面を見たときに，発光面の光度を見る方向からの面積（投影面積）で割ると，輝度が得られる．

たとえば，コンピュータのディスプレイなどでは最大300 cd/m^{2}程度の輝度となっている．雲のない青空は8000 cd/m^{2}程度の輝度をもち，かなりまぶしく感じられることがわかる．

照度と輝度は概念的に似ているが，照度が光を受ける面の明るさであるのに対し，輝度は発光している側の明るさである．照度は光源からの距離に応じて変化するが，輝度は光源そのものの明るさで，観測者の位置には依存しない．

4-5　光と色の関係

光の3原色を適当な割合で合成すると，赤から紫までのさまざまな色の可視光を

作り出すことができる．カラーディスプレイでは3原色の光源を独立に用意し，それぞれの波長の光の量を調節して色合いや明るさを任意に調節できるようにしている．たとえば，1つの色の光量を256通りの明るさ（$2^8 = 8$ bit）で調光すれば，3原色の合成により $2^8 \times 2^8 \times 2^8 = 2^{24}$（24 bit）= 1667万7216通りの色（明るさを含む）が表現できる．3原色の光がそれぞれ同程度の明るさのとき，色彩は感じられずグレー（灰色）になる．このとき，全体として明るければ白に，暗ければ黒く見える．

5．おわりに

ここでは可視光を中心に解説を行った．物理学というより生理学，人間工学的な事項が多くなってしまったが，これらの知識も光に関する諸現象を理解するうえで大切である．「Ⅵ-2．波動性と粒子性」では可視光に限ることなく，光のさまざまな物理現象について説明する．

第Ⅵ章　光

Ⅵ-2.　波動性と粒子性

光は電磁波の一種であり，波としての性質をもつことが知られている．この性質は光が干渉を起こすことから説明できる．しかし，光は物質波としての波とは異なっていて，波を伝える媒質は空間そのものである．見かけ上の現象が単純な波動と同じようにみえても，根源的な部分で異なった物理現象が働いている．たとえば，なぜ光が反射するのかを考えると，元の光が反射によって返ってくるのではないことがわかる．光は波としての性質と同時に粒子としての性質ももっている．波と粒子はその振る舞いに違いがある．波は運動の状態そのものを意味するが，粒子は1つ1つ数えられる物質であり，個々の粒子の運動を考えることができる．光が電磁波であり波であることは疑いの余地がないが，一方で，波の性質では説明できない現象も存在する．たとえば，光の輻射や光電効果で観察される現象は，光を粒子の集合体としてとらえることで明快に説明できる．現代の物理学では，光の基本的な性質として，波動性と粒子性の二重性の存在を認めている．ここではその両者をそれぞれ簡単な物理学的な現象を例にして説明する．

1. はじめに

「Ⅵ-1.　目で見ることのできる光の物理学」では光を電磁波の一種であるとして，ヒトの目に見える光に特定して，光の感じ方に関する生理学的，物理学的な説明を行った．

光は波の性質をもち，その速度は電磁波の速度と一致することから，光が電磁波と呼ばれる波であることは疑いのないものであった．「第Ⅳ章　振動と波動」でも説明したように，波は反射や屈折，干渉，回折などの現象を起こすための基本的な性質である．光についてもこのような現象が観測できるので，結果として光は波であると考えられてきた．

しかし，電磁波の性質を深く研究すると，波としての性質では説明できない現象がいくつも現れた．たとえば，熱輻射のエネルギーは光を波として考えたのでは説明できない．また，波長の短い光を物質に照射したときに物質から電子が飛び出す現象（光電効果）も波としての光では説明できない．

このような現象は光（電磁波）が単純な波としての振る舞いだけでは説明できず，光に粒子としての性質を与えることによって初めて解決できる．それでは光は粒子であるかといえば，一方で波としての性質抜きには説明できない現象も存在し，現代の物理学では，光に波動性と粒子性の2つの性質，すなわち二重性を与えている．これら両者を矛盾なく説明できる物理学として，量子力学の分野が確立されてきた．

本書では量子力学には触れないが，現代物理学は量子力学と相対性理論の2つの大きな柱から成り立っている．

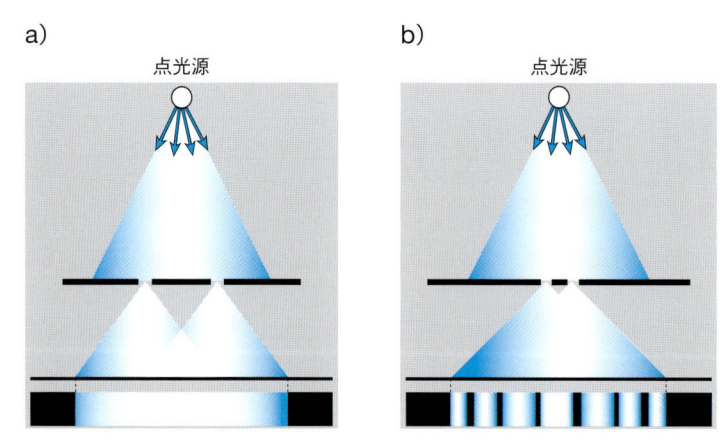

図1 ヤングによる光の干渉を示す実験
スリットの間隔によって観察される現象が異なる．
a) スリットの間隔が波長に比べ非常に長い場合，光の交差したところで明るく，ほかの部分は暗い．
b) スリットの間隔が光の波長と同程度に短い場合，照射面に光の縞模様が観察される．

2. 光の波動性で説明できる現象

2-1 光の干渉

　図1は英国の物理学者ヤング（Thomas Young, 1773～1829）が1800年頃行った，2つのスリット（狭い隙間）を通過した光による干渉を示す実験である．この実験により，光が波としての性質をもつことが明快に説明できる．

　ある一点から照射された光を2つのスリットを通過させて観測する．スリットの間隔がある程度広いとき，光は図1aのように広がり，照射された面における照度は同図下段のように光の重なった部分で大きく，端で次第に小さくなる．この結果は光が波であろうと粒子であろうとどちらでも説明できる．しかし，スリットの間隔を狭くすると，図1bのように，照度の分布は連続的ではなく，照射面にまだらの縞模様（干渉縞）が現れる特徴的なパターンを示す．この現象が光の干渉である．干渉の理由は光の波動性を使って説明できる．

　光源から照射された光がスリットを通過するとき，スリットの幅が光の波長程度に狭い場合，光はスリットを通過した後にスリットを光源として同心円状に広がる．簡単にするために，光源を波長 λ の単一波長の光と考えることにする．図2aの同心円は光の波を模擬していて，実線部分が波高の＋のピーク（山），破線部分が波高の－のピーク（谷）を表している．このようなスリットが2つ並んでいると，図2bのように光が重なり合う．光が波動性をもっているとすれば，波が重なって，位相がそろったとき（山と山が重なったとき，あるいは谷と谷が重なったとき），光は互いに強まり合って明るさを増す．しかし，山と谷が重なった場合には互いに打ち消し合って波が消え，光は暗くなる．この結果，スリットから離れた場所にある照射面で，光の縞が観察されることになる．

Ⅵ-2. 波動性と粒子性

a) 単一のスリットを通った光の波面

b) 2つのスリットを通った光の合成

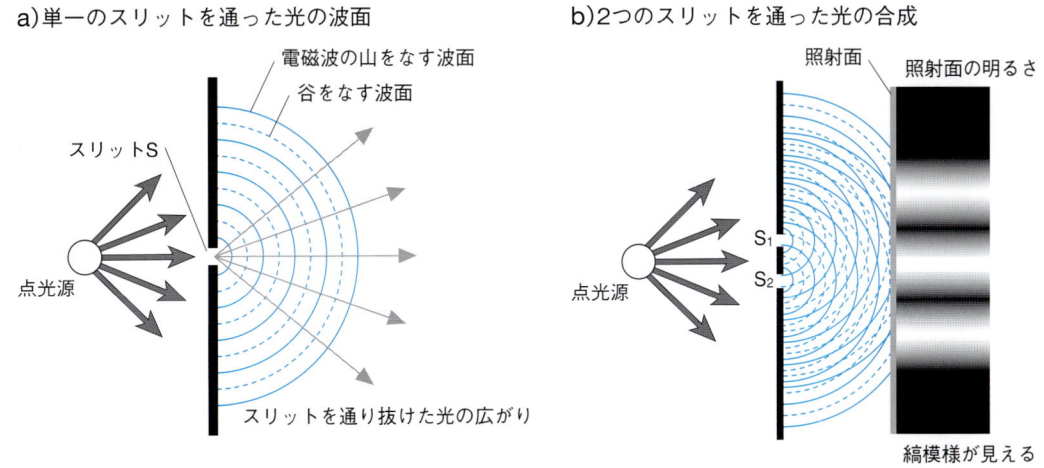

図2 スリットを通った光の広がりと重なり合い

a) 反射面に見える光の帯

b) 光路長の差が波長の整数倍のとき

同位相の波の重なり
$S_2P - S_1P = n \cdot \lambda$ （nは整数）

c) 光路長の差が波長の整数倍＋半波長のとき

逆位相の波の重なり
$S_2P - S_1P = \left(n + \dfrac{1}{2}\right) \cdot \lambda$ （nは整数）

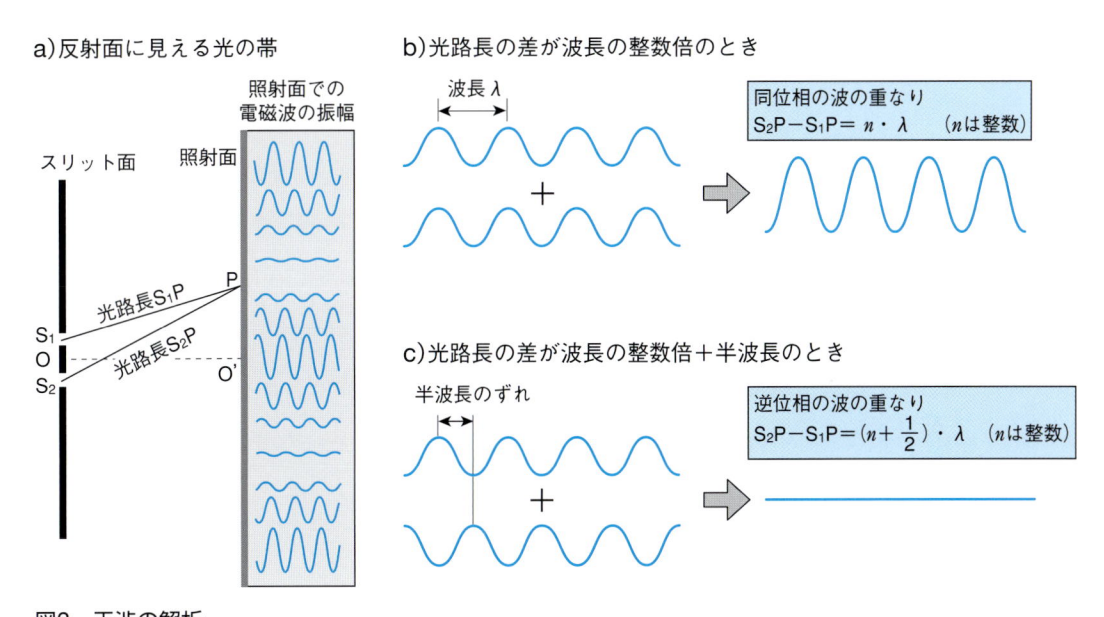

図3 干渉の解析
2つのスリットを通った光を合成すると照射面に光の帯が見える．

　　次に，縞の間隔の現れ方について解析する．図3aのようにスリット面を決め，O点を中心にスリットS_1とS_2を対称に配置する．照射面をスリットS_1とS_2を結ぶ線に平行に置き，O点と垂直の位置をO'とする．
　　今，S_1から広がる光とS_2から広がる光が照射面のO'より上方のP点で重なったとする．このとき，S_1を通過した光は線分S_1Pだけ進み，S_2を通過した光は線分S_2Pだけ進んだことになり，2つの光には光路長の差が生ずる．光路長の差が波長に一致した場合には光の波が重なり合って光は強くなる．また，波長に一致していなくても，光路長の差が波長の整数倍に等しければ光の波は重なり合うので，光は強め合う（図3b）．

波長 λ の光では，

$$S_2P - S_1P = n \cdot \lambda \quad (n\text{は整数}) \tag{1}$$

を満たすとき，照射面で光が強くなる．これに対して，光路長の差が波長の半分の場合には照射面での光の位相が反転するので，光は互いに弱め合って，光は暗くなる．同様の効果は光路長の差が波長の整数倍＋波長の半分だけずれたときにも生じる．すなわち，

$$S_2P - S_1P = \left(n + \frac{1}{2}\right) \cdot \lambda \quad (n\text{は整数}) \tag{2}$$

のとき，P点での光は暗くなる（図3c）．

この結果，O'点からPを上のほうに滑らかに移動すると，P点上にある光は強弱を繰り返し，結果として照射面に光の縞模様が現れることになる．O点からPを下方に移動した場合も対称的に光の縞が現れる．また，O'点上では光路長の差がないので，光は重なり合って強くなっている．

このような現象を光の干渉という．上記したように，光の干渉は光の波動性を認めれば簡単に説明できる．しかし，驚くべきことに，光の粒（光子）を1つずつ照射した場合でも同様の縞が現れることが実験的に確認されている．光の粒には波としての性質がない（粒が波のように振動しながら飛んでいるわけではない）．粒子としての光でも干渉縞が現れることは古典的な物理学で説明できない．ドイツの物理学者ハイゼンベルク（Werner Karl Heisenberg，1901～1976）は，光の波動と粒子の二重性を不確定性原理のアイデアで説明した．何が不確定かというと，ある時間における粒子の存在場所が不確定，すなわち粒子は同時にいろいろな場所に存在するという原理である．これは1つの粒子が自分自身で干渉できるという不思議な考えで，直感的な理解をはるかに越えているが，これも量子力学の基本原理として認められている．

2-2 光の屈折

光の屈折はすでに説明したホイヘンスの原理（「IV-3．速度に関連する波の性質」を参照）で説明できる．ホイヘンスの原理によれば，異なった媒質の境界を越えて斜めに波が進行したとき，進む波の速度が媒質によって変化すると，その速度の比に応じた角度で波の進行方向が変化する．

光は空間を媒質にした波であるが，その空間を構成している物質によって進行速度が変化する．真空中で最も速く，物質中ではこれより遅い速度になる．光の通り抜ける物質を媒質と呼ぶことにすると，一般の波動と同じ解釈が成り立つ．

図4のように，媒質1から媒質2へ角度 θ_i の入射角で速度 v_1 の光の帯が入り，光線の1つ L_1 はO点へ向かい，これと平行な光線 L_2 がA点へ向かっているとする．L_1 がO点に到達したとき，平行な光線 L_2 の先端はB点に到着している．OBは光線 L_2 と直角をなすので，L_2 はO点を中心とした円上のB点の接線としてA点に向かう．

O点に到達した光は速度を v_2 に変えて（図では速度が小さくなったとしている）進行する．光線 L_2 がB点からA点に進む間に光線 L_1 はO点を基点として進行する．光がどの方向に向かうにしても，その先端はO点を中心とした円上にある．その半径 r

図4　光の屈折

は線分BAより短く，

$$r = \mathrm{BA} \cdot \frac{v_2}{v_1} \tag{3}$$

となる．光の帯が平行を保つためには，A点に到達した光はこの円上のあるC点と接する線に垂直に進行することになる．OCの方向を図に示す屈折角 θ_r で与えると，OA間の距離を d として，

$$\mathrm{BA} = d \cdot \cos\left(\frac{\pi}{2} - \theta_i\right) = d \cdot \sin\theta_i \tag{4}$$

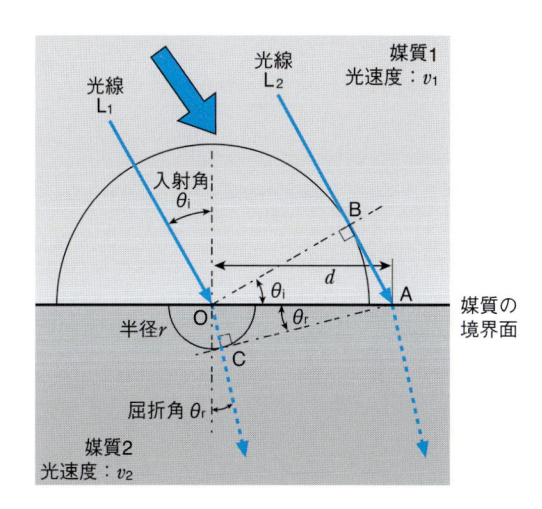

$$d = \frac{r}{\sin\theta_r} \tag{5}$$

の2つの式が得られる．式(4)，式(5)から d を消去して式(3)に代入すると，

$$\frac{\sin\theta_i}{\sin\theta_r} = \frac{v_1}{v_2} \tag{6}$$

が得られる．真空中での光速を c として，物体中での光速 v を，

$$v = \frac{c}{n}$$

と決めておくと，媒質1および媒質2における光速はそれぞれ，

$$v_1 = \frac{c}{n_1}, \quad v_2 = \frac{c}{n_2} \tag{7}$$

となり，これを式(6)に代入すれば，

$$\frac{\sin\theta_i}{\sin\theta_r} = \frac{n_2}{n_1} \tag{8}$$

が得られる．このようにして与えた n_1 や n_2 を媒質の真空に対する屈折率という．

光学機器で用いられるレンズも光の屈折を利用した道具の1つである．光をよく通すガラスのような物体の表面を研磨して光の屈折を調節すると，光の進行方向を自由に変えることができる．凸レンズはレンズの中央部を膨らませて，照射された

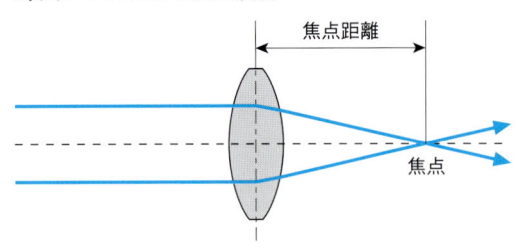

a)凸レンズによる光の屈折　　　　　　　b)凹レンズによる光の屈折

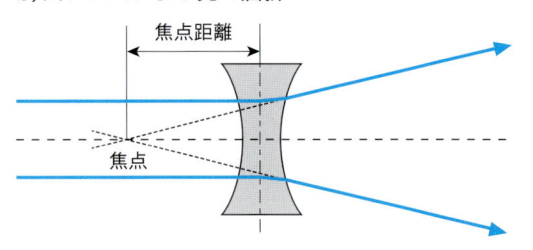

図5　光の屈折とレンズの性質
a)凸レンズは，平行に入射された光が屈折して集まり，焦点と呼ばれる1点で収束するように作られている．
b)凹レンズは，平行に入射された光が屈折して広がり，光を逆向きにたどると焦点に収束するように作られている．

平行な光線が1点に収束するように精密に加工されている（図5）．収束する点を焦点という．これとは逆にレンズの中央部をへこませ，平行に入射した光がある1点から広がったように屈折させたレンズを凹レンズという．レンズを通して物体を観察すると，物体から出た光（発光していない物体の場合には反射光）がレンズで曲げられ，本来の場所とは異なった方向からの光として認識される．レンズを通すと物体の大きさが変わって見える．望遠鏡や顕微鏡は複数のレンズを組み合わせて物体を何百倍も拡大して観察することができるようにした光学器械である．

3. 光の波動性と粒子性を考慮する現象

3-1　光の反射はなぜ起こるのか

光の反射は日常的に観察できるので疑いなく理解しているように思える．しかし，光の反射には光と物体の衝突で引き起こされる固有の現象が介在している．反射はマクロな現象としては波の反射と同じように考えることができるが，実際には反射面に入った光と反射してくる光は別の光である．光がなぜ反射するかは光が物体とぶつかったときに起きる現象から説明しなくてはならない．

物質は原子でできているので，光が物質にぶつかるときには光と物質の間に何らかの物理現象が生じることになる．光は電磁波であり，電場と磁場をもっている．このため光が原子に当たると，原子の周りに存在する電子に電荷や磁場を介して力が作用する．電子は何も力が作用しなければ安定な軌道にある．このときの原子の状態を基底状態といい，エネルギーのレベルは最も低い．光の粒である光子が原子に当たる（光が原子に吸収される）と，光子のもっていたエネルギーが原子に加わる．その結果，原子はその分だけエネルギーの高い状態に置かれる．このときの状態を励起状態という．励起状態になった原子は直ちにそのエネルギーを再び光として放出し，元の状態に復帰する（緩和）．このとき放出される光は元の光と同じ波長をもった光となる．このように光が物体に当たると，物体から同じ波長の光が2次的に放出される．これが反射として認識される光である．光の反射は2次光の放出であるが，放出される方向は決まっていない．したがって，単一の光子が原子に当たった場合

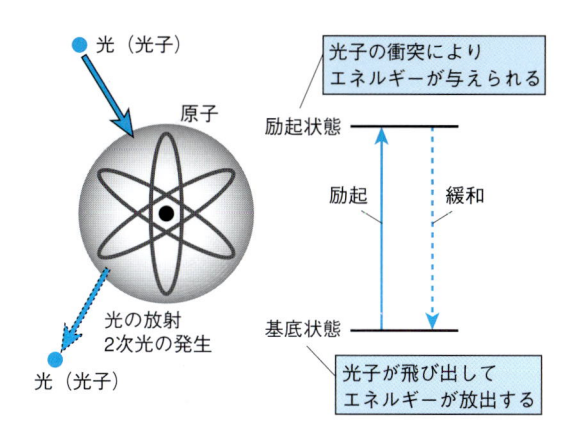

図6 光の反射
光子と原子の衝突により2次光が発生する．単一の光子が原子に当たった場合には，光がどの方向に反射するのかを予測することはできない．

には光がどの方向に反射するのかを予測することはできない(図6)．

反射だけでなく，光が物質中を進むときに，その速度が変わったり，また吸収を受けたりするのはこの現象による．ガラスのような物質を光が透過している場合でも，光子は必ず物質中の原子と衝突する．このとき2次光が生ずる．ここでは詳細な説明を省くが，2次光の向きは光の進行方向で最も強く表れる．そのため光がそのまま進行しているようにみえるのである．光子の衝突による励起と緩和が繰り返し起こり，その結果，光は真空中に比べてゆっくりと進むように観測されることになる．また，光が吸収されるのは衝突によって光子群のもつエネルギーの一部が熱的な振動になって奪われるためで，その結果，物質に入射された光量より少ない光量しか通過できない．この差が光の吸収となる．吸収の大きさは物質により異なり，固有の吸収係数αで与えられる．また，透過する物質の厚さxにも依存し，入射光量をI_0，透過光量をIとすると，

$$I = I_0 \cdot e^{-\alpha \cdot x} \tag{9}$$

の指数関数で表される．

3-2 光の反射法則

それでは，鏡のように光が入射された方向と対称的な方向に反射するのはなぜであろうか．これを説明するためには単一の光子や原子ではなく，光が連続的に照射され，また，広がりをもった複数の原子に衝突していると考え，さらに，光のもつ波としての性質(波の重なり)を考慮する．反射によって放出される2次光が連続的な光の波として進行するとすれば，どの方向で最も強い光が観測できるかを考えてみよう．

図7に示すように，滑らかな面に光の帯が平行に入射した状態を考える．このとき，光線L_1が面に入射角θ_iで進行し，O点で面を構成する原子の1つに当たったとする．このとき光は任意の方向に反射できるので，仮にO点から光が反射角θ_rで反射したとしよう．

次にO点からdだけ離れたA点に光線L_2が同じ入射角度で平行に入射したとする．A点に存在する原子はO点の近くにあり，dは光の波長(可視光であれば400〜800 Å)に比べて短いとしておく．平行光線の1つL_1の先端がO点に到達したとき，L_2の先端

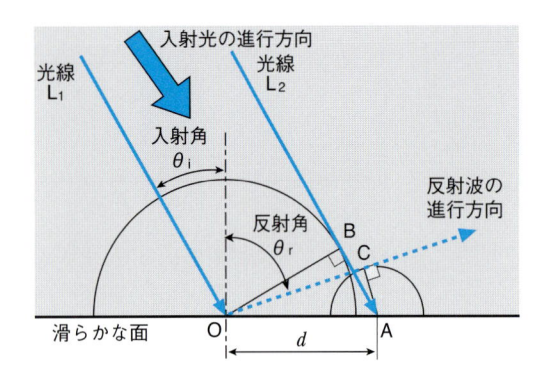

図7 光の反射法則が成り立つ理由

[図中右側のテキスト:]
位相の変化分が等しくなるのは，波長をλとすると，
$$2\pi \cdot \frac{OC}{\lambda} = 2\pi \cdot \frac{BA}{\lambda}$$
であり，
$$OC = BA$$
となる
$\angle BOA = \theta_i$，$\angle OAC = \theta_r$
なので，OA間の距離をdとすれば，図形から，
$$BA = d \cdot \cos\left(\frac{\pi}{2} - \theta_i\right) = d \cdot \sin\theta_i$$
$$OC = d \cdot \sin\theta_r$$
が成り立つ
この2式が等しい値をとる条件を求めると，
$$\theta_i = \theta_r$$
が得られる

はB点にある．OBはL_1およびL_2の方向に対して直角をなす．O点から光が反射角θ_rで反射し，その方向がA点からの反射光と同じ方向を向いたとすれば，O点からの反射光はA点を中心とした同心円の接線となるはずである．このときの接点をCとする．

A点およびO点からの反射光が互いに位相のずれがなく重なり合うとき，反射光の強度は最も大きくなる．今，光の帯の先端がOBの線上にあるときを基点として，位相のずれを考える．波長より短い距離で位相がそろうためには，L_1がO点で反射してOCの距離を進むときの位相変化と，L_2がB点からA点まで進むときの位相変化が等しくなければならない．反射点で生じる励起とその緩和に無視できない時間を要するとしても，いずれの反射点でも同一の時間遅れを考えればその差はゼロとなるので，計算のうえでは考慮しなくてもよい．

光の波長をλとすれば，C点での光の位相の変化分は$2\pi \cdot \dfrac{OC}{\lambda}$であり，A点における反射時点での位相変化分は$2\pi \cdot \dfrac{BA}{\lambda}$となる．

$$2\pi \cdot \frac{OC}{\lambda} = 2\pi \cdot \frac{BA}{\lambda} \tag{10}$$

が成立する条件は，

$$OC = BA \tag{11}$$

であり，OA間の距離をdとすれば，図形から

$$BA = d \cdot \cos\left(\frac{\pi}{2} - \theta_i\right) = d \cdot \sin\theta_i \tag{12}$$

$$OC = d \cdot \sin\theta_r \tag{13}$$

の2式が成り立つ．これを式(11)に当てはめて考えれば，反射波の位相がそろう条件は，

$$\theta_i = \theta_r \tag{14}$$

となり，入射角に等しい反射角をもつ光の強度が最も強いことになる．この結果は

幾何学的に示されている光の反射法則そのものであり，きわめて簡単であるが，いざ説明してみるとそれほど簡単ではないことがわかる．

4. 光の粒子性で説明される現象

4-1 光電効果

光の粒子性を考慮しなくては説明できない現象の1つに，光電効果がある．光電効果とは金属などの物質に波長の短い電磁波を当てると，電磁波が消えて，代わりに金属表面から電子が放出されるという現象である．光電効果には実験的に観測できる次のようないくつかの特徴がある．

> ①光電効果を起こす光(電磁波)の波長には物質固有の上限がある．
> ②光電効果によって飛び出した電子(光電子)の運動エネルギーは光の強度には関係なく，波長が短いほど大きい．
> ③光の強度が上がると，光電子の数が増える．

光を波動現象としてとらえるとすれば，波長とは関係なく時間を長くしたり，強い光を与えれば，金属面から電子を飛び出させることができるはずである．また，その場合，光電子のもつ運動エネルギーは光の強度に依存することになる．しかし，実験事実はこの予測に反している．光電効果は光を粒子の集まりとして考えると明快に説明できる．すなわち，光が原子に当たって光電子が飛び出すとき，光と原子との間に生じる作用は粒子と粒子に起こる現象として理解できる．このとき作用するエネルギーは，光子1つ分のエネルギーを考えればよい．

詳細は省略するが，光子のエネルギーは振動数に比例した最小の大きさをもつ．したがって，原子から電子を放出することのできる最小のエネルギーが決まっていれば，それを可能にする光の振動数の下限が存在する(振動数は波長と反比例するので波長の上限が存在する)ことになる．また，光電子のエネルギーは吸収された光子のエネルギーに関係し，振動数が大きいほど(波長が短いほど)大きくなる．光の強度は光子の数に置き換えることができるので，光の強度と光電子の数が比例関係をもつことも容易に理解できよう．

5. おわりに

光は，波としての性質と粒子としての性質の両方をもつ不思議な存在である．現在の物理学はこの二重性を中心に据えて，量子力学の大系を構築している．とはいえ，日常的な現象のほとんどは古典的な物理学(ニュートン力学)の範囲内で説明できるので，これを理解しなくてもそれほど問題にはならないかもしれない．好奇心と向上心が旺盛で，根元的な疑問を解決できるまで納得できないという場合には，量子力学や相対性理論を勉強しなくてはならないと思う．

21世紀人として，我々が直接感じることのできない原子やそれより小さい素粒子の振る舞い(この中に光も含まれる)，宇宙の始まりや成り立ちを理解しようと思う

ならば，簡単な解説書もいろいろあると思うので興味に任せて勉強してみるのもよいだろう．

第VII章

熱

第Ⅶ章　熱

Ⅶ-1. 熱に関する物理現象

熱にかかわる物理現象を考えるためには，熱とは何か，温度とは何かといった物理量としての意味をはっきりさせることが必要になる．熱に関連する現象は日常生活でも頻繁に観察されるし，また，温度の高い，低いについては我々は感覚器を介して知覚することができる．熱現象を理解することは比較的たやすく思えるが，熱や温度の本質にまで戻って考えるのはそれほど簡単ではない．ここでは熱や温度の基本的な考え方に重点を置いて説明する．特に，温度は熱エネルギーによる原子や分子の運動に依存した概念であり，これを基本にしてさまざまな熱現象が説明されている．熱とエネルギーの関係は熱力学的な概念として確立しているが，ここでは熱や温度に関する基礎事項を説明し，固体の熱膨張や気体の状態方程式などを説明する．熱や温度は，熱現象だけでなく，気体の圧力や浸透圧の概念の説明にも適応できる物質の基本的な振る舞いであることを理解してほしい．

1. はじめに

熱や温度は物理学でも独特の概念に基づくものである．熱自体が物質でないことは直感的にわかるが，物質のないところには温度も存在しない．我々は本質的に熱がどのような物理量かを理解していなくても，温度や熱の振る舞いは経験的に理解できている．また，体表面の感覚器にも温度を感知する受容器が存在する．冷たいときにインパルスを発生する冷受容器と，温めたときにインパルスを発生する温受容器が神経の自由終末に存在し，それぞれ26〜30℃，37〜47℃を至適温度として外界の情報を知覚する．

熱に関係するのは温度だけではない．熱力学の非常に大切な法則にはエネルギー保存則や熱の伝わり方の不可逆性などがあり，熱とエネルギーとの関係から熱力学（あるいは統計力学）が構築されている．この考え方は単に理論上の概念だけでなく，利用可能なエネルギーの性質や量的な限界までを規定する，経験則にも合致したきわめて実用的な理論でもある．

かつては，熱を熱要素の集まりと考えることで熱現象の説明が行われてきた．熱量の単位であるカロリー［cal］は，そのような意義をもつ量である．これによって熱に関する物理現象の多くを簡単に説明できるが，それでは熱要素とは何かとなると，十分に説明することができなくなる．熱は熱自体が物質として存在するわけではなく，また，特定の要素の集まりとして存在するわけでもない．熱や温度は状態を表すものであり，熱に関係するすべての現象はこの状態やその変化として説明することができる．状態としての熱はエネルギーの1つの表れであり，温度は物体のもつ熱的なエネルギーの密度として考えることができる．この観点から，SI単位系でも従来の［cal］を廃し，熱をエネルギーの単位であるジュール［J］で表している．

ここでは，まず熱や温度に関係する基本的な量を物理的な概念を含めてできるだけ簡単に説明し，そのうえで，熱に関係する現象として固体の熱膨張や気体で成立する状態方程式(ボイル・シャルルの法則)の意味などを考えることにする．

2. 熱とは何か

2-1 熱と温度

温度は熱力学なエネルギーの表れとして理解すべきものであるが，一般には熱いとか冷たいなどの指標となる量である．熱と温度は密接に関係しているが，同じものではない．たとえば，氷に熱を加えて水に変わっても，水と氷が共存している状態では温度に変化がない(0℃のまま)ことはよく知られている．熱は温度を変える元になるエネルギーの表れであり，温度は物体における熱エネルギーの量に関係する．それでは熱エネルギーとは何であろうか．

熱エネルギーは物体のもつエネルギーの中で，物体の熱的な運動に伴う運動エネルギーのことである．すべての物体は分子や原子で構成されている．物体は全体として静止している場合でも，内部の分子や原子は静止しているのではなく，そのエネルギーの状態に依存した運動を行っている．この運動を熱運動と呼び，物体の各部が常に同じエネルギー状態にあるとは限らない．たとえば，気体や液体では分子運動により分子自体が動き回るので，分子同士の衝突によってエネルギーの移動が行われる．また，分子が壁に衝突すれば反射して，壁には押す力(圧力)が作用する．個々の分子では運動状態は一定ではないが，物体全体では乱雑な運動の集合体として考えればよい．このとき，内部に不均一な状態があれば，エネルギーは密度の高い部分から低い部分に移動するので，熱による運動は平均すれば均一なエネルギーの状態と見なすこともできる．

このような分子の運動エネルギーの総和を，物体の内部エネルギーという．このエネルギーの一部が移動して他の物体(あるいは同一物体の他の部分)にも分子の運動状態の変化を起こすとき，移動したエネルギーのことを熱という．逆の言い方をすれば，熱とは分子の運動状態を変えるエネルギーといえる．このような運動は分子が自由に動き回る気体や液体だけでなく，固体においても同様である．図1に固体と気体(または液体)における熱による分子の運動状態を模式的に示した．

温度はこのような熱的な分子(原子)の運動状態の平均的なエネルギーレベルに相当する．物体に熱が加われば，平均的な運動状態は激しくなり，温度が上昇することになる．熱現象が物体を構成する個別の原子や分子の運動だけで規定することができないのは，エネルギーの移動が常に繰り返されるためである．物質は非常にたくさんの分子や原子からできているので，熱現象はそれらの総和(あるいは統計的な平均)として考えなくてはならない．統計的にみて最も起こりやすい状態が実現されるので，実際には熱エネルギーが物体中で極端に偏ることは起こりにくく，統計的にエネルギーの乱雑度が最大となる状態(よくかき混ぜられた状態)で落ち着くことになる．

このときの乱雑の度合をエントロピーという．熱エネルギーが狭い領域であまり

a) 固体の原子や分子の熱運動　　　　b) 気体分子の熱運動

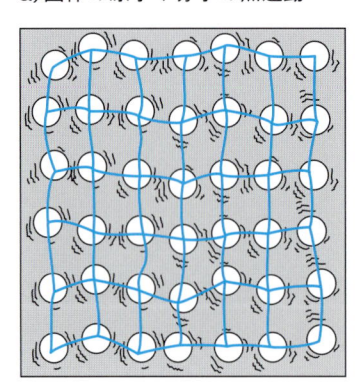

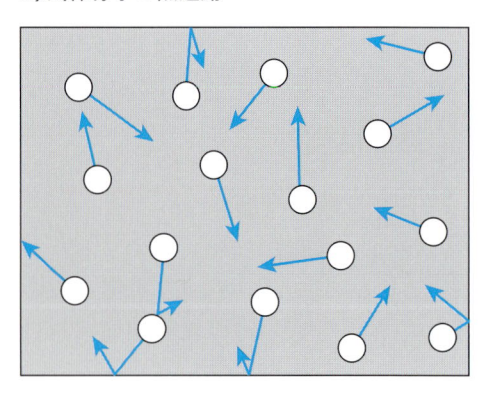

図1　固体と気体（または液体）における熱による原子や分子の運動状態
a) 原子間力（分子間力）によって構造は変わらないが，それぞれの場所で熱運動が行われている．
b) それぞれの分子は熱エネルギーをもち，自由な方向に動き回ることができる．運動の過程で，分子同士や壁に対する衝突も起こる．

広がらなければ乱雑度が小さく（エントロピーが小さく），広がってしまえばエントロピーが大きくなる（エントロピーについてはエネルギーと関連させて「Ⅶ-2．熱エネルギーと仕事」でもう少し詳しく説明する）．

2-2　熱と温度の単位

熱は熱エネルギーの移動状態となるので，熱の単位はエネルギー（その変化分）と一致する．「Ⅳ-1．エネルギー，振動」で説明したように，エネルギーの変化は仕事として扱うこともできる．エネルギー，仕事の単位はジュール[J]であり，

[J] = [N・m]（ニュートン・メートル）

である．熱の単位も[J]が使われる．熱を利用した機関（熱機関）は，この変換を利用して熱を運動力学的な仕事として取り出す仕組みである．

温度の単位は熱とは独立して決められている．これは温度＝熱ではなく，熱による分子（原子）の運動の大きさが温度になるためである．温度は熱の量だけに関係するのではなく，温度には熱を与えられた物体の性質も関係する．

すでに「Ⅰ-2．SI単位系」で温度の単位について簡単に説明した．古典的には，温度は温かいとか冷たいとかの尺度として，身近にある標準的な物質の状態で決められている．水の凍る温度を0度（℃），沸騰する温度を100度（℃）として，この2つの温度を基準に，その間を100等分して1度の目盛りを定めた．この目盛りを摂氏（セルシウス）温度という．

摂氏温度には負の値が存在する．温度は熱エネルギーの平均値に対応するので，温度には最小値が存在する．このため，SI単位系では水や氷を利用した温度とは別に，理論的に温度が最小となる場合の状態を0として熱力学温度の単位が決められている．「水の3重点の熱力学的温度（0℃に相当する）の273.16分の1」が1 K（ケルビン）と定められている．細かな説明は後述するが，これは理想気体の状態方程式を基に

図2 熱と温度の関係

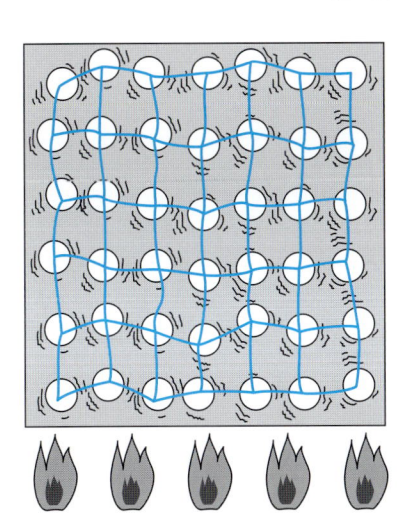

①物体に熱が加えられると熱運動が増える
②熱エネルギーの平均が温度に相当する
③加えた熱のすべてが熱運動になるとは限らない
④加えた熱の一部は熱運動以外のエネルギーとして保存される
⑤加えた熱と温度変化の関係を比熱という

比熱の定義：
物体の質量1 kgを1 K(1℃)上昇させるのに必要な熱量

作った定義で，気体の圧力と温度，体積と温度が比例関係にあることを利用して決めた値である．この定義では最低の温度は0 Kとなり，これ以下の温度は存在しない．温度差も同一の単位を用いるが，1 Kの温度差＝1℃の温度差となるように目盛りを決めている．したがって温度を[℃]で表す場合には，ケルビン[K]での値から273を引けばよい．すなわち，t[℃]＝T[K]－273となる．

3. 熱に関する基本的な物質量と単位

3-1 比熱と熱容量

　　　　熱エネルギーが物体に与えられると物体を構成する分子(原子)の運動が増大し，これが温度の上昇として観測される．このとき，決まった量の熱エネルギーを与えても，物体の質量が大きくなれば温度上昇は小さくなる．物体の質量だけでなく，物体を構成する分子や原子の性質によっても温度の変化は異なる．また材質によっても温度の上昇は異なる．これは，熱エネルギーが与えられたとき，そのすべてが分子の振動(温度の上昇)に変換されるのではなく，分子内での振動や回転運動などの別のエネルギーに変わってしまうためである．与えた熱量に対する温度変化が等しくならないのは，物質を構成する分子や原子の構造によって，熱的なエネルギーが温度に変換される割合が異なるためである(図2)．

　　　　ある物質の熱的な性質を考えるために，その物体の単位質量(1 kg)の温度を1 Kだけ変化させる(1℃の変化と同じ)のに必要な熱量q [J]を求め，これを比熱(比熱容量)と定義している．かつては水の比熱を1 (1 gの水を1℃上昇させる熱量を1 calとし，単位は[cal/(g・℃)])として，いろいろな物質の比熱を水との比率で与えていた．現在は，比熱は水との比較ではないので，厳密には比熱容量と呼ぶべきであろう．表1にいろいろな物質の比熱を示す．表1には水を1とした場合の比率も示しておく．

　　　　比熱をcとすると，定義から，

表1 さまざまな物質の熱特性

種類	比熱 ($\times 10^3$[J/kg·K])	熱伝導率 ($\times$[W/m·K])	熱膨張率 ($\times 10^{-6}$/K)
金	0.13	310	14
銀	0.23	420	19
銅	0.38	390	17
鉄	0.44	76	12
木材	1.2	0.1〜0.2	3〜5 (繊維に平行) 35〜60 (繊維に垂直)
水	4.2	0.59	210*

*：水のみ体積膨張率で示す．他は線膨張率．

温度によって比熱が変わるので，表には室温(15℃)の値を示した．ごくまれな物質を除けば，水は最も比熱の大きな物質である．熱伝導率は金属では0℃の場合，木材や水は室温(15℃)の値を示した．金属の熱伝導率は非常に大きい．熱膨張率も室温付近の値を示した．

$$c = \frac{q}{1\,\text{kg} \cdot 1\,\text{K}} \tag{1}$$

であり，単位は[J/(kg·K)]となる．これを使って，ある物質の比熱をcとして，質量mの温度がΔTだけ変化したときに移動した熱量Qを，

$$Q = m \cdot c \cdot \Delta T \tag{2}$$

として求めることができる．

この定義を利用すれば，任意の質量の物体がどの程度の熱を抱えられるかを計算できる．このとき，1Kの温度上昇(温度変化)によって物体の抱える(変化した)熱量を熱容量という．熱容量Cは，

$$C = c \cdot m \quad [\text{J/K}] \tag{3}$$

となる．

3-2 熱伝導

温度が物体の熱エネルギーの平均に対応するならば，物体内部での熱の移動が温度の差によって起こることは容易に理解できる．すなわち，熱エネルギーの密度の高いほうから低いほうへ熱が移動することは，温度が高いほうから低いほうへと熱が移動したことと同じ意味をもつ．物質内の分子や原子の熱的な運動は周辺の分子などに影響を与え，周囲に運動が波及していく(図3a)．この結果，運動は物体全体に広がり，均一な運動状態になった時点(均一な温度)で平衡になる．

このとき，熱の移動の速さは物体自体の分子構造や分子(原子)間の結合状態によって異なる．金属では原子が比較的規則正しく配列し，電子が自由に動き回ることができるので，熱的な振動が伝わりやすい．

熱の伝わりやすさは熱伝導率で定義される．図3bに示すように，ある物質でできた板の両面に温度差を与えたときの熱の移動量を考える．熱の移動が大きいほど熱伝導率が大きいことになる．

板の両面の温度差を$T_1 - T_2$ [K]，面積をそれぞれS [m²]とし，板の厚さをd [m]とする．このとき材質が均一であれば，板の中で温度の勾配$\dfrac{T_1 - T_2}{d}$は一定であり，

a) 物質内部での熱運動の波及的な伝搬　　b) 物質における熱伝導率の定義

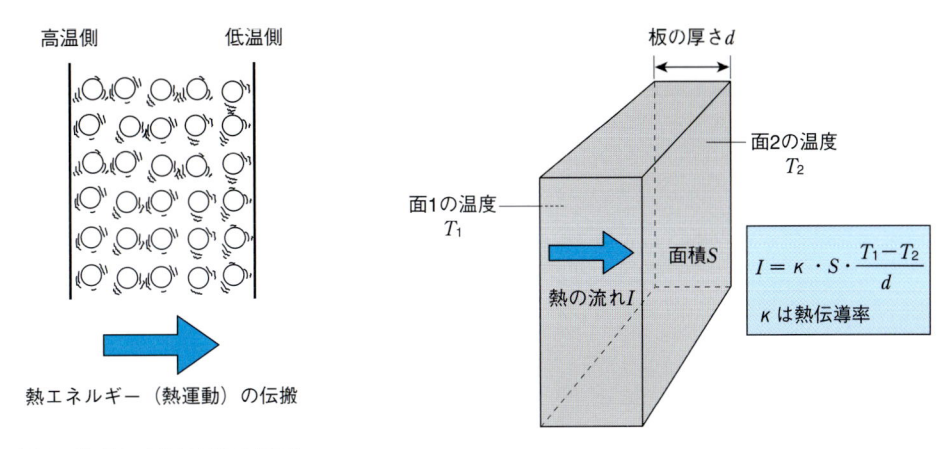

図3　物体における熱の伝導

熱はこの温度勾配に比例して流れることになる．したがって，単位時間当たりに板を流れる熱流 I [J/s＝W] は，板の面積および温度差に比例し，板の厚さに反比例する．すなわち，

$$I = \kappa \cdot S \cdot \frac{T_1 - T_2}{d} \tag{4}$$

が成立する．ただし κ は比例係数である．この比例係数を熱伝導率という．

熱伝導率 κ は式(4)から，

$$\kappa = I \cdot \frac{d}{S \cdot (T_1 - T_2)} \tag{5}$$

なので，κ の単位は $[\text{W} \cdot \text{m}/(\text{m}^2 \cdot \text{K})] = [\text{W}/(\text{m} \cdot \text{K})]$ となる．言い換えれば，熱伝導率が1である場合，材質（媒質）の垂直の方向に長さ1 mにつき1 Kの温度勾配のある1 m²の断面を通過して，1秒当たり1 Jの熱量が伝導することを意味する．

代表的な物質の熱伝導率を**表1**に示したので，金属の熱伝導率が非常に高いことを確認してほしい．

4. 熱膨張

4-1　固体の熱膨張

熱による分子や原子の運動は温度の上昇を引き起こすが，これと同時に分子や原子間の距離を少し変えてしまう．運動の結果，平均的に分子・原子は互いに遠ざかる．このため，物体全体の長さや体積が大きくなる．熱膨張とは熱による大きさの変化をいい，その変化率を熱膨張率という．

熱膨張は固体だけでなく，気体や液体でも同様である．しかし，固体や液体では熱による膨張があっても，原子や分子間に働く力によって全体としての構造が維持されるので，それほど大きな膨張率にはならない．これに対し，気体では熱による膨張は熱エネルギーによる分子の自由な運動状態の変化として現れ，大きな容積変

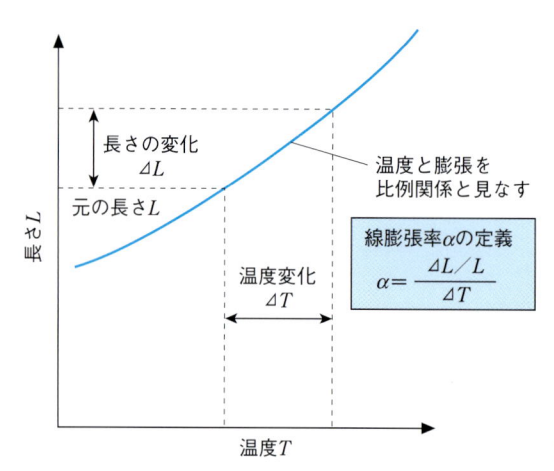

図4 熱による長さの変化

化率(気体の場合には膨張率とはいわない)が生ずる．

固体の熱膨張率は一般に図4に示すような1次元の長さの変化率(線膨張率)で表す．太さを考慮することなく，長さLの棒が温度の変化(ΔT)によってΔLだけ伸びたとき，ある温度範囲で長さの変化が温度の変化に比例すると考えると，線膨張率αは，

$$\alpha = \frac{\Delta L / L}{\Delta T} \tag{6}$$

と定義でき，αは温度が1 K(1℃)変化したときの長さの変化率を意味する．すなわち，ΔTの温度上昇によって，物体の長さ$L+\Delta L$は，

$$L + \Delta L = L(1 + \alpha \cdot \Delta T) \tag{7}$$

となる．線膨張率の単位は1/Kである．

等方性の物体では，同じ温度変化で縦，横，高さ方向が3次元的に変化する．したがって，一辺がLの立方体で考えると，体積Vの変化は，

$$V + \Delta V = (L + \Delta L)^3 = L^3(1 + \alpha \cdot \Delta T)^3 \tag{8}$$

となる．$L^3 = V$なので，式(8)より，

$$V + \Delta V = V(1 + \alpha \cdot \Delta T)^3 \tag{9}$$

が成り立つ．$\alpha \ll 1$なので，式(9)を展開してαの2乗，3乗の項を無視して式(9)を書き直すと，

$$V + \Delta V = V(1 + 3\alpha \cdot \Delta T) \tag{10}$$

となる．この式でΔTの係数となる3αは，体積に関する膨張係数ということになる．これを体積膨張率βとすると，$\beta = 3\alpha$が成り立つ．体積膨張率の単位も1/Kである．

表1に，いろいろな物質の線膨張率(水については体積膨張率)を示してある．この表から，鉄でできた線路のような構造物でも温度の変化でかなり長さが変わることが計算できる．

線膨張率の異なる金属を2枚貼り合わせて板を作ると，温度の上昇により，膨張率の大きな金属側が反対側よりもよく伸びるので，板が曲がる．このような板をバイメタルと呼び，温度変化に反応するスイッチを作ることができる．

均質な金属は等方性と見なせるので，体積膨張率は線膨張率の3倍である．しかし，木材など，物体の構造に異方性がある場合には，線膨張係数が方向によって異なるので，同じ形状でも部材の木目の方向によって体積膨張率は変化する．

4-2 気体の熱膨張

気体がある容器を満たしているとき，気体の分子も熱による運動を行っている．このとき温度が均一であれば，容器内のどの部分でも平均的に分子は等しい運動エネルギーをもっていると考えてもよい．温度の定義から，いろいろな種類の分子が混在していても，1つひとつの分子の運動エネルギーは均一と見なすことができる．たとえば，空気のように酸素と窒素が1：4の割合で混ざっていても，合計した分子の数と熱的な運動エネルギーの積が全体の熱エネルギーとなる．

図1bのように，ある温度で熱運動を行っている分子は自由に動くことができるので，ある分子が容器にぶつかると，容器の壁を押す力が作用する(気体分子は完全弾性体と考えることができる)．容器内には無数の分子が存在するので，壁への衝突は均一かつ定常的に続くと見なせる．このとき，壁には均一な力が作用することになる．単位面積当たりの力を圧力という(応力ともいう)．ある力Fが面積Sの壁に垂直に作用したとき，圧力Pは，

$$P = \frac{F}{S} \tag{11}$$

となる．

容器の体積が一定であれば，温度の上昇によって分子の運動が増大するので容器内の圧力は上昇する．熱による運動のない状態を温度0Kとすれば，温度の上昇と熱による運動エネルギーの上昇は比例するので，結果として温度と圧力は比例($P = k_1 \cdot T$)する．

温度が一定であった場合，圧力と容器の体積の積は変わらない．

この関係は気体分子の種類には依存しない．数種類の気体が混合しているときの全体としての圧力は，それぞれの気体が単独にあるときの圧力(これを分圧という)の和に等しい．この法則を**ダルトンの分圧の法則**という．

容器内の気体分子数に相当する数をn(モル数で代表させる．1mol中に含まれる分子の数は6.0×10^{23}個)として，これが変わらなければ，全体の体積Vと単位体積当たりの分子の数$\frac{n}{V}$は反比例することになる．圧力Pは壁にぶつかる分子の数(単位体積当たりの分子数に比例)と運動エネルギーの積に比例するので，分子1つ分の熱的運動エネルギーをEとすると，比例係数k_2を与えて，

$$P = \frac{n}{V} \cdot k_2 \tag{12}$$

となる．温度変化がない状態では，

$$P \cdot V = n \cdot k_2 \text{(一定)} \tag{13}$$

となる．

Pは温度に比例(比例係数k_1)するので，温度をT [K] とすると，

$$P \cdot V = k_1 \cdot k_2 \cdot n \cdot T = P \cdot V = k \cdot n \cdot T \tag{14}$$

となる．ただし，$k = k_1 \cdot k_2$ である．このときのkは気体の種類によらず，理想気体（あまり濃くなく，容易に液化しない気体）では気体定数Rとして定義されている．気体定数Rは，

$R = 8.317$ J/(K・mol)

である．Rを使って表される

$$P \cdot V = n \cdot R \cdot T \tag{15}$$

の式を気体の状態方程式という．気体の圧力と体積の関係をボイルの法則，体積と温度の関係をシャルルの法則というが，気体の状態方程式はこれら両法則を包含した式である．

この式(15)を使って，圧力が一定であれば容積Vは温度Tに比例するので，温度が1 K(1℃)上昇するごとに，体積が1/273ずつ増える（温度が0℃から273℃まで上昇したとすると，273 Kから273＋273＝546 Kまで変化したことになり，Tは2倍になる．したがって体積の変化分は1 K（または℃）当たり1/273となる）．

4-3 浸透圧と気体の状態方程式

気体の状態方程式は気体にだけ当てはまる式ではない．溶媒に物質を溶かし込んだ場合，溶けた物質（溶質）が薄ければ，溶媒の中で分子（あるいはイオン）は熱的な運動をしている．この運動は気体と同様に圧力を作り出すことができる．溶液においては，溶質が作り出す圧力が元の液体（溶媒）のもつ圧力に加算される．液体における圧力は液体自身の重さが壁に作用するので液面からの深さに依存するが，溶質分子の熱運動による圧力は，溶液内のどこでも変わらない．溶質の熱運動に伴う圧力のことを浸透圧という．

温度による膨張に対応する線路のレール

標準的な長さの線路（1本当たり25 m）では冬と夏の温度をそれぞれ0℃，40℃として，長さが約12 mm変化することが表1からわかる．このため，線路のつなぎ目には隙間が空けてあり，この上を車輪が通過するたびにゴトンゴトンと音がする．新幹線などではつなぎ目の振動を軽減するためにロングレールという長尺のレールを使っている．このレールは長さが1 kmもあるので，温度による長さの変化は48 cmにも達する．このため，つなぎ目も単に隙間を空けるのではなく，図5のように長さの変化を逃がすような方法をとっている．ちなみに，青函トンネル内では温度変化が少ないので，1本で50 kmにもなるロングレールが使われている．

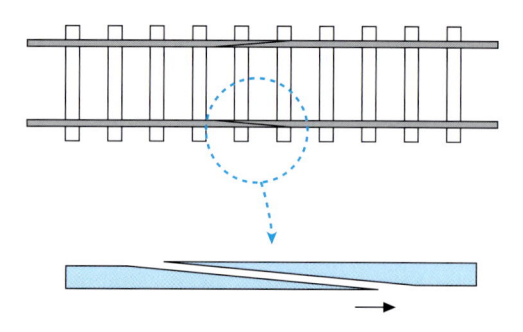

熱による膨張によって線路同士がぶつかって曲がることのないように工夫している

図5 ロングレールのつなぎ目

浸透圧は式(15)で表すことができる．容器を溶媒は通過できるが溶質を通すことのできない膜で仕切ると，膜に開けられた孔のサイズに依存して小さな分子は通過し，大きな分子は通過できなくなる．このような膜を半透膜という．仕切られた溶媒の一方に溶質を溶かすと，溶けた物質の熱運動による圧力分(浸透圧)だけ液面が上昇する．この過程で，溶媒は膜の両側で等しい圧力となるので，経過を観察すると，溶媒が物質を溶かした溶液のほうへ移動していることがわかる．浸透圧は溶液の濃度に比例するので，半透膜で溶媒が濃度の低いほうから高いほうへと移動することがわかる．この結果，膜の両面で浸透圧の差に相当する液面の高さの差が現れる．

5. おわりに

ここでは熱や温度にかかわる基礎的な考え方と現象の説明を行った．熱は，その考え方自体がわかっていないと，さまざまな現象の理解につながらない．一見，熱現象とは無関係にも思える分圧の概念や浸透圧も，熱現象を利用して説明できる．ほかにも熱にかかわる現象やエネルギーに関係する基本的な法則があるので，「Ⅶ-2. 熱エネルギーと仕事」で引き続いて解説する．

第Ⅶ章　熱

Ⅶ-2. 熱エネルギーと仕事

熱はエネルギーである．物体内部の熱エネルギーによる運動は温度として現れる．同時に水が氷になったり，蒸気になったりするように，熱エネルギーは物体の相変化を引き起こす原因にもなる．熱エネルギーはエネルギー保存則に従い，熱以外の他のエネルギーに変換することができる．このとき，エネルギーの移動の過程でエネルギーの一部を物体の外部に作用させると，「仕事」をすることができる．ここでは熱を熱力学の立場から説明し，熱エネルギーと他のエネルギーとの変換，熱と仕事，熱機関などについて解説する．熱力学では2つの基本法則が規定されている．熱力学の第1法則はエネルギー保存則であり，他の物理現象にも共通する．第2法則は熱現象にみられる不可逆性を示したものであり，この存在によりエネルギーの利用に関する限界が導き出される．熱は物体構成要素の運動の統計的な集合体であり，個々の原子や分子の振る舞いだけでは説明できないことも多い．したがって，公式を覚えるのではなく，熱や熱現象の基本的な考え方をしっかり理解しておくことが大切である．

1. はじめに

　　熱は本質的にエネルギーである．熱エネルギーによる運動（熱運動）の平均的な大きさが，温度として表現される物理量に対応する．温度それ自体は物体の状態を表すが，熱のエネルギーを他のエネルギーに変換すると温度が変化することになる．熱エネルギーを失えば温度が下がるし，加えられれば温度が上昇する．エネルギーの移動の過程でエネルギーの一部を物体の外部に作用させると，仕事をすることができる．物理学でいう仕事は，力学の概念に基づいて力と距離の積として定義されているが，熱エネルギーを使って同様の仕事を行うことができる．熱機関は熱を利用した仕事をする機械であり，熱エネルギーから機械的なエネルギーである運動エネルギーやポテンシャルエネルギーを作り出している．さらに，これを電気エネルギーなど別の形に変換することもできる．

　　熱エネルギーを利用した機関は，エネルギー保存則だけでなく，エネルギーの移動方向に関する熱力学に特有の法則によってその限界が規定されている．熱エネルギーの移動に関する法則はエントロピーという概念を生んだが，この言葉は，自然界を支配する大原則としてさまざまな現象の説明に使われる．ここでは熱をエネルギーの立場から解説し，熱に関する法則と熱現象との関係を説明する．

2. 熱エネルギー

2-1　熱エネルギーと相変化

　　物体は固体，液体，気体などさまざまな形で存在している．このような物体の形を相といい，同一の原子や分子で構成されている物体でも，温度によって相を変化

a) 氷　　　　　　　　b) 水　　　　　　　　c) 水蒸気

氷から水に変わるには結晶を断ち切るだけの融解熱が必要である

水から水蒸気に変わるには分子間力を断ち切るだけの気化熱が必要である

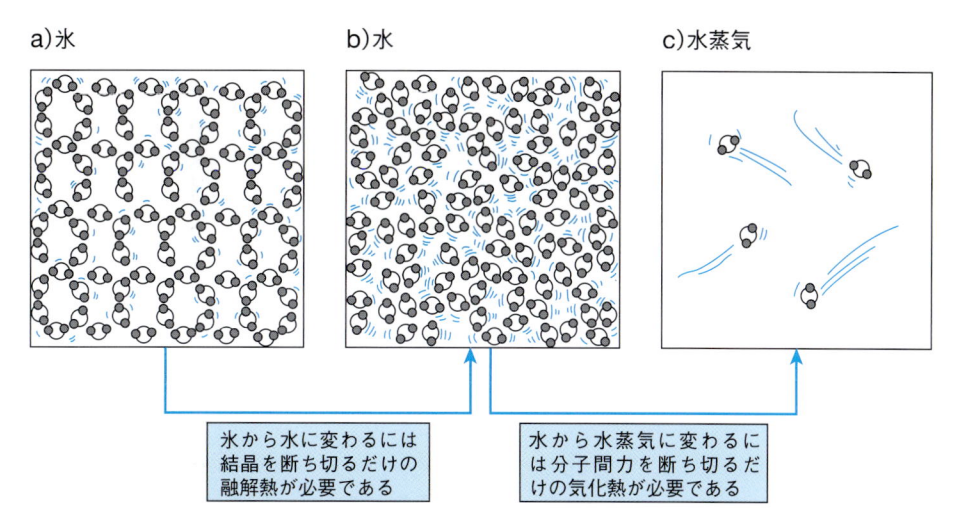

図1　水のもつ3つの相

させることがある．たとえば，水の温度を下げると氷（固体）になり，逆に温度を上げれば蒸気（気体）になる．蒸気はさらに温度を上げると原子の周囲にあった電子が飛び出し，イオンと電子に分解してプラズマという別の相になる．相変化は温度の上昇により「固体→液体→気体」の順に変化することが多いが，たとえば二酸化炭素の固まりであるドライアイスのように，固体から直接気体に変わるものもある．鉄を熱すると溶け出すのも相変化である．

　温度の上昇によって物体の相変化が起こるのは，熱エネルギーによって物体の構成要素の結合状態を変化させるためである．ここでは水の相変化を例にして，温度と相の関係を考えることにする．

2-2　水の相変化

　図1に水のもつ3つの状態を概念的に示した．すでに述べたように，大気圧の下で水を0℃以下の温度にすると氷になる．氷は水分子が結晶を作って結び付いたもので，固体である．十分に冷やされた氷に熱を加えると，氷の温度は上昇する．氷は必ずしも0℃であるわけではなく，南極では－50℃より低い温度の氷も存在している．このような氷を温めると，氷の分子（水分子）の運動が大きくなる．熱による運動の平均的な大きさは温度に対応するので，氷の温度が上昇する．氷1 kg当たり約2.1 kJの熱量で温度は1 K（1℃）上昇する．これを氷の比熱というが，水の約半分の値である．

　氷の温度が0℃まで上昇しても，「氷が溶けて水になる」とはならない．氷が水になるには結晶構造が壊れなくてはならないからである．この変化が終了するまでは，氷に熱を加えても，熱エネルギーは氷の分子（水分子）の運動状態を変化させるのではなく，分子間の結合を断ち切るためのエネルギーとして使われてしまう．このエネルギーは0℃の氷の結晶を解き，同じ温度の水に相変化させるのに約334 kJ/kg（80 cal/g）必要である（図2）．これを融解熱という．氷が水に変わると，加えた熱に応じて分子の運動が大きくなり，温度が上昇する．1 kgの水を1 K（1℃）温度上昇させ

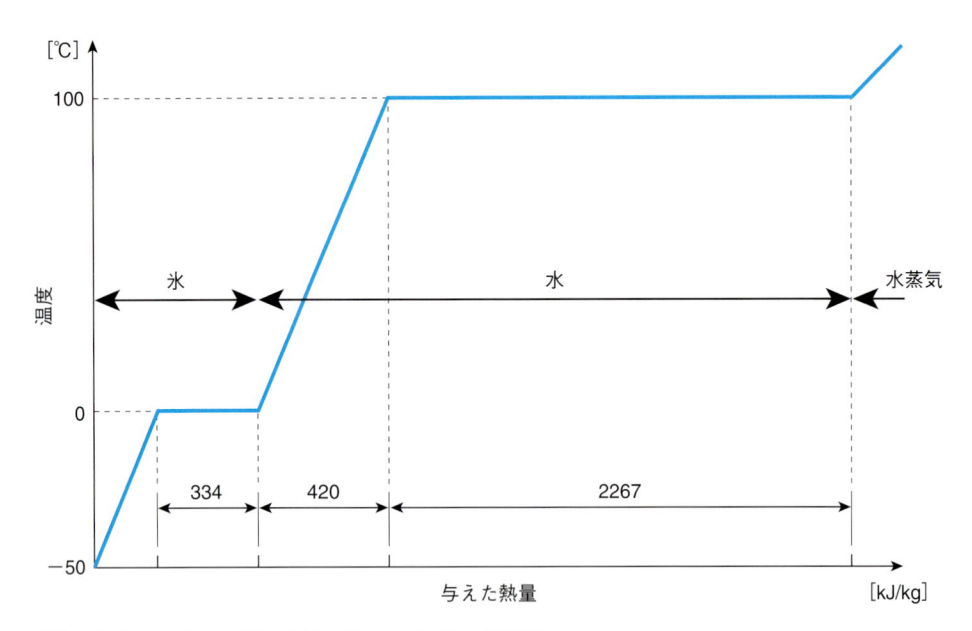

図2 水のもつ3つの相における熱エネルギーと温度

るのに必要な熱量は約4.2 kJ（水の比熱は4.2 kJ/(kg·K)である）となる．

　大気圧の下では，水の温度が100℃に達すると，水は液体から気体へと相変化する．このことを気化といい，気体になった水を蒸気という．水が蒸気になる場合にもエネルギーが必要である．水分子に互いの凝集力を断ち切るだけのエネルギーを加えると，分子は周りの水分子とは独立した自由な運動を始める．100℃の状態にある1 kgの水を同じ温度の蒸気にするためには，約2267 kJの熱量（540 cal/g）が必要である．この熱のことを気化熱という．

　気化した水（水蒸気）についても，熱を加えれば分子の運動が盛んになり，温度が上昇する．すべての水が蒸気に変わった後，熱と温度上昇との関係は水蒸気の状態に依存する．蒸気が熱による膨張のみを起こし，圧力が変化しなかった場合の比熱（定圧比熱）は約2000 kJ/(kg·K)である．もし，容器内で体積が変わらない状態で温度上昇した場合の比熱（定容比熱）は1500 kJ/(kg·K)である．

　図2は−50℃の1 kgの氷を用意して毎秒1 kJの熱（1 kW）を加えた場合の水（氷，蒸気）の温度変化を示しているが，氷が水に変わるとき，水が水蒸気に変わるときの2カ所で，温度の変化しない時間帯が生じていることに注意してほしい．この間，加えられた熱エネルギーは相の変化のために使われている．このように，0℃の水（および氷）と100℃の水（および蒸気）は安定した温度を維持するので，摂氏温度の基準点として採用された．

　水の温度が100℃に達していない場合でも，水の表面で水が気体に変わる相変化が起こっている．液体は分子の結合が固体に比べて緩やかで，流体中では分子のレベルで物質の移動が行われる．この過程で分子同士の衝突が起こると，運動エネルギーのやり取りをする．液体の表面近くで，ある液体の分子がエネルギーを受けて

液面から飛び出すと，気体分子となる．気体となった分子は分子間の距離が大きいので自由な運動によって液面から遠ざかる．この現象を蒸発という．気体分子に与えられた運動エネルギーは液体から奪われるので，蒸発は液体から気化熱として熱エネルギーを奪うことになる．

　蒸発の逆の過程が液化である．気体を冷却して（熱を奪って）分子の運動エネルギーを減少させると，液体へと状態を変える．あるいは気体分子が液体中に飛び込むと，運動エネルギーを放出して液体分子へと変わる．この状態変化を液化という．液化は液体にエネルギーを与えることになる．

　液体を一定温度以上に加温すると，液体内部で分子が気体へと状態を変える．これを沸騰という．液体中で気体が存在するためには，気体が周りの液体より高い圧力になっていなくてはならない．したがって，液面に加わる圧力が高い場合，沸騰させるためにはより高い温度にする必要がある．

2-3　熱エネルギーと内部エネルギー

　すべての物体にはその内部にエネルギーが存在する．エネルギーの形はさまざまで，そのエネルギーをどのような基準で観察するか，あるいはどのように取り出すかによって呼び方が異なる．物体を構成する分子や原子は常に運動を続けている．この運動には原子や分子固有の運動と熱による運動の両者が共存している．このような運動のエネルギーは運動エネルギー（あるいはポテンシャルエネルギー）と呼ばれる．また，物体が化学反応を起こす場合には，化学エネルギーが作用したと考えることもできる．化学エネルギーは本質的には分子の電子がもつポテンシャルエネルギーに置き換えることもできる．さらに特殊相対性理論によれば，物質の存在そのものがエネルギーと等価であることが示される．すなわち，質量mの物体は光速をCとすると，

$$E = m \cdot C^2 \tag{1}$$

特殊相対性理論

　特殊相対性理論はアインシュタイン（Albert Einstein，1879〜1955）が1905年に発表した物理学の理論である．この原理は以下の2つの仮定に基づいている．
①自然法則はすべての慣性系において同等である．
②真空中での光速度は光源の移動速度によらず一定である．
　この原理を認めると，異なる慣性系において時間の進み方が異なるという結論が導かれる．物体の運動に関して，速度という概念はニュートン力学でも相対的なものであると理解されてきた．しかし，古典的な物理学が時間や空間を固定して考えていたのに対して，相対性理論では光速度だけが不変であって，時間，長さ（空間）という概念も相対的なものであることになる．直感的には理解しがたい面もあるが，実験的にも，自然現象の観測結果からもその正当性が検証されている．この理論はニュートン力学と根本的に違うものであるが，物体の運動速度が光速度に比べ小さい場合には近似的にニュートン力学が成立する．したがって，身近な物理現象を扱ううえでは古典的な考え方で大きな問題はない．

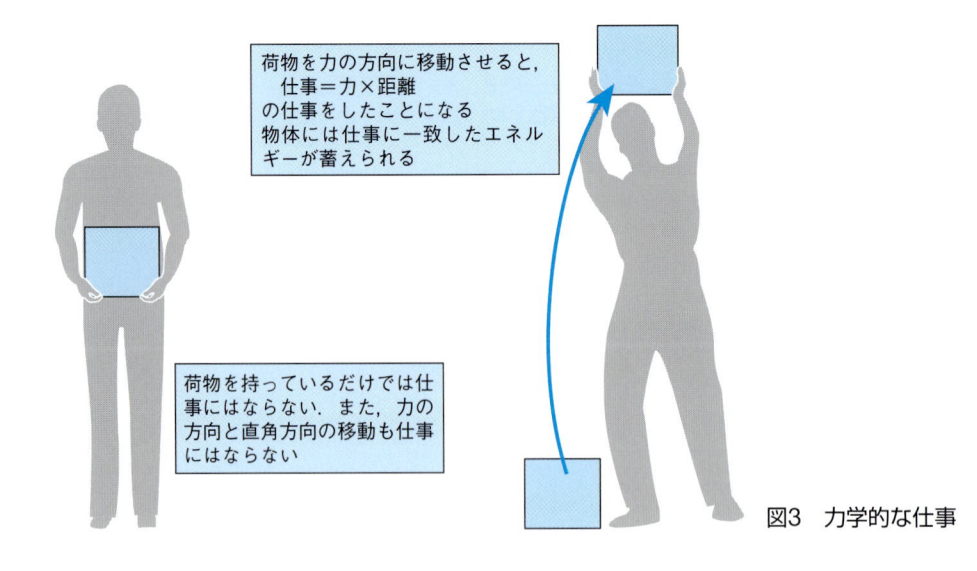

荷物を力の方向に移動させると，
仕事＝力×距離
の仕事をしたことになる
物体には仕事に一致したエネルギーが蓄えられる

荷物を持っているだけでは仕事にはならない．また，力の方向と直角方向の移動も仕事にはならない

図3　力学的な仕事

で示されるエネルギーEをもっていることになる．

このように，物体自体は常にエネルギーを内部に抱えた状態で存在している．これらのエネルギーを総称して内部エネルギーと呼ぶ．熱エネルギーを物体に加えることは，物体全体でみれば，この内部エネルギーを変化させることにほかならない．熱現象を扱うときには，内部エネルギーの変化が熱的なエネルギーに限定されることが多いので，内部エネルギーを物体の熱による運動エネルギーの意味で使うことが多い．

3. 熱と仕事

3-1　熱エネルギーによる仕事

熱はそれ自体がエネルギーであり，その一部を取り出すと仕事に変換できる．物理学において，「仕事」はエネルギーの作用による物体の移動を意味している．定義に従えば，あるいは物体に対して仕事をしたとき，物体には力Fが作用し，その力で物体がある距離xだけ動かされることになる．すなわち，仕事Wは，

$$W = F \times x \tag{2}$$

として定義される．距離は，力の加わった方向に物体が移動した大きさをいう．距離は概念としてスカラーになるので，距離を変位と呼び変えれば，力も変位もベクトルで表現されることになる．この場合，仕事は両ベクトルの内積として表される．作用させる力のほかに外力が存在し，力$\vec{F}$と変位$\vec{x}$の方向が一致しない場合には，両者のなす角をθとして，

$$W = |\vec{F}| \cdot |\vec{x}| \cos\theta \tag{3}$$

になる．

この考えでいえば，図3のように荷物を持って立っていても，その行為自体は何ら仕事にはならない．腕は疲れるかもしれないが，それは荷物に対しての仕事によるエネルギー消費ではなく，筋肉繊維の力と伸び縮みに要する別の仕事による．荷

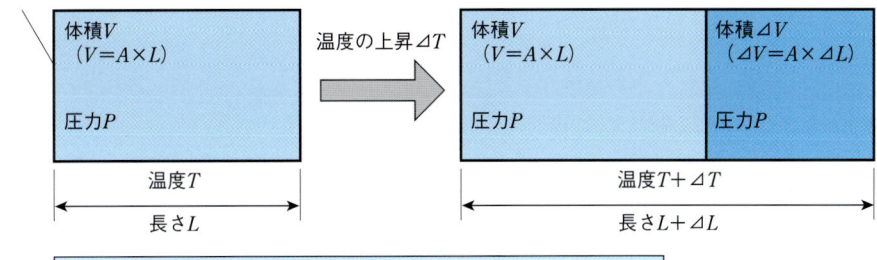

図4 温度の変化による気体の体積変化と仕事

図中枠内:
シリンダ断面に作用する力 F は断面積 A と圧力 P の積に等しい
シリンダの容積変化 ΔV は移動距離 ΔL に置き換えると，
$$\Delta L = \frac{\Delta V}{A}$$
となるので，温度変化によって生じた圧力と体積変化の積 $P \cdot \Delta V$ は，
$$P \cdot \Delta V = P \cdot A \cdot \Delta L = F \cdot \Delta L$$
となり，仕事（力×距離）に変換される

物自体は静止しているのでエネルギーの授受はない．このまま荷物を横に移動した場合でも，荷物には仕事が与えられたことにならない．力は重力と逆の方向（地面と垂直）に作用しているので，力と直角方向の横方向への移動は仕事にはならない（厳密には，横へ動かすときに力を作用させるので，この分だけは仕事として考えることもできる）．荷物が上に持ち上げられたときだけ仕事がなされたことになる．

物体に仕事をさせる源はエネルギーである．逆の言い方をすれば，エネルギーと仕事はある現象の表裏の関係を示すもので，物体の内部エネルギーの変化（あるいはその一部）が仕事として認識できると考えてもよい．

エネルギーと仕事の単位はいずれもジュール[J]である．式(2)または式(3)より，仕事の単位は力の単位（ニュートン[N]）と距離の単位（メートル[m]）の積である．これによると仕事の単位は[N・m]であり，1 J＝1 N・mと等しい．「Ⅶ-1．熱に関する物理現象」で述べたように，熱もエネルギーの一種であるので，熱の単位も[J]となる．

1 Jの仕事とは，1 Nの力で1 m物体を（力の方向に）移動させるときの仕事量をいう．1 Nは地上では1/9.8 kgの質量の物体を重力加速度に逆らって支える力であり，1 Jの仕事は約100 gの物体を1 m上方に持ち上げる仕事に相当する．

熱によって物体に仕事を行う場合を考えてみる．たとえば，空気の入ったシリンダを熱して中の空気の温度を上昇させる．このとき，熱エネルギーは空気の圧力を高くする，あるいは空気の容積を増大させる．この結果，圧力による力とそれによるピストンの移動により，外部に仕事をすることができる．

図4のように断面積 A，長さ L の円筒のシリンダ（体積 V）を考える．内部に圧力 P で気体を封入したとする．気体の状態方程式に従って記述すれば，初期の状態は，

$$P \cdot V = n \cdot R \cdot T \tag{4}$$

となる．ただし，n はシリンダ内の気体のモル数，R は気体定数である．次に，圧力を一定に保ちつつ，気体の温度を初期の温度 T から ΔT 上昇させる．このとき生じる体積変化 ΔV は式(4)を変形して，

$$P \cdot (V + \Delta V) = n \cdot R \cdot (T + \Delta T) \tag{5}$$

と記述できる．

このとき温度の上昇分ΔTによって起こった状態の変化は，

$$P \cdot \Delta V = n \cdot R \cdot \Delta T \tag{6}$$

で示される．

今，シリンダの端に物体を置いてこの物体に作用する運動を考える．シリンダ断面に作用する力Fは断面積Aと圧力Pの積に等しい（圧力は「力÷面積」で定義できる）．シリンダの容積変化ΔVは移動距離ΔLに置き換えると，

$$\Delta L = \frac{\Delta V}{A} \tag{7}$$

となるので，シリンダの温度変化によって生じた圧力と体積変化の積$P \cdot \Delta V$は，

$$P \cdot \Delta V = P \cdot A \cdot \Delta L = F \cdot \Delta L \tag{8}$$

となる．式(8)に示されるように，圧力と容積変化の積は力と距離の積に変換できる．力が作用して移動した物体には$F \cdot \Delta L$の仕事がなされたことになる．式(8)の圧と容積変化を式(6)に代入すると，仕事すなわち力と変位の積は，

$$F \cdot \Delta L = n \cdot R \cdot \Delta T \tag{9}$$

で表され，熱による気体の温度変化ΔTが仕事に変換できることがわかる．この仕事は明らかに熱エネルギーにより与えられたものであり，熱エネルギーは仕事として取り出すことができる．

同じ温度変化を与えても，体積を一定に保って圧力を上昇させる場合には仕事はなされないことに注意してほしい．力の増加はあっても距離の変化はないからである．この場合，熱エネルギーはシリンダ内部に保存された状態にあると考えればよい．

4. 熱力学の法則

4-1 熱力学の第1法則

熱はエネルギーの1つの形であり，エネルギーの保存則が成立する．これを熱力学の第1法則と呼ぶ．この保存則は熱のみについて成り立っているのではなく，ある物体(系)に熱が加えられたとき，熱の一部がこれに置き換わる等しい量の別のエネルギーに変換された場合でも，同様に成立する．たとえば，熱によって仕事をすれば，熱は仕事のエネルギーに変換されることになる．前述した気体入りのシリンダの例でもわかるように，熱によるエネルギーの変化が必ずしも仕事に変わらないこともある．この場合は，加えられた熱は物体自身に蓄えられた熱エネルギーの増加として存在すると考えればよい．このようにみると，仕事とは何らかのエネルギーが考えている物体の外に移動したときになされるので，これを外部になす仕事と考えればよい(図5)．

物体に熱を加える場合，熱の移動が許される範囲を1つの系とすれば，

熱の増加 ＝ 物体内部の熱エネルギーの増加 ＋ 外部への仕事 (10)

の関係式が成立し，エネルギーが全体として保存されることに代わりはない．この

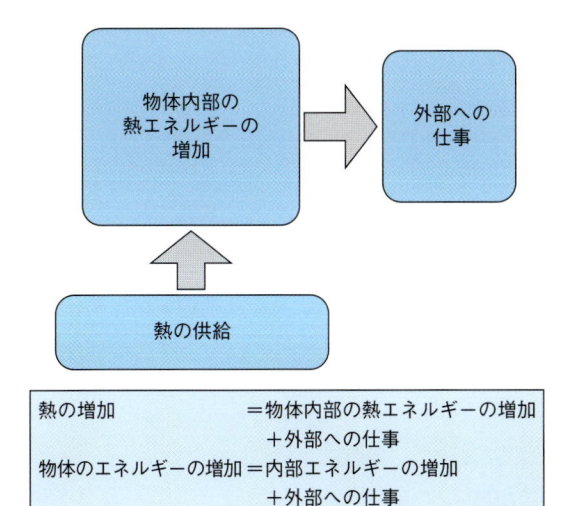

図5 物体に加えた熱と外部への仕事との関係

熱の増加　　　　　＝物体内部の熱エネルギーの増加
　　　　　　　　　＋外部への仕事
物体のエネルギーの増加＝内部エネルギーの増加
　　　　　　　　　＋外部への仕事

ときの物体内部の熱エネルギーは内部エネルギーとも呼ばれるので，

　物体のエネルギーの増加＝内部エネルギーの増加＋外部への仕事　　　　（11）

と記述すれば，エネルギー全体に使える一般的な式となる．

　この式が適用できるのは，考えている系の中だけでエネルギーの移動が行われている場合である．系の外部にエネルギーが移動してしまえば，系の中でのエネルギー保存則は成立しない．

　系を規定して外部との熱の出入りをなくし，系全体で熱の変化を0とした場合には，物体内部の熱エネルギー変化が仕事と等しくなる．このような条件を断熱変化（断熱過程）という．

4-2　熱力学の第2法則

　熱現象では，熱の移動は温度の高いほうから低いほうにしか生じない．これは温度が物体の構成要素の振動的なエネルギーであることを考えれば，エネルギーの移動が振動エネルギーの高いほうから低いほうにしか起こらないことが容易に理解できよう．水に外部からのエネルギーが作用しない場合には，高い位置にある水が低いほうへと移動するのと同じである．物体が有限の大きさであれば，時間が十分に経過した後に2つの物体の温度は平衡となる．

　熱力学の第1法則で示されるエネルギーの保存則は，温度の異なる物体を接触させたときの熱移動の方向性については何も説明していない．しかし経験的に，何らのエネルギーも与えなければ自然に熱が冷たいほうから熱いほうへ移動しないことはわかっている．このような熱現象に認められる一方向性は，エネルギー保存則とともに，熱力学の基本原理となっている．

　熱力学の第2法則は「ほかに何らの変化を残すことなく，熱を低温の物体から高温の物体に移動することはできない」と表現されている．第1法則に比べ第2法則は，理論的でないような印象を与える．しかし，これは物体の構成要素である原子や分子の1つ1つの振る舞いとは別の概念であることに由来する．図6に示すように，気

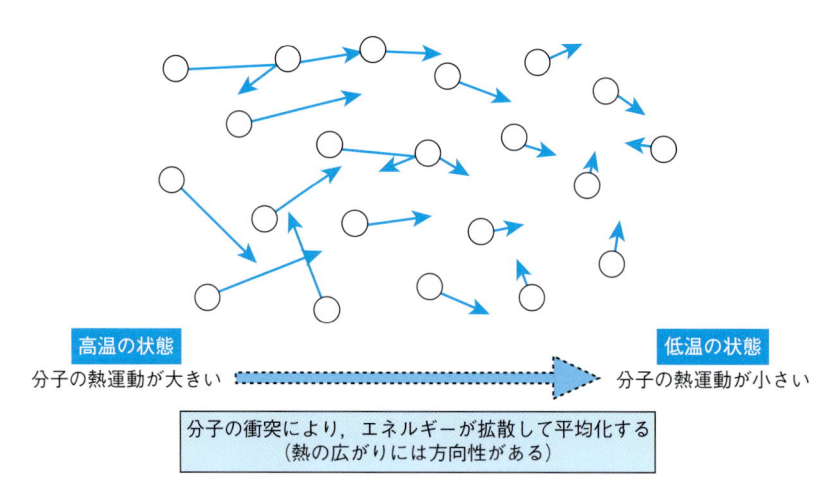

図6　分子の運動と熱の広がり

　体の分子はその一部だけをみれば自由な運動が許されている．しかし多くの分子が存在している場合には，空間内部での分子同士の衝突の確率が全体の運動に大きく影響する．温度の上昇は個別の分子の運動を大きくするので，温度の高い領域では単位時間内での分子の移動距離が増加する．これに伴って必然的に衝突頻度は増加している．さらに，この分子が移動して運動の小さな分子に衝突すれば，この分子にエネルギーを与えると同時に自身のエネルギーも減少する．すなわち，高温の分子は温度の低い領域にある分子に熱を与えて，この温度を増加させるとともに，自身の温度が下がることになる．

　物体にはこのような分子が多数存在するので，結果として温度の高い領域から低い領域へと熱が拡散し，エネルギーレベルが平均化されて平衡となる．

　第2法則は，エネルギー保存則と同様，理論的にも物理学の基礎となる法則となっている．この法則から熱力学的な絶対温度の存在が導かれ，またエントロピーというエネルギーの移動に関する新しい状態量が定義されている．

5. 熱機関とエントロピー

5-1　熱機関

　熱力学的にみて最も効率の良い熱機関は，熱を仕事に変換する際に無効なエネルギーを生まない機関である．フランスの物理学者カルノー（Nicolas Léonard Sadi Carnot，1796〜1832）は理想的な可逆機関として図7aのような装置を考案した．熱エネルギーを獲得するために，高温の熱源と低温の熱源を用意する．仕事はシリンダとピストンにより行い，シリンダは熱源からの熱をよく通すものとする．これ以外の要素は，理想的な断熱体として熱の移動がないものとする．

　ある圧力にある気体を封入したシリンダを高熱源（温度T_1）に接触させ，温度をT_1に保った状態で膨張させると，シリンダ内の気体は熱源から熱Q_1を吸収する．この等温変化の過程で内部エネルギーに変化はなく，シリンダは与えられた熱に相当

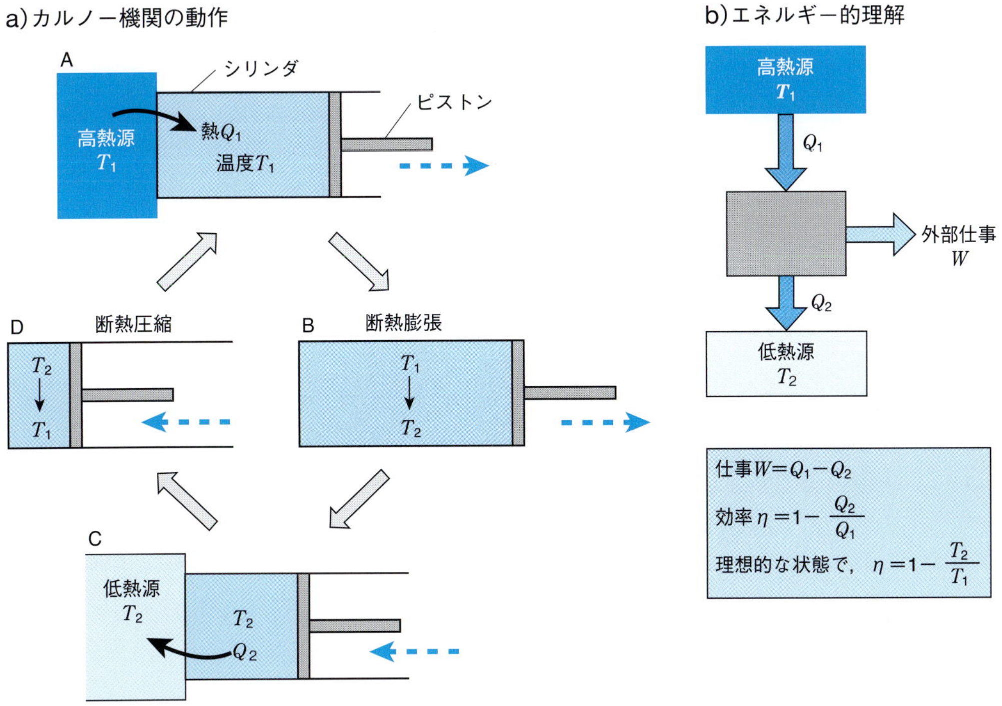

a) カルノー機関の動作

b) エネルギー的理解

図7 カルノー機関の動作とエネルギー的理解

する外部仕事，すなわち，膨張した体積と内圧の積だけ外部に仕事をすることになる（図7a：A）．次にシリンダを高熱源から離すと気体は膨張を続けるが，断熱状態では気体の膨張により温度が低下する（膨張による外部仕事の分だけ，内部エネルギーが低下したことに等しい，図7a：B）．シリンダ内の空気をさらに膨張させると，温度を低熱源の温度T_2まで下げることができる．この時点でシリンダを温度T_2の低熱源に接触させる．今度は温度をT_2に保ちながらピストンを押して気体を圧縮すると，気体は低熱源に放出する．この過程では熱量Q_2に相当する仕事を外部から与えられたことになる（図7a：C）．この後，断熱状態にしてさらに気体を圧縮し温度をT_1まで上昇させ，シリンダを再び高熱源に接触させ（図7a：D），同様のサイクルを繰り返す．

このサイクルをカルノー・サイクルという．この過程は，

> ①高熱源から熱エネルギーQ_1を吸収する．
> ②熱エネルギーの一部を外部に対する仕事Wに変換する．
> ③外部から仕事を与え，熱エネルギーの残りQ_2を低熱源に放出する．

から成り立っている（図7b）．このサイクルで熱エネルギーと外部への正味の仕事Wとの関係は，

$$W = Q_1 - Q_2 \tag{12}$$

であり，移動した熱の一部を仕事として使ったことになる．この機関の効率 η を吸収した熱エネルギー Q_1 に対する仕事 W で示すことにする．効率は，

$$\eta = \frac{W}{Q_1}$$

なので，式(12)を用いて仕事を熱エネルギーの差に置き換えると，

$$\eta = \frac{Q_1 - Q_2}{Q_1} = 1 - \frac{Q_2}{Q_1} \tag{13}$$

が成り立つ．この式から，効率の上限が移動した熱エネルギーの比によって規定されることがわかる．理想的な状態では $\dfrac{Q_2}{Q_1}$ は熱源の温度の比 $\dfrac{T_2}{T_1}$ となるので，式(13)から，大きな効率を得るためには高熱源と低熱源の温度差を大きくし，さらに低熱源の温度をできるだけ下げればよいことがわかる．効率は $T_2 = 0$ で最大になる．この温度は移動できる熱エネルギーをもたない状態，すなわち熱力学的な絶対 0 K ということになる．0 K とは極限状態であり，実際には存在できない温度である．熱機関の運転には必ず低熱源への熱放出が伴うので，どんなに無駄のない装置を設計しても使える温度条件が効率の限界値を与えることになってしまう．

5-2 エントロピー

理想的なエネルギー変換では $\dfrac{Q_2}{Q_1} = \dfrac{T_2}{T_1}$ が成立する．このことは，エネルギー変換前後で $\dfrac{Q_2}{T_2} = \dfrac{Q_1}{T_1}$ が保たれていることを意味する．

今，

$$\frac{Q}{T} = S \quad \text{または，} \quad Q = T \cdot S \tag{14}$$

を定義する．S はエントロピー(entropy)といわれる量であり，ギリシャ語で「変換」を意味する "trope" に由来する．

エントロピーは熱量と温度の比であり，熱容量に等しい単位をもつ．しかし，ここでいうエントロピーは熱容量とはまったく異なる概念である．エントロピーとは，与えられた熱の集中の度合に対応している．図8に示したように，物体(系)に熱エネルギー Q を与えたとき，温度の上昇が大きいときのエントロピーは小さい．熱の移動は温度の違いによって現れるので，エントロピーの小さな系はエネルギーの利便性が高いことになる．

一方，熱エネルギーを加えても温度があまり変化しない状態では，熱が系内に散らばってしまったと考えることができる．この場合，熱が散らばってエントロピーが大きくなったと解釈できる．

熱が温度の高いほうから低いほうへと不可逆的に移動するように，散らばった熱エネルギーは自然に元に戻る(エネルギーが自然に集まってくる)ことはない．このため，外部からエネルギーを供給することなく，自然に起こる現象ではエントロピーの変化は必ず正の値をとる．その意味でエントロピーは「エネルギーの無秩序さ」と

エントロピー S は，
$$S = \frac{Q}{T}$$
で表される
熱の集中度が高いほど，
エントロピーは小さくなる

外部からエネルギーを供給しない限り，エントロピーは増大の方向へ向く

エントロピーの小さな系

エントロピーの大きな系

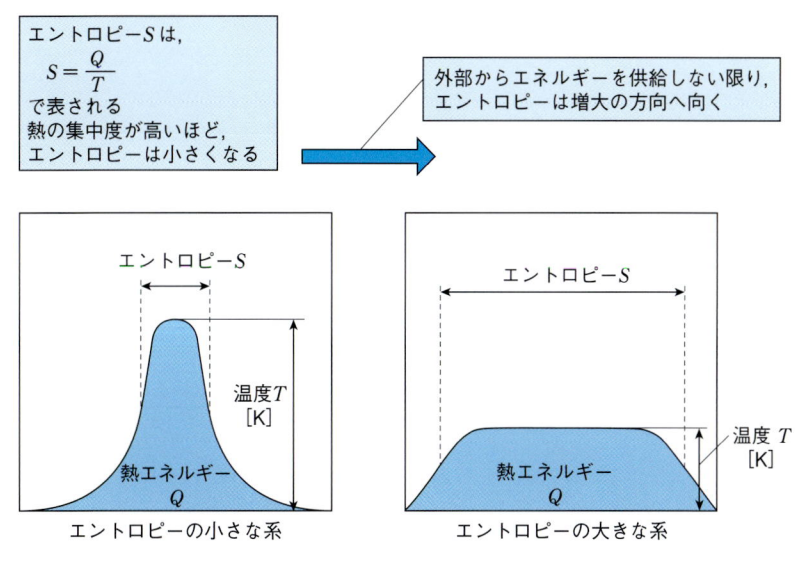

図8　エントロピーの直感的理解

言い換えてもよい．結局，熱の移動とはある量の無秩序さをもったエネルギーの移動と理解することができる．エネルギーを「整然とした」とか「無秩序な」などと表現するのは科学的ではないが，エントロピーはエネルギーの質を表現していると考えるとわかりやすい．

力学的な仕事に置き換えやすいエネルギーを整然としたエネルギー，摩擦熱のように広がってしまうと役立てられないエネルギーを無秩序なエネルギーと表現すると，対応が付きやすいかもしれない．

エネルギーの移動にこのような原則が働くため，自然界に起こっている現象は整然から乱雑の方向（集中から拡散）へ動くようにできている．熱力学の第2法則は，エントロピー増大の方向性について述べていることと等価である．すなわち，機械の摩擦などで熱として変換されたエネルギーは系のエントロピー増大として現れ，この熱を再び有効なエネルギーとしてこれを回収することはできないということになる．

6. おわりに

ここでは熱と仕事の関係を中心に解説した．エネルギー保存則はわかりやすい概念であるが，熱力学ではこれに第2の法則を加えている．これは自然界を支配する大法則であり，エネルギーを無限に再利用することができないこと，およびエネルギーの利用効率の限界を規定するものであり，永久機関の不可能性を示す根拠になっている．

第VIII章

物質の成り立ち

第VIII章　物質の成り立ち

VIII-1. 原子と分子

どんな物質でも物質を細かく分けていくと分子や原子の集まりとして観察できる．現在では，原子は単一の物質の性質を規定する最小単位として理解されている．分子は複数の原子が共有結合によって構成する物質であり，それぞれ固有の形と物質としての性質をもっている．原子は非常に数多くの種類があり，自然界に存在するものだけでなく人工的に作り出したものも数えると，何千種類にも達する．物質同士の化学的な反応は原子や分子の基本的な性質によって決まるが，それらは原子の構造によって説明できる．このことからも原子には構造があり，この構造の存在から原子はさらに細分化されたより小さな物質から成り立っていることも理解されてきた．原子の構造を正確に解釈することは古典的な物理学の範囲を越えるが，一般には簡単なモデルで示され，その基本的な性質を理解することは比較的容易であろう．また，その構造を分解したときに現れる粒子とその性質は各種の放射線の成り立ちを説明するのに不可欠であり，物質の根源を知るうえで重要な鍵になる．最先端の物理学では，これらの要素をさらに分解した根源的な物質の存在を理論的に説明されつつある．これによれば，我々が常識として理解している根源的な物質である原子もはじめからあったのではなく，創られたものとなる．その意味では物理学の最も基本的な要素である物質の根源ですら未解決問題であることに驚かされる．

1. はじめに

　　世の中にはさまざまな物質が存在している．どんな物質でも直接目で見ることのできる大きさであれば，それをさらに分解すると，その物質を構成している要素が見えてくる．歴史的にもこのような基本的な発想で，すべての物質の根源となる要素を探し出す試みが続けられてきた．この試みは中世以降に盛んになった錬金術でいっそう盛んになった．錬金術は元々は価値の高い金属である金をより容易に入手できる物質から作ろうという発想で生まれてきたものであるが，この過程でさまざまな化学反応や合金が試された．結果として，金を作ることは結局できなかったが，この過程で物質同士の反応における多くの法則が経験的に蓄えられた．これらが化学という概念を創成し，金だけが目的でない，新しい学問分野へと発展させることになった．

　　物質の根源的な要素を元素という．化学の研究の進歩によって物質は元素やその結合により成り立つ分子とその組み合わせで成り立っていることが明快に説明された（図1）．

　　これらの結果，物質は化学反応では分解できない究極の要素から成り立っていて，それは互いに変換できないことが確認された．錬金術は不可能であることが結論付けられたわけであるが，現在ではこの分割不能な要素に元素という言葉を与えている．

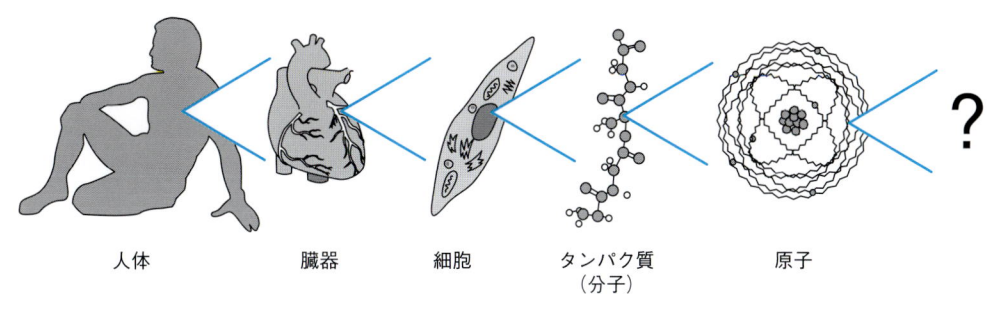

人体　臓器　細胞　タンパク質（分子）　原子　？

図1　物質の構造はどこまで細分化できるか

2. 物質を構成する基本要素

2-1　原子

　　元素は物質を表す概念的な要素であるが，これに実態としての単位となる物質を規定したものが原子である．英国の化学者ドルトン（John Dalton, 1766〜1844）は，「すべての物質は最小単位である原子（アトム：atom）が多数（有限であるが多種でもよい）集まってできあがっている」と考えることを原子論として提案した．もちろんこの時点では原子を個別に観察したわけではなく，原子論は仮説として始まった．しかし，ロシアの化学者メンデレーエフ（Dmitrij Ivanovich Mendeleev, 1834〜1907）がその時点でわかっていた元素を反応性によって分類すると規則正しい配列ができることを発見し，元素の周期律として分類した．このことで，物質の基本的な性質と元素（原子）との関係が明快に説明され，原子の実在が確信されるようになった．

　　現在では原子はそれ自体が構造体であり，原子より細かな要素の存在が明らかになっているが，少なくとも化学反応に見られる最小の物質単位が原子であることは変わりない．

2-2　分子

　　分子は複数の原子が結合して新しい物質としての性質をもつ状態である．分子は物質の化学的な性質を考えるうえでの最小単位といえる．単独の原子が分子となることもある．ヘリウム（He），ネオン（Ne），アルゴン（Ar）などはガスの状態で原子が安定して単独に存在するので単原子分子となっている．これらは原子のままで化学的な性質を示す．原子が組み合わさってできた分子は原子とは異なる固有の形をもち，それぞれの物質としての性質に影響している．

　　分子を作る組み合わせは無数にあり，非常にたくさんの原子からなるものは高分子と呼ばれている．生体物質であるタンパク質は典型的な高分子の1つである．

　　分子を作っている原子の結合状態は単原子分子を除いて必ず共有結合という状態にある．共有結合とは2つの原子の外周に存在する電子をそれぞれの原子が共有して安定した状態を形成することをいう．同じ種類の原子が複数結合して分子を作るとき，原子の並び方や結合の仕方が違うと異なった性質の分子を作ることもある．このような関係を互いに同素体であるという．たとえば，無数の炭素（C）原子が共

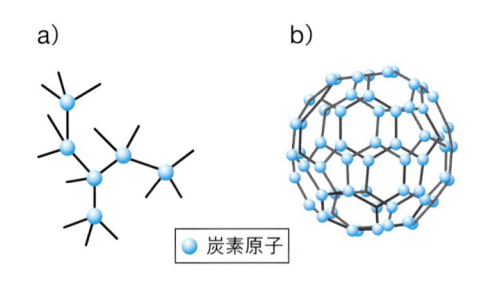

図2 炭素原子から作られた分子の構造
a) ダイヤモンドの一部分の分子構造.
b) フラーレンC_{60}の分子構造.

有結合を繰り返し巨大分子となると結晶状態（共有結晶）を作る．これがダイヤモンドであり，非常に安定した硬い構造をもつ．これとは別に炭素原子が60個，まるでサッカーボールのように組み合わさるとフラーレンC_{60}と呼ばれる中空の球体上の分子ができる（図2）．同様に70個の炭素原子からはラグビーボール型のフラーレンC_{70}ができる．

3. 原子の構造

3-1 原子の種類と周期表

メンデレーエフはその当時発見されていた元素を質量の小さいものから並べ，化学的な性質の似ているものをグループにまとめた．この過程で原子の並びに周期性を見いだした．未発見の原子もあったので，はじめに作られた「周期表」には空欄が存在したが，その後新しい原子が発見される度にその空欄がまるで待っていたかのように正しく埋められ，原子のもつ周期性が単なる偶然ではないことが確認された．これにより，周期性に法則を与える基本原理が偶然ではなく，原子には何らかの基本構造が存在すると考えられるようになった．

表1は現在認められている原子の周期表である．左上から順に質量の小さな順に並べ，縦方向に化学的な性質が似ているものを配列してある．周期表に記載された数値は原子番号と原子量である．原子番号は質量の小さいほうから順に1から始まる自然数が与えられている．原子量は炭素（C）の質量を12（質量数12の炭素）としたときのそれぞれの原子の相対的な質量である．炭素はほとんどが質量数12であるが，質量数13，14のもの（これを同位体という）もわずかに存在するので，自然界での存在比率を考慮して原子量を4桁まで示すと，12.01になる．原子1個当たりの質量が決まれば，ある原子を一定の数だけ集めて物質を構成しても，その質量もまた原子量に比例することになる．原子を集めて原子量に[g]（グラム）を付けた質量の物質では，その中に存在する原子の数は$6.02×10^{23}$個になる．これをアボガドロ定数という．

原子番号92のウラン（U）までの元素は自然界に存在しているが，それ以上の原子番号の原子は人工的に作られたものである．原子番号は順序であり，自然数になることは必然であるが，自然界に存在する物質を同位体まで区別して個別に扱うと，原子の原子量も自然数に近い値になる（厳密には原子核内で力を生み出すのに必要なエネルギーが質量から生み出されるので，原子核の質量は個々の要素の和より小さくなる）．このことは原子自体が別の要素の組み合わせで成り立ち，質量が一定

表1 原子の周期表

原子番号 →
原子記号 →
原子名 →
原子量 →

1	2	3	4	5	6	7	8	9	10	11	12	13	14	15	16	17	18
1 H 水素 1																	2 He ヘリウム 4
3 Li リチウム 7	4 Be ベリリウム 9											5 B ホウ素 11	6 C 炭素 12	7 N 窒素 14	8 O 酸素 16	9 F フッ素 19	10 Ne ネオン 20
11 Na ナトリウム 23	12 Mg マグネシウム 24											13 Al アルミニウム 27	14 Si ケイ素 28	15 P リン 31	16 S 硫黄 32	17 Cl 塩素 35	18 Ar アルゴン 40
19 K カリウム 39	20 Ca カルシウム 40	21 Sc スカンジウム 45	22 Ti チタン 48	23 V バナジウム 51	24 Cr クロム 52	25 Mn マンガン 55	26 Fe 鉄 56	27 Co コバルト 59	28 Ni ニッケル 59	29 Cu 銅 64	30 Zn 亜鉛 65	31 Ga ガリウム 70	32 Ge ゲルマニウム 73	33 As ヒ素 75	34 Se セレン 79	35 Br 臭素 80	36 Kr クリプトン 84
37 Rb ルビジウム 85	38 Sr ストロンチウム 88	39 Y イットリウム 89	40 Zr ジルコニウム 91	41 Nb ニオブ 93	42 Mo モリブデン 96	43 Tc テクネチウム 99	44 Ru ルテニウム 101	45 Rh ロジウム 103	46 Pd パラジウム 106	47 Ag 銀 108	48 Cd カドミウム 112	49 In インジウム 115	50 Sn スズ 119	51 Sb アンチモン 122	52 Te テルル 128	53 I ヨウ素 127	54 Xe キセノン 131
55 Cs セシウム 133	56 Ba バリウム 137	57~71 ランタノイド	72 Hf ハフニウム 179	73 Ta タンタル 181	74 W タングステン 184	75 Re レニウム 186	76 Os オスミウム 190	77 Ir イリジウム 192	78 Pt 白金 195	79 Au 金 197	80 Hg 水銀 201	81 Tl タリウム 204	82 Pb 鉛 207	83 Bi ビスマス 209	84 Po ポロニウム 210	85 At アスタチン 210	86 Rn ラドン 222
87 Fr フランシウム 223	88 Ra ラジウム 226	89~103 アクチノイド	104 Rf ラザホージウム 261	105 Db ドブニウム 262	106 Sg シーボーギウム 263	107 Bh ボーリウム 264	108 Hs ハッシウム 265	109 Mt マイトネリウム 268									

（青色は金属を示す）

ランタノイド:

| 57 La ランタン 139 | 58 Ce セリウム 140 | 59 Pr プラセオジム 141 | 60 Nd ネオジム 144 | 61 Pm プロメチウム 145 | 62 Sm サマリウム 150 | 63 Eu ユウロピウム 152 | 64 Gd ガドリニウム 157 | 65 Tb テルビウム 159 | 66 Dy ジスプロシウム 163 | 67 Ho ホルミウム 165 | 68 Er エルビウム 167 | 69 Tm ツリウム 169 | 70 Yb イッテルビウム 173 | 71 Lu ルテチウム 175 |

アクチノイド:

| 89 Ac アクチニウム 227 | 90 Th トリウム 232 | 91 Pa プロトアクチニウム 231 | 92 U ウラン 238 | 93 Np ネプツニウム 237 | 94 Pu プルトニウム 239 | 95 Am アメリシウム 243 | 96 Cm キュリウム 247 | 97 Bk バークリウム 247 | 98 Cf カリホルニウム 252 | 99 Es アインスタイニウム 252 | 100 Fm フェルミウム 257 | 101 Md メンデレビウム 258 | 102 No ノーベリウム 259 | 103 Lr ローレンシウム 262 |

原子の大きさ
約 10^{-10} m 以下

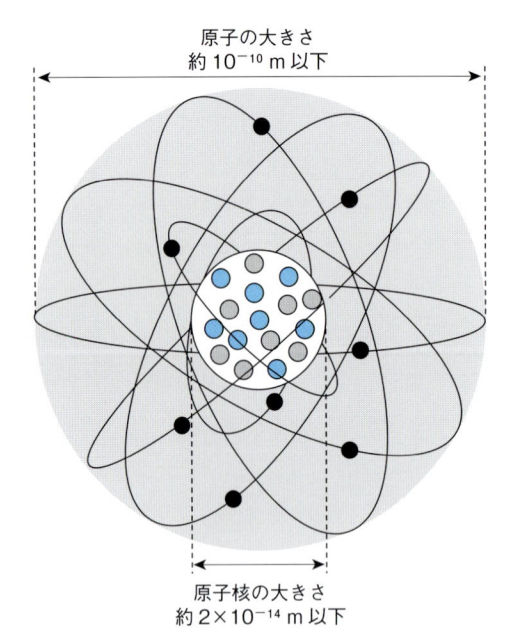

● 電子（質量 9.02×10^{-31} kg）
● 陽子（質量 1.67×10^{-27} kg）
● 中性子（質量 1.67×10^{-27} kg）

原子核の大きさ
約 2×10^{-14} m 以下

図3　酸素原子の構造
電子数8，陽子数8，中性子数8．

の固有の要素の集まりであることを暗示している．実際，原子はより根源的な要素から成り立っている．

3-2　原子の構造

原子は原子核と電子から構成されている．これは常識のようであるが，100年前には原子の構造について何も明らかになっていなかった．しかし，電気現象の研究により陰極線（電子）の存在が確認されていた．電子が負の電荷をもつことから原子の一部に電子が存在すれば，正の電荷をもった原子の要素（陽子）が同じ数だけ存在することになる．これによれば，原子は正電荷をもつ原子核と負電荷をもつ電子からなり，原子番号とは電子の数（または陽子を電子と対にすると正電荷の数）を示していることになる．さらに，原子量との整合性を考慮すると，電気的に中性となる電荷をもたない要素が提案され，原子核が陽子と質量の等しい中性子で構成されていると考えられるようになった．すなわち，同位体元素にみられる原子量の違いは原子核に存在する中性子の違いとして説明できる．原子では基本的に原子核での中性子と陽子の数が任意であり，正電荷の陽子と負電荷の電子数だけが一致する．

その後の近代物理学の成果により，現在では原子核の存在や電子軌道について実験的，理論的に研究が進み，原子の基本的な模型が確立している．

図3に酸素原子の模型を図示した．一般には原子の中心部に原子核が存在し，その周囲を電子が回っていると記述される．原子核の大きさは 2×10^{-14} m 以下の大きさであり，原子全体ではおよそ 10^{-10} m なので，原子核の大きさは原子全体からみれば10万分の1程度の小さな粒になる．原子核には陽子と中性子が固まって存在するが，陽子同士が反発しないのは電気的な反発力よりも強い核力（「強い力」とも呼ばれる）によって結び付けられているためである．核力の本質は，非常に近い距離にある陽子や中性子同士の引力である．一方で，互いに接触するほど近い距離にな

ると，陽子や中性子の内部構造が関与し，斥力（反発力）が働き，比較的安定した距離が保たれることになる．原子核内では陽子や中性子は固定された位置にあるのではなく，核力の及ぶ範囲内で比較的自由な運動が許されている．我々が原子力といっているエネルギーはこの核力が開放されて生ずるもので，非常に大きな量をもつ．

　電子は図示すれば原子核の周りに軌道として描かれるが，実際には模型のようにぐるぐると回っているのではない．電子がこのような運動をすれば，電磁波が発生してエネルギーを失うことになる．この結果，回転運動を維持できず，原子の引力によって原子核に落ち込むことになってしまう．陽子と中性子は同じ質量をもち，1個当たり$1.67×10^{-27}$ kg，また電子の質量は$9.02×10^{-31}$ kgで，電子の質量は陽子の1/1840ときわめて小さい．電子（または陽子）1個当たりの電荷の大きさを電気素量といい，$-1.60217653×10^{-19}$ C（クーロン）である．陽子の場合は同じ大きさで符号が正になる．

3-3　電子の軌道

　電子は粒としてではなく，波と粒子の両立性をもった存在として原子核の周りに位置する．電子の軌道は量子論では確率的な存在として説明され，その軌道，すなわち電子のある時間における位置を特定することはできないとされている．しかし，原子核の周りに多くの電子が勝手に存在できるわけではなく，その電子配置はある法則に従っている．

　電子は原子核の周りに仮定した何層かの殻上の軌道に存在している．この殻の大きさは電子のもつエネルギーの大きさに従う．ニュートン力学では物質がもち得るエネルギーはその運動量に応じて連続的に変化することができる．しかし，光（電磁波）における波動性と粒子性から電磁波のエネルギーには最小単位が存在し，振動数νの電磁波のもつ光子（フォトン）1つのエネルギーEが，

$$E = h \cdot \nu \tag{1}$$

で表されることが発見されている．ここで，hはプランク定数と呼ばれる量で，$6.625×10^{-34}$ J・sときわめて小さな数値である．すべてのエネルギーはこの最小単位の整数倍の離散量となる．我々が日常的に観察しているエネルギーはこの基本量に比べ無限ともいえるほど大きいので，離散的な階段が現れることはない．しかし，エネルギーの受け渡しはこの単位でしか行えないので，きわめて小さい物質の運動を考える場合には，この結果が運動条件の決定因子となる．

　原子核の周りの電子も離散的なエネルギーをもち，これによって軌道はエネルギーに依存した配置をもつことになる．これを主量子数に対応した軌道という．量子数は整数であり，概念的に考えれば，電子は原子核の周りを1から順に複数の殻のように包むことになる．この殻にはいくつかの電子が存在できるが，これについても数の制限がある．

　主量子数によって決められた1つの殻に対して軌道の形を決める方位量子数（軌道量子数）が存在し，それぞれについて磁気量子数，スピン量子数の異なる電子だけがその軌道上に存在を許される．

　表2に原子の殻を内側から順にK〜Rまでとって，それぞれの殻に存在し得る量子

表2 原子核を取り巻く電子軌道の分類と各軌道に存在可能な電子の数

殻	主量子数	方位量子数 (軌道量子数)	磁気量子数		スピン量子数		軌道名	軌道上に存在可能な電子の数
			量子の形	種類	量子の形	種類		
K殻	1	0	0	1	±1/2	2	1s	2
L殻	2	0	0	1	±1/2	2	2s	2
	2	1	0, ±1	3	±1/2	2	2p	6
M殻	3	0	0	1	±1/2	2	3s	2
	3	1	0, ±1	3	±1/2	2	3p	6
	3	2	0, ±1, ±2	5	±1/2	2	3d	10
N殻	4	0	0	1	±1/2	2	4s	2
	4	1	0, ±1	3	±1/2	2	4p	6
	4	2	0, ±1, ±2	5	±1/2	2	4d	10
	4	3	0, ±1, ±2, ±3	7	±1/2	2	4f	14
O殻	5	0	0	1	±1/2	2	5s	2
	5	1	0, ±1	3	±1/2	2	5p	6
	5	2	0, ±1, ±2	5	±1/2	2	5d	10
	5	3	0, ±1, ±2, ±3	7	±1/2	2	5f	14
	5	4	0, ±1, ±2, ±3, ±4	9	±1/2	2	5g	18
P殻	6	0, 1, 2, 3	N殻と同じ		±1/2	2	s, p, d, f	2, 6, 10, 14
Q殻	7	0, 1, 2	M殻と同じ		±1/2	2	s, p, d	2, 6, 10
R殻	8	0, 1	L殻と同じ		±1/2	2	s, p	2, 6

主量子数は電子のもつエネルギーで決まる.

数を示した.たとえば一番内側のK殻では軌道量子数は1であり,スピン量子数の場合の数(2種類)なので殻上に最大2つの電子が配置できる.その外側のL殻では,軌道量子は2種類あり,その1つには磁気量子数が1種類,スピン量子数が2種類あり,2つしか電子を収容できないが,もう1つの軌道量子では磁気量子数は0と±1の3種類,スピン量子数が±1/2の2種類存在し,計6個(2×3)までの電子を収容できる.

表2のように,原子核の外側には主量子数の増加(エネルギーの増加)に対応して次々と殻が存在できる.それぞれに対応した各量子数に応じて電子の数の上限が決まる.

結局,電子の数はエネルギーの小さい順にこれらの軌道を次々と埋めることができる.ある原子を考えた場合,原子核内にある陽子と同じ数の電子をこれらの殻に収容することになる.このとき,エネルギーを最小にすることを条件に与えれば,電子の配置は一義的に決まってしまう.原子に外部からエネルギーを作用させ,電子にエネルギーが与えられれば,そのエネルギーは電子軌道を変化させるのに必要な離散的な量に振り分けられる.一般に外側の軌道ほどそれを一段階変化させるのに必要なエネルギー量は小さい.最外殻の電子軌道はエネルギー準位により,一般に軌道名はsまたはpである.

4. 原子から分子へ

分子は原子が複数結合してある構造体をとっている状態をいう.分子の中には原

子1個だけで安定に存在する元素もある．希ガスと呼ばれるヘリウム，ネオン，アルゴンなどであり，これらは原子の構造が非常に安定していて相互作用をほとんどしない元素である．原子の安定性は原子核を取り巻く電子の数によって決まる．電子の数が原子に許される殻の上で許される軌道をすべて埋め尽くした状態で原子は安定な状態になる．原子に電子を新たに加えたり，電子を1個外してイオン状態にする場合にも大きなエネルギーギャップが存在するので，容易には状態を変化させないためである．表2を使って原子核の最外殻を軌道名sまたはpとして，その場所までの電子数が2, 10, 18, 36（原子番号に相当する）のときに殻上の電子軌道にちょうど収まることを確認して欲しい．

多くの原子はぴったりと収まりの良い軌道を充足するために，電子を受け取ったり，受け渡したりすることができる．電子の移動に都合の良い組み合わせであれば，互いの電子を交換しあって原子同士が新しい結合状態を形成する．たとえば酸素原子は電子の数が8個であり，さらに2個の電子を外殻に抱えるとより安定な状態になる．このために2つの酸素原子が結合して外殻の2個の電子を共有する．すなわち，図4のように，酸素原子同士が外側の電子軌道が交差するまで互いに近付き，個々に原子核の周りを回っていた電子が2つの原子核の周りを回るようになる．それらの電子はどちらの原子核の軌道ともいえない互いの軌道を共有することになる．この状態を酸素分子といい，このときの外殻の電子の軌道は原子ではなく分子に属しているので分子軌道と呼ばれる．

分子はより安定した状態を保つための原子同士の結合状態であり，物質として固有の形や性質を与える単位になる．

電子の軌道と量子数

原子を構成している電子は原子核の周りで勝手な場所に存在できるのではなく，電子の波動が定在波となる特別な条件を満たした軌道の上に存在している（量子論では軌道上の電子の存在場所は確率的にしか決められず，電子の存在場所が雲のように広がっていると考える）．軌道の条件は3つの量子数で定義される．量子数とは軌道を決定するパラメータのことで，軌道の半径に関係する主量子数，方位角を決める方位量子数（軌道量子数）および，傾き角を決める磁気量子数の3種類がある．また，それぞれの軌道の電子は2種類の運動方向で存在でき，スピン量子（±1/2）と呼ばれる．言い換えると，主量子数は電子雲の広がりの程度を与え，方位量子数は電子雲の形，磁気量子数は電子雲の広がりの方向，スピン量子数は電子の自転方向を決める因子のことになる．

基底状態（エネルギーが最も低く安定した状態）では電子はエネルギーの低い軌道から順番に入ることができる．この順番は必ずしも主量子数だけで決まるのではなく，全体のエネルギー準位に依存する．原子に存在する電子でエネルギー準位の高い状態にある軌道（化学反応を起こしやすい最外殻の軌道）はs軌道またはp軌道になっている．

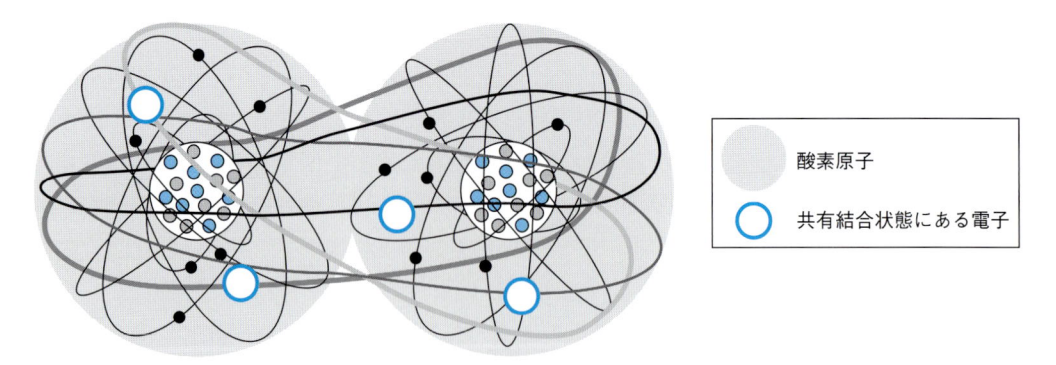

図4 酸素分子の分子軌道
外殻にある2個の電子をそれぞれ共有し，2つの酸素原子がそれぞれ10個の電子をもつかのように結合している．

5. 物質を構成する究極の粒子

5-1 物質を作る粒子

　自然界には陽子，中性子，電子以外にも光子をはじめとしてさまざまな粒子が存在することが観測され，原子だけでなく，もっとたくさんの物質が存在することが明らかになった．これらの粒子を総称して素粒子という．素粒子とはこれ以上分解できない粒子の素を意味するが，発見された素粒子の数が増えるにつれ，すべての物質を作り出す，より根源的な要素を見付けようとする試みがなされた．原子がより根源的な物質の組み合わせで成り立っているように，原子核を構成する陽子や中性子が等しい質量をもつことはこれらが何か別の要素の組み合わせで表現できる可能性を示唆している．明らかに電気的な性質が違うので，同一物でないことは明らかであるが，適当な組み合わせで，このような性質を表現できればそれらを究極の物質単位とすることができることになる．

　このような考え方で提案された粒子をクォーク（quark）という．初めは理論的な概念であったが，粒子加速器を使った実験で原子核を壊すと，陽子や中性子に近い性質をもつ寿命の短い多くの粒子が発見され，現在ではクォークは物質の基本単位として確立したもの（基本粒子）となっている．クォークは分数の電荷をもち，グルオン（gluon：にかわ粒子）と呼ばれる素粒子で強く結び付いているとされる．人工的に作り出せるエネルギーでは物質をクォークに分解することは不可能で，単独で存在することはないと考えられている．

　ところが，クォークは基本物質であるが，発見されたさまざまな物質をクォークの組み合わせで説明するためにはこれだけでは足りなくなってきた．現在では電荷や質量などの異なる少なくとも6種類のクォークと，レプトン（lepton：軽粒子）という別の6種類の根源物質を用意しなくてはならないことになっている．陽子や中性子は3つのクォークの組み合わせで表現され，電子はレプトンの内の1つとなっている．2002年にノーベル物理学賞を受賞した小柴昌俊東京大学名誉教授が研究した

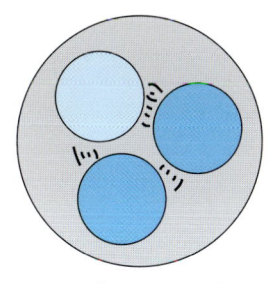

図5 クォークによる陽子，中性子の成り立ち
クォークは本文に示したように，「色」と呼ばれる3つの量子をもつ．光の3原色の組み合わせで白色光ができるように，陽子や中性子を組み立てているクォークも，3つの各「色」を1セットに作られている．

ニュートリノもレプトンの基本単位である．

　クォークには，アップとダウン，チャームとストレンジ，トップとボトムの3つの階層（世代）に分けられた6種類があり，陽子や中性子は第1のアップとダウンの階層でできているとされる．各階層のはじめのクォークは $+2/3$ の電荷をもち，後のクォークは $-1/3$ の電荷をもつ．

　実在する粒子は整数の電荷をもつので，陽子についてはアップクォーク2個とダウンクォーク1個で，

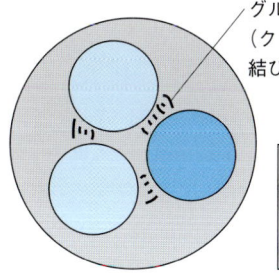

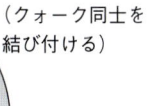

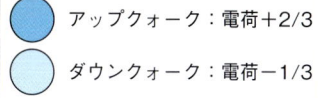

$$\frac{2}{3}+\frac{2}{3}-\frac{1}{3}=1 \tag{2}$$

となり，陽子の電荷である $+1$ を表現できる．同様に中性子はアップクォーク1個とダウンクォーク2個で，

$$\frac{2}{3}-\frac{1}{3}-\frac{1}{3}=0 \tag{3}$$

となるので，電荷は0となる（図5）．

　陽子や中性子などは**バリオン**（baryon：重粒子）と呼ばれるグループ名でまとめられているが，これらの素粒子はすべて3個のクォークでできている．さらに，それぞれのクォークにはさらに3つの「色」で表される別の量子（基本的性質）が存在するほか，反クォークとなる，クォークと同じ質量をもちながら性質がすべて反対の粒子も考えられている．結局，クォークには $6\times3\times2=36$ 通りの基本状態が存在することになる．

　レプトンについても，クォークとは異なるが多くの基本状態が想定されることは同様である．また，素粒子を考える場合には物質の存在がすべての素粒子の相互作用で表され，互いの物質間に働く力も，力を伝達する素粒子を規定して説明される．

5-2 力を伝える粒子

　力を伝える粒子は力の働く領域やその大きさで4種類に分類されている．これらは「Ⅱ-1．力の基本法則」で説明したように，「強い力(強い相互作用)」「弱い力(弱い相互作用)」「電磁力(電磁相互作用)」「重力(万有引力)」である．

　日常の生活では「電磁力」と「重力」だけを認識できる．この2つの力は，距離の2乗に反比例してその強さは弱くなるが無限の距離に到達することができる．日常的に観察できる物体同士の接触によって生じる力は電磁力によるもので，その力はフォトン(光子)によって媒介される．重力(引力)は質量をもつ物体の間に働き，その力を媒介する物質として，グラビトン(graviton：重力子)と呼ばれる粒子(まだ検出されていない)によって媒介されると考えられている．

　「強い力」は陽子や中性子を構成している基本物質であるクォーク同士を結び付ける力のことでグルオン粒子がこれに相当する．グルオンは陽子や中性子，原子核の中だけで働き，重力や電磁力に比べ非常に強いので原子は安定した状態を維持することができる．

　「弱い力」は，ウィークボゾンという粒子によって伝えられる原子核が自然に壊れるとき働く力である．放射性同位元素の原子核が，より安定な原子核へ自然に移行するのに伴って発生する．「弱い力」は素粒子レベルの非常に近い範囲にしか作用せず，その力は電磁力に比べて非常に弱い．このため，物質が自然に崩壊する確率は小さく保たれ，多くの物質が安定していられることになる．

6. おわりに

　ここでは物質の基本構造を考え，おもに原子の構造を検証した．自然界に数多く存在するさまざまな物質をできるだけ根源的な物質によって説明しようとする試みは，原子核に存在する陽子と中性子，その周りにある電子の組み合わせで明快に説明でき収束したと考えられていたが，最新の物理学ではさらに根源を追求していくうちに，逆に再び多くの根源物質の存在を考えなくてはならないことになってきた．

　究極の物質に対する興味は尽きないが，物理学としての基礎知識の範囲を大きく越えているので，もうしばらく専門家の研究の成果を待っていてもよいだろう．

第VIII章　物質の成り立ち

VIII-2. 放射線

原子には個別の名前が存在し，その総数は100種類程度である．しかし，同じ名称の原子でもその構造が異なるものがあり，これらを含めると数1000種類になる．原子は原子核と電子で成り立っているが，構造の安定性は原子によって異なる．原子が壊れると原子の構成要素がエネルギーを帯びて飛び出してくる．このような物質を放射性物質という．放射能とは原子の壊れやすさ（あるいは放射線の放出のしやすさ）をいう．原子がどのように壊れるか（崩壊するか）によって，飛び出してくる物質は異なる．したがって放射線の種類はさまざまある．たとえばアルファ線は原子核に存在する陽子と中性子がそれぞれ2個ずつまとまった物質（ヘリウムの原子核に相当する）が飛び出した状態であり，電子が飛び出したときは，これをベータ線という．また，原子が抱えた過剰なエネルギーが飛び出して安定になるとき，電磁波としてガンマ線が放射される．原子は陽子や中性子よりさらに微細構造（素粒子）をもつ．これらの素粒子はクォークやレプトンと呼ばれ，組み合わせ次第でさらにさまざまな放射線が作られる．また，放射線は地球上の原子から作られるだけでなく，地球外の環境にも存在し，宇宙線として地上に飛来する放射線もいろいろな種類のものが観測されている．放射線は種類によってエネルギーレベルやその物理的な性質が異なるので，その物理的な作用と生体に対する影響も個別の放射線ごとに理解することが必要である．

1. はじめに

「VIII-1. 原子と分子」で説明したように，原子は原子核と電子で構成され，原子核中に存在する陽子の数を原子番号という．原子の質量数は，ほぼ同じ質量をもつ陽子と中性子の合計の数のことをいう．原子のもつ電子の数は陽子の数に等しく，電気的に中性な状態となる．原子はそれぞれ異なった化学的な性質をもつが，原子番号順に並べるとその性質に周期的変化がみられ，性質の似たグループにはそれぞれ固有の名称が与えられている．自然界に存在する原子は原子番号92のウラン（U）までで，人工的に作り得るものを加えてもその総数は100種類を超える程度である．

同じ原子番号をもつ原子であっても，原子核に存在する中性子の数が違えば，質量数の異なる原子が存在することになる．このような原子を同位体（または同位元素）という．同位体を別のものとして区別して数え上げれば，原子の種類の総数は何1000種類にもなる．

原子は常に安定な状態でも無限の寿命をもつわけでもない．原子核内の陽子や中性子は互いに「強い力」といわれている核力で結び付いているが，原子がエネルギーの状態によって不安定になれば原子は壊れて，より低いエネルギーの状態に移行する．この現象を原子の崩壊という．

自然界では，安定な状態を長く保つことのできる原子の種類は，同位体も含めて270種類程度である．最も質量数の大きな安定した原子核をもつ原子は原子番号83

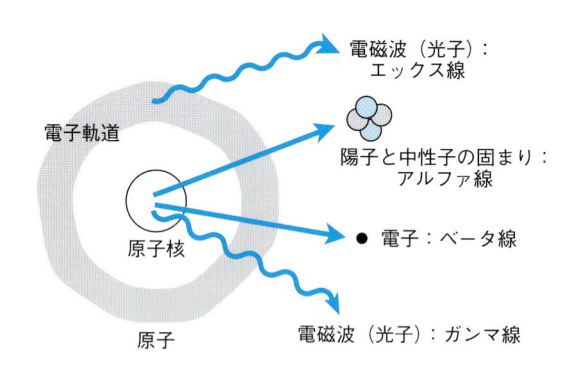

図1 原子の崩壊とさまざまな放射線
原子は崩壊すると，低いエネルギーで安定化される．崩壊のためのエネルギー以外の余ったエネルギーは原子から飛び出す物質の運動に使われる．

のビスマス（Bi）で，質量数は209である．これより原子番号や質量数が大きな原子は不安定で，自然な状態でも崩壊してしまう．

　原子が崩壊してより低いエネルギーレベルで安定化されるとき，余ったエネルギーは崩壊のためのエネルギーと原子から飛び出す物質の運動に使われる（図1）．

　このような放出物質はそれ自体では安定な物質にはなれない．別の原子にぶつかってこれと作用し，最終的にはより安定な物質へと姿を変える．原子が崩壊したときに放出される原子の構成要素は放射線と呼ばれる．また，原子が自然に壊れる場合，壊れやすさ，あるいは放射線の放出のしやすさのことを放射能という．

　原子がどのように壊れるか（崩壊するか）によって飛び出してくる物質が異なるので，放射線にはいろいろな種類がある．単に原子の構成要素である陽子や中性子，電子だけでなく，より微細な要素である素粒子（クォークやレプトン）の組み合わせ次第でさまざまな放射線が作られる．さらに放射線は地球上の原子からだけで作られるだけでない．太陽や他の天体における核反応の結果として放射線は大量に作られる．その一部は宇宙線として地上に飛来して観測される．

　放射線は種類によってエネルギーの大きさやその物理的な性質が異なるので，その物理的な作用と生体に対する影響も個別の放射線ごとに理解することが必要である．

2. 放射線とは何か

2-1 同位元素と原子の崩壊

　元素は原子番号で分類されるが，同一の原子番号であっても質量数の異なる元素が数多く存在する．たとえば，酸素原子は8個の陽子をもち，これに対応して8個の軌道電子をもつ．しかし，原子核の中性子の数が6個から11個までの原子が存在し，それぞれ^{14}O，^{15}O，^{16}O，^{17}O，^{18}O，^{19}Oと記述される．このうち，最も多く存在するのは^{16}Oであり，地球上に存在する酸素のほとんどが陽子と同数の中性子をもっている．同じ名称の原子は質量が異なるだけで，化学的には同じ性質を示す．等しい陽子数をもつ原子は同位元素（アイソトープ）と呼ばれる．多くの同位元素の中で，たとえば^{16}Oの存在比が最も大きいのは，この状態にある原子が最も安定しているためで，これを安定同位元素という．自然界に存在する原子のほとんどは安定同位

元素である．これに対して，原子が勝手に壊れて別の種類の原子に変わり，このときに原子核から放射線が放出されるような原子を放射性同位元素(radio isotope：RI)という．

一般に，原子番号の小さい元素は原子核内の陽子と中性子の数が等しいときに最も安定である．しかし，原子番号が大きい原子では原子核内の陽子数が増えるので，陽子同士の斥力を緩和する中性子が増えたほうが安定する．よって，陽子より多くの数の中性子をもつようになる．

原子核内の陽子や中性子の数(これを核子という)が大きくなりすぎると，原子核は自発的に壊れて(核崩壊)，より安定な別の原子になる．この崩壊は原子が最終的に安定な状態になるまで何度も繰り返されることがある．

原子の崩壊過程では陽子と中性子が組になって飛び出したり，陽子や中性子が一度クォークに分かれ再合成されてから陽子が中性子に変わったり，陽子が軌道上の電子を捕まえて中性子に変わったりすることも起こる．いずれにせよ，このような過程で，原子の崩壊前後のエネルギーの差をもつ素粒子(あるいはその複合体)が飛び出す．

放射線とは，原子核が崩壊するときに発生して原子から飛び出して空間を運動する素粒子やその複合体をいう．しかし，すべての放射線が原子核の崩壊に起因して発生するわけではない．原子核の外で起こる物理現象によって同様に素粒子や複合体が運動すれば，これも放射線と呼ぶ．その中にはエネルギーをもつ光子(フォトン：photon)も含まれる．光子の運動は電磁波であり，振動数(周波数，1/波長)に比例したエネルギーをもつ．もちろん可視光線も電磁波であり，放射線であることに違いはない．しかし，一般にはエネルギーの高い電磁波(振動数が大きい，すなわち波長が短い)を放射線と呼ぶことが多い．たとえばガンマ線は波長の非常に短い(10 pm以下)電磁波である．

2-2 放射能と半減期

原子核が不安定な状態にあって，その原子核が自然に崩壊して別の原子核に変化し，このとき放射線を放出する場合，この原子核の崩壊を放射性崩壊という．放射能とは原子がもつ放射線の放出のしやすさのことで，放射線の種類に関係なく原子のもつ放射能力を指している．放射能は放射を意味する"radio"と活動性を意味する"active"の合成語で，放射能(radio-activity)を放射性と言い換えるとわかりやすい．

したがって，放射能の大きさとは，放射能をもつ原子(核種)がどのくらいの頻度で崩壊するかを表現することになる．1秒に1回の崩壊が起こったとき，単位は[1/s](= [Hz])である．しかし，[Hz]は振動数や周波数でも用いられるので，放射能であることをはっきりさせるためにSI単位では固有の名称が与えられ，崩壊頻度が[1/s]のとき，放射能1ベクレル[Bq]と表す．

かつては，放射能研究で有名なキュリー夫人の名から命名されたキュリー[Ci]が放射能の単位に使われていた．1 Ciとは^{226}Ra(ラジウム226)1 gのもつ放射能を指し，

$$1\,\text{Ci} = 3.7 \times 10^{10}\,\text{Bq} \quad (1秒に370億回の崩壊が起こる) \tag{1}$$

に相当するが，[Ci]は単位となる数値にラジウムという固有の物質とその質量が内

在し，普遍的な単位として使いにくいことや，1 Ciが相当強い放射能をもつことから，SI単位では[Bq]に改められている．

　放射能は物質に固有の大きさをもつが，ある原子が崩壊して別の安定な原子に変わってしまえば，崩壊は停止する．崩壊の頻度は，元の原子に固有な崩壊の割合である崩壊定数とその原子の数の積となるので，

　　放射能＝崩壊定数×原子数　　　　　　　　　　　　　　　　　　　　　　　　(2)

となる．また，時間の変化に対して一定の割合で崩壊が起これば，放射能は指数関数的に減少する．たとえば，原子の数が1000個で100 Bqの放射能をもつ物質があったとき，1秒後には放射能をもつ原子の数は元の原子の数の1/10だけ少なくなって900に減り，このときの放射能は90 Bqになる．さらに1秒経つと，また1/10だけ放射性原子の数が減り，2秒後には810個になるので81 Bqになる．

　このようにして放射能が元の値の半分に減少するまでの時間を半減期という．半減期は，たとえば100 Bqだった放射能が50 Bqになるまでの時間のことになる．元の物質の放射能の強さをA_0として，時間がt経過した時点での放射能をA_tとする．一定時間内での崩壊の割合(崩壊定数)をλとすれば，

$$A_t = A_0 \cdot e^{-\lambda t} \tag{3}$$

となる．ここで，$A_t = \dfrac{A_0}{2}$となる時間$t_{1/2}$を求めると，式(3)を整理して，

$$t_{1/2} = \frac{\ln 2}{\lambda} \tag{4}$$

が得られる．$\ln$とはeを底にした対数で，自然対数を表している．

$$\ln 2 = 0.69 \tag{5}$$

なので，「半減期は0.69÷崩壊定数」で表される．放射能をもつ原子の数が同じであれば，半減期の短い原子をもつ物質ほど放射能が大きいことになる．逆に半減期が非常に長ければ放射能が小さいことになるが，放射能は放射性物質の総量に比例するので，物質の量が多ければ長い期間にわたって放射線を放出し続けることになり，一概に安全であるとはいえない．

3. 原子の崩壊と放射線

3-1　アルファ崩壊

　原子核が壊れ，ここから陽子と中性子が固まりで飛び出すとき，これをアルファ崩壊という．アルファ崩壊はウラン(U)やラジウム(Ra)など放射能の強い原子でよく観察される．これらの原子は原子核の中の陽子と中性子の数が多く，たとえばウランには3種類の放射性同位元素がある．ウランの崩壊過程では中性子2個と陽子2個が固まりで飛び出す．これをアルファ粒子(ヘリウムの原子核に相当する，図2a)と呼び，運動しているアルファ粒子をアルファ線という．初めにあった原子核(親核種の原子核)は，崩壊するとアルファ粒子の分だけ陽子数と質量数が減るので，崩壊後の原子は原子番号が2，質量数が4小さい原子に変わる．

　ウランの原子番号は92であるが，質量数の異なる^{234}U，^{235}U，^{238}Uの3種類が同位

Ⅷ-2. 放射線

a) アルファ線の放射

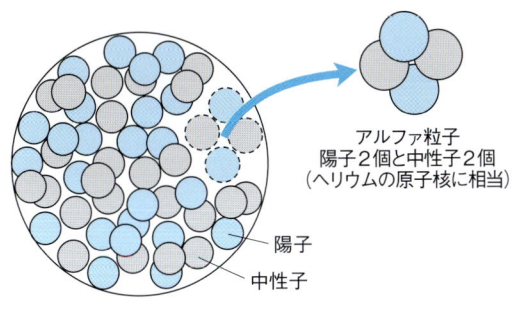

アルファ粒子
陽子2個と中性子2個
(ヘリウムの原子核に相当)

陽子
中性子

放射性元素の原子核

b) ウラン系列の逐次崩壊とアルファ線の放射による核種の変化

アルファ粒子（アルファ線）

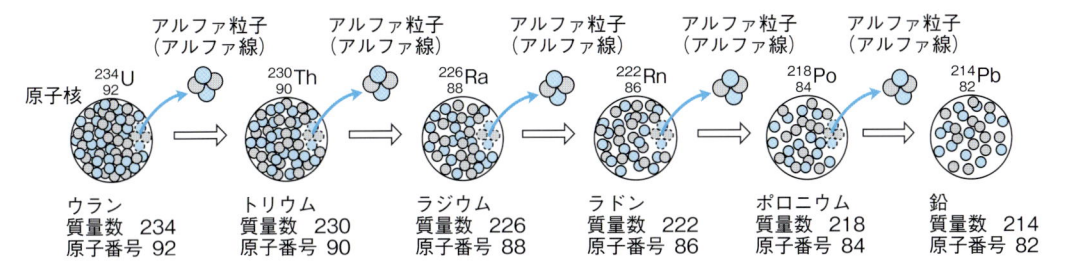

原子核 $^{234}_{92}$U → $^{230}_{90}$Th → $^{226}_{88}$Ra → $^{222}_{86}$Rn → $^{218}_{84}$Po → $^{214}_{82}$Pb

ウラン	トリウム	ラジウム	ラドン	ポロニウム	鉛
質量数 234	質量数 230	質量数 226	質量数 222	質量数 218	質量数 214
原子番号 92	原子番号 90	原子番号 88	原子番号 86	原子番号 84	原子番号 82

図2 原子核の崩壊とアルファ線の放射
原子核の崩壊によりアルファ粒子が核外に飛び出し(a)，陽子数と質量数が減る．ウラン(^{234}U)は1回の崩壊では安定同位元素とはならず，安定な鉛(^{214}Pb)になるまで，崩壊を繰り返す(b)．

元素として存在する．たとえば，^{234}Uが崩壊して原子核1つ当たり1個のアルファ線を放出しても，まだ安定同位元素とはならない．図2bに示すように，崩壊後の核種である原子番号90のトリウム(^{230}Th)はさらにアルファ崩壊し，原子番号88のラジウム(^{226}Ra)に変わり，これが原子番号86のラドン(^{222}Rn)，原子番号84のポロニウム(^{218}Po)，原子番号82の鉛(^{214}Pb)へと次々に姿を変える．実際にはアルファ崩壊と同時に次項で述べるベータ崩壊も起き，安定な鉛原子^{207}Pbで落ち着く．このようにアルファ崩壊やベータ崩壊を次々に繰り返すことを逐次崩壊といい，逐次崩壊を起こすものには，ウラン系列のほかにもアクチニウム系列やトリウム系列などがある．

3-2 ベータ崩壊

ベータ崩壊は原子核から電子が飛び出す核の壊れ方をいう．原子核は陽子と中性子で作られているので，なぜ原子核内に存在しない電子が飛び出すのか不思議に思うだろう．ベータ崩壊では壊れるのは中性子であって，これが陽子に姿を変えているのである．陽子と中性子はそれぞれクォークの異なった組み合わせによってできている．この2つの核子は電荷の有無だけでなく，安定性にも大きな違いがある．陽子は単独できわめて安定であるが，単独に存在している中性子は不安定で，容易に分解して陽子になる．この崩壊をベータ崩壊といい，ベータ崩壊では，中性子が

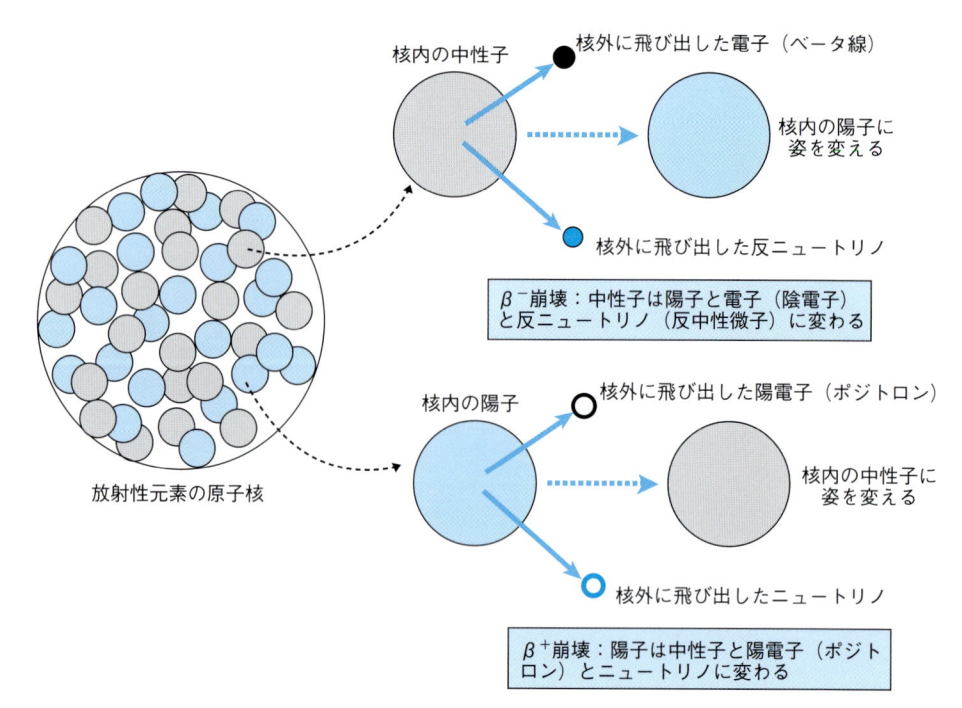

図3 核子の崩壊によるベータ線放射

（図中ラベル）
- 核内の中性子
- 核外に飛び出した電子（ベータ線）
- 核内の陽子に姿を変える
- 核外に飛び出した反ニュートリノ
- β⁻崩壊：中性子は陽子と電子（陰電子）と反ニュートリノ（反中性微子）に変わる
- 放射性元素の原子核
- 核内の陽子
- 核外に飛び出した陽電子（ポジトロン）
- 核内の中性子に姿を変える
- 核外に飛び出したニュートリノ
- β⁺崩壊：陽子は中性子と陽電子（ポジトロン）とニュートリノに変わる

陽子と電子（陰電子：ベータ線）と反ニュートリノ（反中性微子）に変わる．

このようなベータ崩壊を厳密には β⁻崩壊 と呼ぶ．−1の電荷をもつ電子を放出することからこのように書き表している（図3）．

自然に起こるベータ崩壊は β⁻崩壊であるが，これと対比して β⁺崩壊 と呼ばれる核の崩壊も存在する．β⁺崩壊では陽子が壊れて中性子ができる．陽子は中性子に比べ安定であるので，容易に起こる崩壊ではない．しかし，原子にエネルギーを作用させ原子核が余分なエネルギーを抱えている状態では，これを引き金に陽子が壊れることがある．この過程では陽子が中性子と陽電子とニュートリノに変わる（図3）．

ここで陽電子（ポジトロン）とは＋1の電荷をもつ電子のことをいう．自然界では，電子は−1の電荷をもつことになっているが，それは−1の電荷をもつ電子（普通の電子＝陰電子）が圧倒的に多く，陽電子は陰電子と出会うと，これと結び付いて消失してしまうからである．陽電子と陰電子はそれぞれ反物質であり，これらが衝突すると質量を失ってエネルギーとしての光子（電磁波）に変わる．

ニュートリノと反ニュートリノもそれぞれ反物質であるが，いずれも電荷がなく，質量はほとんど0でエネルギーをもつ素粒子である．これらは初めは原子の崩壊を説明するうえで理論的に提唱された素粒子であったが，現在では実在することが確認されている．

β⁻崩壊では崩壊前後で中性子が陽子に変わるので，原子番号が1つ増えて別の原子に変わる．このとき質量数は変化しないが，崩壊過程で電子（陰電子）が発生す

a) ガンマ線

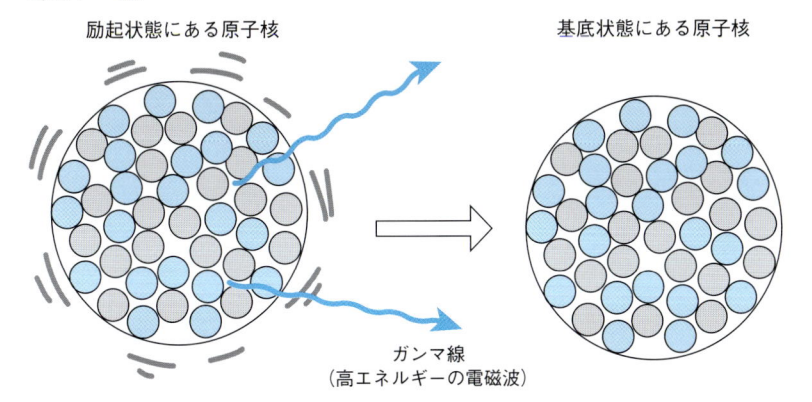

励起状態にある原子核 → 基底状態にある原子核

ガンマ線（高エネルギーの電磁波）

b) エックス線

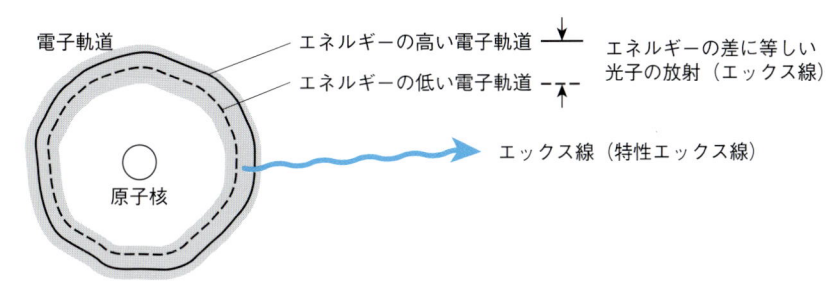

電子軌道／エネルギーの高い電子軌道／エネルギーの低い電子軌道／エネルギーの差に等しい光子の放射（エックス線）／原子核／エックス線（特性エックス線）

図4　ガンマ線とエックス線の放射の違い
a) 核内が励起されているとき，余分なエネルギーをガンマ波として放出し，基底状態へ移行する．
b) 電子は高いエネルギーをもつと，エネルギーを放出して元の軌道に遷移し，余ったエネルギーが特性エックス線として放出される．

る．一方，β^+崩壊では陽子が中性子に変わるので，質量数は変わらずに原子番号が1だけ減ることになる．これらの崩壊をまとめてベータ崩壊と呼ぶ．

3-3　ガンマ線の放射

アルファ崩壊やベータ崩壊では，崩壊直後の原子核のエネルギー状態は安定な状態に比べて高くなっている．また，核反応などによって生成された核も，多くの場合，エネルギーの高い状態にある．このような状態を励起状態という．原子核の内部が励起されているとき，核は余分なエネルギーを高エネルギーの電磁波（ガンマ線）として放出し，安定な状態（基底状態）へ移行する（図4）．この現象をガンマ崩壊という．

ガンマ崩壊では原子番号や質量数の変化はないので，原子自体が変わるわけではない．

3-4　エックス線とガンマ線

ガンマ線は高エネルギーの電磁波であるが，エックス線もガンマ線同様，高エネルギーの電磁波である．これらは互いに波長も類似していて，本質的な違いはない．

表1 代表的な電離放射線

電磁放射線	エックス線	特性エックス線：原子中の軌道電子のエネルギー状態の変化に伴って放出される
		阻止エックス線(制動放射線)：電子や陽電子などが原子核の近くで力を受けて放出される
	ガンマ線	原子核内の核子のエネルギーの変化に伴って放出される
電荷をもつ粒子線	ベータ線	原子核で中性子が陽子に変わるとき放出される電子
	陽電子線	原子核で陽子が中性子に変わるとき放出される陽電子
	陽子線	加速器で作られる高速の陽子
	アルファ線	原子核から放出される陽子2個と中性子2個の固まり(ヘリウム原子核)
	重陽子線	加速器で作られる高速の重陽子(中性子1個と陽子1個)
	重イオン線	原子や分子から軌道電子が外れたり，付け加えられたりして電荷をもったイオンに加速器で速い速度を与えることで放出される
電荷のない粒子線	中性子線	核分裂や核融合などの原子核反応で生じる中性子

しかし，ガンマ線が原子核に由来して放出される光子(電磁波)であるのに対し，エックス線は原子核外すなわち原子の周りにある電子にエネルギーが作用して生じる．電子がより高いエネルギーをもつ軌道に一時的に移動した後，電子はエネルギーを放出して元の軌道に遷移し，余ったエネルギーがエックス線と呼ばれる電磁波となって放出される．このようなエックス線を特性エックス線という．

これとは別に，電子などの荷電粒子に力が作用して運動状態を変えるとき，失った運動エネルギーに相当するエネルギーがエックス線として放出される．この過程で形成されたエックス線は阻止エックス線(あるいは制動放射線)と呼ばれている．

4. さまざまな放射線の物理的性質と作用

4-1 放射線の物理的な作用

アルファ線，ベータ線，ガンマ線はいずれも放射性同位元素の不安定な原子核が崩壊する過程で発生する．アルファ線はヘリウム原子核，ベータ線は電子(陰電子または陽電子)，ガンマ線は光子すなわち電磁波の一種である．これらの放射線はエネルギーが大きいので，物質に衝突するとその物質を構成する原子や分子を電離する能力をもっている．電離とは原子や分子の軌道にある電子をはじき出すことをいう．飛び出した電子は別の原子や分子の軌道電子に作用してさらなる電離を引き起こす．仮にエネルギーが足りずに軌道電子をはじき飛ばすことができなくても，この電子を励起させるので，物質の状態を変化させることになる．このような放射線を，電離作用に着目して電離放射線と総称する．

ガンマ線と同じ電磁波でも可視光線はエネルギーが小さいので，電離を誘発することがない．また，可視光線だけでなく，赤外線，マイクロ波や通信に使われる電波はほとんどの場合電離を起こさないので非電離放射線に該当することになる．

電離放射線はアルファ線，ベータ線，ガンマ線，エックス線だけでなく，表1に示したようなさまざまな放射線がこれに該当する．

エネルギーの高い放射線がこれに該当し，原子核の構成要素の放射である中性子

線，陽子線，陽電子線のほか，重いイオン（質量数の多い）の運動である重イオン線などがある．重イオン線は電子を失って＋の電荷をもつ（あるいは電子が付け加えられて－の電荷をもった）原子や分子を加速器などを使って速い速度で運動させて作ることができる．

　放射線と他の物質が衝突したときの相互作用は放射線の種類によって異なる．放射線は，物質を通過するといずれは物質の中に吸収されるが，放射線の性質は物質に対する破壊力と物質に対する透過能力による違いとして特徴付けられる．アルファ線は物質と相互作用する力が大きい．飛び出したアルファ線は物質に出合うと容易に物質の原子と相互作用する（ぶつかる）ので，結果として薄い膜のような物質でも簡単に吸収されてしまうことになる．透過能力の強い放射線はガンマ線と中性子線で，ベータ線，アルファ線の順に透過性が減少する．

4-2　放射線の単位

　放射線が飛んできたとき，その量を表す単位は2種類ある．

1）フルエンス

　放射線の粒子に着目して，ある点に置かれた物体の単位断面積当たりをどのくらいの数の放射線が通ったかで定義するのが，フルエンスである．単位は$[m^{-2}]$（＝$[個/m^2]$）となる．これを単位時間当たりの量に直すと，フルエンス率（particle fluence rate：単位は$[m^{-2}\cdot s^{-1}]$）が定義される．

2）照射線量

　ガンマ線やエックス線のような電磁波放射線は電磁波の照射量を照射線量として表すことができる．照射線量はこれらの放射線による電離作用を基準に定義された量であり，「1 kgの空気に放射線（電磁波）が作用して，電離が誘発されて1クーロン[C]の電荷が生じたとき，これを$1\,C\cdot kg^{-1}$の照射線量」とされている．

　照射線量は照射線源からの距離に関係する．たとえば，点状の照射線源を考えた場合，照射線源からの距離が遠くなれば距離の2乗に反比例して照射線量が低下する．また，照射線源との間に遮蔽物を置いて，その効果によって照射線量を低下させることもできる．単位時間当たりの照射線量を照射線量率（単位は$[C\cdot kg^{-1}\cdot s^{-1}]$）という．

　放射線の単位は，単に物理的な概念を基に決められたものだけでなく，次に示すように人体などの生物に対する影響を考慮したものも定められている．

5. 人体への放射線の影響

5-1　放射線の生体に対する作用

　エックス線が発見されてすぐに，放射線が毛髪の脱落や皮膚の発赤など生体に影響を与えることが明らかにされた．その後，アルファ線，ベータ線，ガンマ線などの発見に伴い，これらの放射線にも著しい生物作用があることがわかっており，現在，放射線の作用の中心は電離作用として論じられている．

　放射線が生体を構成する原子や分子と衝突すると，原子の軌道にある電子にエネルギーを与える．エネルギーが大きければ原子に最もゆるく結合する電子ははじき

飛ばされて自由電子となり，これとともに正イオンが生成され電離する．電離放射線はイオンおよび励起電子(1次生成物)を生成する．この1次生成物に与えられたエネルギーは熱エネルギーや活性化エネルギーとして働き，生体内ではこれらがおもな生物作用となる．

　放射線の生体作用は放射線を浴びた本人の身体だけでなく，遺伝的にも影響する．身体的影響には急性効果と晩発効果がある．細胞中の分子に電離や励起が起こると，細胞が死んだり，細胞分裂に障害が起こる．放射線量が小さければその作用は局所にとどまるが，大量の放射線を受けた場合には正常細胞による回復力が間に合わず，組織に障害が残る．細胞分裂の盛んな造血器官，生殖腺，腸管，皮膚は放射線に対する感受性(作用の強さ)が高い．一方，肝臓や脳など細胞分裂をほとんど起こさない部分は放射線の影響を受けにくい．がんの放射線治療はこれを根拠にした治療法である．なお，胎児は細胞分裂が盛んなので成人に比べ放射線の影響を受けやすい．

　放射線の被曝後に，すぐに症状が現れない生体作用を晩発効果という．がんの発症や白内障，不妊などがこれに当たる．放射線による遺伝物質の損傷による細胞再生産の機能不全が原因であり，体細胞が無秩序に分裂を繰り返せばがんの発症を引き起こす．また，生殖細胞の遺伝因子に損傷が起これば遺伝的影響が現れる．

　生体内に検査の目的などで放射線同位元素(RI)を注入した場合，核種のもつ放射能は物理的な半減期をもつ．これと同時に体内に投与された物質は生理的な機能によって体外に排出される．この排出量にも生物学的半減期が存在する．実際の放射線の作用を判定するには，両者の半減期を考慮した有効半減期を知る必要がある．

5-2　生体への効果における放射線量を表す単位

　放射線の生体に対する効果は，少数の例外を除けば電離作用が仲介する．このため，放射線のもつ電離量(照射線量)は物理的に意味をもつ．しかし，照射された生体では放射線のエネルギーをどれだけ吸収したか，さらにそのエネルギーがどれほどの生体効果を示すのかなどが重要な要素であり，実際の効果を知るうえで単位が必要となる．

1) 吸収線量

　生体内で吸収された放射線のエネルギーは吸収線量で表される．物質1 kg当たりに吸収されたエネルギーをジュール[J]で表し，吸収線量は固有の名称をもつ単位であるグレイ[Gy]を使って，

$$1 \text{ Gy} = 1 \text{ J} \cdot \text{kg}^{-1} \tag{6}$$

と定義される．単位時間当たりの吸収率は吸収線量率[$Gy \cdot s^{-1}$]で表される．1 Gyはかなり大きな量で，人体に4 Gy程度の放射線が一度に吸収されると死に至る．

2) 線量当量

　人間が放射線に被曝したときにどのような生物学的効果が現れるかは放射線の種類に依存する．生体に対する作用の大きさはエックス線を1としたとき，ガンマ線で約0.6，ベータ線で1，陽子線2，中性子線2〜10，アルファ線で10〜20である．

　これを考慮して放射線の効果は線量当量Hとして定義されている．吸収線量をDとして効果の大きさ(危険の程度)をQとすると，

$$H = D \cdot Q \tag{7}$$

で表される．1 Gyの吸収線量に危険度1をかけて表される線量当量は，1シーベルト[Sv]という単位をもつ．

6. おわりに

　放射線とは，原子の構成要素である原子核や電子の破片やエネルギーが放出されて空間を運動することをいう．物理現象としての放射線は原子核のどのような崩壊によって作られるかが大切である．また，放射線はさまざまな利用価値をもっている一方で，生体にとって有害な効果ももたらすので，その利用に当たっては生体への影響を認識しておくことが必要である．その意味でも放射線に与えられたさまざまな単位の意味を考えてほしい．

参考文献－さらに詳しく知りたい読者のために

◆ 第Ⅰ章　単位から考える物理学
1) 工業技術院計量研究所（訳監）: 国際文書第7版（1998），国際単位系（SI），グローバル化社会の共通ルール－日本語版－，（財）日本規格協会，1999
2) 和田純夫，大上雅史，根本和昭: 単位がわかると物理がわかる，ベレ出版，2002

◆ 第Ⅱ章　力の働き
1) P.G. Hewittほか（著），小出昭一郎（監），吉田義久（訳）: 物理科学のコンセプト1 力と運動，Conceptual Physical Science，共立出版，1997
   [原著] Hewitt PG, et al: Conceptual Physical Science, HarperCollins College Publishers, 1994
2) 有光　隆: 図解でわかる はじめての材料力学，技術評論社，1999
3) 池田研二，嶋津秀昭: 臨床工学ライブラリーシリーズ② 生体物性／医用機械工学，秀潤社，2000
4) 川口光年: 基礎の物理1 力学，朝倉書店，1981
5) 高等学校理科用の文部科学省検定済教科書の「物理Ⅰ」および「物理Ⅱ」
   （複数の出版社の教科書があるが，基礎次項の確認用に各1冊，手元に置くとよいだろう）

◆ 第Ⅲ章　流体の力学
1) P.G. Hewittほか（著），小出昭一郎（監），吉田義久（訳）: 物理科学のコンセプト1 力と運動，Conceptual Physical Science，共立出版，1997
   [原著] Hewitt PG, et al: Conceptual Physical Science, HarperCollins College Publishers, 1994
2) 小野　周: 物理学One Point 9，表面張力，共立出版，1980
3) 神部　勉（編）: ながれの事典，丸善，2004
4) 原　康夫: 理工系の基礎物理 力学，学術図書出版社，1998

◆ 第Ⅳ章　振動と波動
1) P.G. Hewittほか（著），小出昭一郎（監），黒星瑩一（訳）: 物理科学のコンセプト2 エネルギー，Conceptual Physical Science，共立出版，1997
   [原著] Hewitt PG, et al: Conceptual Physical Science, HarperCollins College Publishers, 1994
2) 池田研二，嶋津秀昭: 臨床工学ライブラリーシリーズ② 生体物性／医用機械工学，秀潤社，2000
3) 小暮陽三: ゼロから学ぶ振動と波動，講談社，2005
4) 長岡洋介（編著）: 基礎演習シリーズ 振動と波，裳華房，1992
5) 浜島清利: 名問の森 物理［力学・波動］－改訂版－，河合出版，2005

◆ 第Ⅴ章　音波
1) P.G. Hewittほか（著），小出昭一郎（監），黒星瑩一（訳）: 物理科学のコンセプト3 流体と音波，Conceptual Physical Science，共立出版，1997
   [原著] Hewitt PG, et al: Conceptual Physical Science, HarperCollins College Publishers, 1994
2) 古河太郎，本田良行（編）: 現代の生理学 第3版，金原出版，1994
3) 堀川宗之: 感覚器，臨床工学ライブラリーシリーズ③ エッセンシャル解剖・生理学，秀潤社，2001

◆ 第VI章　光

1) 工業技術院計量研究所(訳監): 国際文書第7版(1998), 国際単位系(SI), グローバル化社会の共通ルールー日本語版ー, (財)日本規格協会, 1999
2) 古河太郎, 本田良行(編): 現代の生理学 第3版, 金原出版, 1994
3) 小林浩一: 光の物理ー光はなぜ屈折, 反射, 散乱するのかー, 東京大学出版会, 2002
4) 福田　覚ほか: 初歩の物理学, 東洋書店, 1993

◆ 第VII章　熱

1) P.G. Hewittほか(著), 小出昭一郎(監), 黒星瑩一(訳): 物理科学のコンセプト2 エネルギー, Conceptual Physical Science, 共立出版, 1997
   [原著] Hewitt PG, et al: Conceptual Physical Science, HarperCollins College Publishers, 1994
2) 池田研二, 嶋津秀昭: 臨床工学ライブラリーシリーズ② 生体物性／医用機械工学, 秀潤社, 2000
3) 和田純夫, 大上雅史, 根本和昭: 単位がわかると物理がわかる, ベレ出版, 2002

◆ 第VIII章　物質の成り立ち

1) 飯田博美, 安齋育朗: 絵とき 放射線のやさしい知識, オーム社, 1984
2) 池内　了: 物理学と神, 集英社新書, 集英社, 2002
3) Ishii N, Aoki S, Hatsuda T: Nuclear force from lattice QCD, Phys Rev Lett 99(2): 022001, 2007
4) 江尻宏泰: ブルーバックス 絵で見る物質の究極ー極微の世界で踊る素粒子ー, 講談社, 2007
5) 野口正安: SCIENCE AND TECHNOLOGY, 放射線のはなし, 日刊工業新聞社, 1987

索 引

【欧文索引】

1時間 ································ 22
1次元の波 ···························· 117
1日 ···································· 22
1秒 ···································· 22
1分 ···································· 22
2次元の波（平面波）················ 117
2次光の放出 ························· 176
A（アンペア）························ 23
action and reaction（作用・反作用）の法則
　································ 34, 38
Archimedes（アルキメデス）の原理 ········ 84
Avogadro（アボガドロ）定数 ········ 17, 24, 208
β^+崩壊 ······························ 222
β^-崩壊 ······························ 222
Bernoulli（ベルヌーイ）の定理 ······ 14, 82, 96
Boyle-Charles（ボイル・シャルル）の法則
　································ 79
Bq（ベクレル）······················ 219
C（クーロン）························ 28
cd（カンデラ）······················ 24
entropy（エントロピー）······ 183, 192, 200, 202
fluid（流体）························ 76
Gy（グレイ）························ 226
Hagen-Poiseuille（ハーゲン・ポアズイユ）の式
　································ 100
Huygens（ホイヘンス）の原理·············· 127
J（ジュール）························ 28
K（ケルビン）························ 23
kg（キログラム）···················· 22
m（メートル）······················ 21
mol（モル）·························· 24
N（ニュートン）···················· 27
P波 ·································· 118
Pa（パスカル）···················· 27, 78
rad（ラジアン）···················· 30

Re_c（臨界レイノルズ数）············ 101
Reynolds（レイノルズ）数 ·········· 17, 101
RI（放射性同位元素）················ 219
S波 ·································· 118
SI組立単位 ·························· 20
SI単位系（国際単位系, Le Système
　　International d'Unités）········ 18, 20
sr（ステラジアン）·················· 30
surfactant（界面活性物質）·········· 90
Sv（シーベルト）···················· 227
V（ボルト）·························· 29

【和文索引】

ア

アイソトープ（同位元素）·········· 217, 218
アボガドロ（Avogadro）定数 ········ 17, 24, 208
アルキメデス（Archimedes）の原理 ········ 84
アルファ線·························· 220
アルファ崩壊························ 220
アルファ粒子························ 220
アンペア（A）························ 23
圧縮応力······························ 66
圧縮荷重······························ 67
圧縮波································ 130
圧力································ 77, 78
　──の単位························ 78
　──勾配·························· 99
　──損失·························· 98
　──波···························· 132

イ

イオン······························ 213
インピーダンス整合
　（音響インピーダンスのマッチング）······ 146
位相································ 143
位置（変位）···················· 27, 41
　──についての周期················ 122

索引

位置（の）エネルギー　108, 123
移動速度　151
一般相対性理論　35
引張応力　66
引張荷重　67
引力　44

ウ

ウィークボゾン　216
うなり　150, 157
宇宙線　218
動きにくさ　92
運動エネルギー　77, 108, 109, 114, 123, 179
運動の法則　38, 54
運動方程式　111, 132
運動量　42, 62, 106, 133
　　——の保存則　64

エ

エックス線　223
エネルギー　106, 141
　　——の変化分　108
　　——の保存則　198
　　——変化　29
　　——保存則　110, 192
エントロピー（entropy）　183, 192, 200, 202
　　——増大　203
液体　76
　　——の圧力－気体の圧力　87
円運動でみられる慣性力　62
遠心力　61
延性　72

オ

オクターブ　159
応力　66, 78
　　——－ひずみ線図　72
凹レンズ　176
音　140
　　——の高さ　141
　　——の震え　157
音圧　142
音階　159
音響インピーダンス　145, 157
　　——のマッチング（インピーダンス整合）　146
音響特性インピーダンス　145

音源　151
　　——で発する音の周波数　151
　　——の移動速度　151
音叉　142
音速　131, 151
音波　131
　　——の重なり合い　155
　　——の数　152
温受容器　182
温度　182, 183, 192
　　——の単位　184
　　——差　23

カ

カンデラ（cd）　24
ガンマ線　219, 223
蝸牛　143
可視光　167
　　——線　164
可聴最小限界　141
荷重　67
加速度　27, 41, 54
外延量　15
外耳　143
外力　62, 65
開管　158
回折　137
回転運動　40
界面活性物質（surfactant）　90
角加速度　30
角周波数　122
角振動数　122
角速度　30, 55, 60, 114, 122
核崩壊　219
核力　210
滑車　50
干渉　172
関数　17
慣性　38
　　——の法則　54
　　——力　61
完全弾塑性体　71
観測される音の周波数　151
観測者　151

桿体細胞··· 165
緩和·· 177

キ

キログラム（kg）································ 22
気化熱··· 194
気体··· 76
　　——の圧力−液体の圧力················· 88
　　——の状態方程式······················ 190, 197
基底状態··· 223
基底膜··· 144
基本周波数··· 158
輝度··· 169
軌道··· 211
吸収係数α ··· 177
吸収線量··· 226
吸水性··· 89
球面波··· 117
境界面··· 134
凝集力··· 92
共鳴·· 147, 157, 158
共有結合··· 207

ク

クーロン（C）····································· 28
クォーク··· 214
グルオン··· 214
グレイ（Gy）······································· 226
屈折··· 134, 135
　　——角··· 136
　　——率······································ 136, 175

ケ

ゲージ圧··· 78
ケルビン（K）····································· 23
系·· 63, 198
原器··· 21
原子··· 207, 217
　　——の崩壊···································· 217
　　——核······································ 210, 217
　　——番号································ 24, 208, 217
　　——量··· 208
減衰振動··· 114
元素··· 206
　　——の周期律································· 207

コ

コルチ器管··· 144
ころ··· 47
固体··· 76
固定端反射······································ 135, 157
古典的な物理学··································· 35
鼓膜··· 140
孤立波··· 118
光学機器··· 175
光子··· 174
　　——のエネルギー························· 179
光束··· 168
光速度······································ 29, 35
光電効果······································ 171, 179
光度··· 167
光路長の差··· 173
向心力··· 60
剛性··· 71
剛体································ 40, 48, 65
高調波··· 157
高分子··· 207
降伏点··· 72
合力······································ 38, 66
効率··· 202
国際単位系（SI単位系，Le Système
　International d'Unités）············ 18, 20

サ

作用··· 107
　　——・反作用（action and reaction）の法則
　　··· 34, 38
　　——線··· 40
　　——点··· 40
最大摩擦力··· 46

シ

シーベルト（Sv）································ 227
シャルルの法則······························ 80, 190
ジュール（J）······································ 28
紫外線··· 164
時間についての周期··························· 122
次元（ディメンション）····················· 31
仕事······································ 83, 107, 184, 192, 196
視細胞··· 165
耳小骨系··· 143

磁場	163
自由端反射	135, 158
自由表面	86
式の形	15
質量	27
——数	24
写像	17
車輪	47
重イオン線	225
重心	52
——の位置	52
——点	52
——動揺計	52
重力	36, 44, 45
——ポテンシャルエネルギー	109
——加速度	46, 55
周期性	117
周波数	120
純正律	159
照射線量	225
照度	168
衝突	63
蒸発	195
親水基	91
靭性	72
振動	113
——の極大点	148
——現象	117
——数	120
振幅	119
浸透圧	190
親油基	91
親和性	90

ス

スカラー	39
ステラジアン（sr）	30
ずり応力	92
ずり速度	92
錐体細胞	165
垂直応力	69
垂直抗力	47
水波	132

セ

セルシウス（摂氏）温度	184
静圧	82
静止摩擦力	46
正弦波	120
脆性	72
——破壊	72
生物学的半減期	226
赤外線	164
節	124
摂氏（セルシウス）温度	184
接触角	89
接頭語	21
絶対圧	78
絶対温度	200
剪断ひずみ	68
剪断応力	68
剪断荷重	67
剪断弾性係数（剪断弾性率）	68, 129
線膨張率	188
線量当量	226

ソ

素元波	135
素粒子	214
阻止エックス線	224
疎水性	90
疎密波	118, 140
塑性体	48, 70, 91
相	192
相対性理論	14
相変化	193
層流	95, 99
速度	27, 41, 119

タ

ダルトンの分圧の法則	189
大気圧	81
体積弾性率	69, 129
体積膨張率	188
縦ひずみ	68
縦弾性係数（縦弾性率）	68, 128
縦波	118, 130, 140
単位	13
——は量を表す	13

索引

──をもたない数値（無次元数）… 17, 121
　　──同士の乗除算………………… 14
　　──面積当たりの力……………… 78
　　──立体角………………………… 167
単振動……………………… 111, 114, 121, 130
　　──のエネルギー………………… 123
単振り子……………………………… 110
弾性…………………………………… 68
弾性エネルギー……………………… 114
弾性限度（弾性限界）……………… 73
弾性体…………………………… 48, 70
弾性変形……………………………… 70
弾性率…………………………… 68, 127

チ

力………………………………… 34, 44
　　──の作用………………… 34, 44
　　──の単位………………………… 54
中耳…………………………………… 143
中性子…………………………… 24, 210
　　──線…………………………… 224
超音波………………………………… 141
聴覚…………………………………… 140
　　──の音響特性………………… 142
張力…………………………………… 132
直線運動……………………………… 54

ツ

つり合い……………………………… 65
強い力………………………………… 36

テ

ディメンション（次元）…………… 31
てこ…………………………………… 50
抵抗力………………………………… 99
定在波………………………………… 118
定常波………………………………… 124
定常流………………………………… 95
定容比熱……………………………… 194
電荷…………………………………… 28
電気量………………………………… 28
電子……………………………… 24, 210, 217
　　──軌道………………………… 212
電磁気学………………………… 23, 163
電磁相互作用………………………… 36
電磁波（電波）…………… 116, 162, 164, 171
　　──の進行速度………………… 164
電磁力………………………………… 36
電場…………………………………… 163
電波（電磁波）…………… 116, 162, 164, 171
電離…………………………………… 224
　　──放射線……………………… 224

ト

ドプラ効果…………………………… 150
度……………………………………… 15
動圧…………………………………… 82
動粘性率……………………………… 102
動摩擦力……………………………… 46
同位元素（アイソトープ）…… 217, 218
同位体…………………………… 208, 217
等温変化……………………………… 200
等加速度……………………………… 55
　　──運動………………………… 55
等速円運動……………………… 55, 59
等速直線運動………………………… 54
等速度運動…………………………… 54
等方性………………………………… 129
透過率………………………………… 145
特殊相対性理論………………… 35, 195
特性エックス線……………………… 224
凸レンズ……………………………… 175

ナ

内耳…………………………………… 143
内積…………………………………… 196
内部エネルギー………………… 183, 196
内包量………………………………… 15
内力…………………………………… 66
流れ…………………………………… 94
　　──の相似性…………………… 103
波…………………………………… 116, 127
　　──と粒子の両立性…………… 211
　　──のエネルギー……………… 123
　　──の重なり…………………… 123
　　──の干渉……………………… 155
　　──の速度……………………… 119
　　──の独立性…………………… 124

ニ

ニュートン（N）…………………… 27
ニュートンの法則…………………… 35

索引

ニュートン力学 ······································ 36
ニュートン流体 ······························ 93, 99
入射角 ···································· 135, 177
入射波 ·· 134
人間工学 ·· 170

ネ

ねじりモーメント ································ 67
音色 ·· 142
熱 ·· 182
熱エネルギー ······················ 107, 183, 192
熱運動 ·· 183
熱機関 ·· 192
熱源 ·· 200
熱伝導率 ·· 186
熱膨張 ·· 187
　　――率 ·· 187
熱容量 ·· 186
熱力学 ···································· 23, 182
　　――温度 ···································· 184
　　――の第1法則 ··························· 198
　　――の第2法則 ··························· 199
粘性 ·· 85, 92
　　――体 ·· 92
　　――率 ·································· 85, 92
　　――流体 ···································· 100

ハ

ハーゲン・ポアズイユ（Hagen-Poiseuille）の式
　·· 100
バイメタル ·· 188
パスカル（Pa）···························· 27, 78
バリオン ·· 215
波源 ·· 127
波長 ·· 119
波動 ·· 116, 162
　　――性 ·· 171
破断点 ·· 73
媒質 ·· 116, 127
肺胞 ·· 91
腹 ·· 124
半音 ·· 159
半減期 ·· 220
半透膜 ·· 191
反作用 ·· 107

反射角 ···································· 136, 177
反射波 ·· 134
反射率 ·· 146
反力 ·· 38
晩発効果 ·· 226
万有引力の定数 ·································· 44

ヒ

ひずみ ·· 67
非圧縮性 ···································· 69, 96
非ニュートン流体 ································ 93
比熱（比熱容量） ······················ 185, 193
比例限度（比例限界） ·························· 73
光 ·· 116, 162
　　――の3原色 ························ 166, 169
　　――の屈折 ·································· 174
　　――の反射 ·································· 176
表面張力 ·································· 85, 86, 132

フ

フーリエ級数 ···································· 120
フーリエ展開 ···································· 142
ブラウン運動 ······································ 77
プラズマ ·· 193
プランク定数 ···································· 211
フルエンス ·· 225
　　――率 ·· 225
不確定性原理 ···································· 174
不協和音 ·· 157
振り子の等時性 ································ 113
浮力 ·· 83
物性値 ·· 65
物体の安定性 ······································ 53
物体の運動 ·· 34
物体の接触によって働く力 ··················· 36
物理学 ·· 12
物理現象 ·· 15
物理的な現象 ······································ 12
物理的な理解 ······································ 13
物理法則 ·· 25
沸騰 ·· 195
分子 ·· 207
　　――間に働く凝集力 ······················ 86
　　――軌道 ···································· 213
分離量 ·· 15

分力 …………………………………………… 66

ヘ

ベータ崩壊 ………………………………… 221
ベクトル ……………………………… 39, 44
ベクレル（Bq）…………………………… 219
ベルヌーイ（Bernoulli）の定理 …… 14, 82, 96
ベンチュリ管 ……………………………… 98
ベンチュリ計 ……………………………… 98
閉管 ………………………………………… 158
平均律 ……………………………………… 159
平行移動 …………………………………… 39
平面波（2次元の波）……………………… 117
変位（位置）………………………… 27, 41
変調 ………………………………………… 155

ホ

ポアソン比 ………………………………… 69
ホイヘンス（Huygens）の原理 ………… 127
ボイル・シャルル（Boyle-Charles）の法則
　……………………………………………… 79
ボイルの法則 ………………………… 80, 190
ボールベアリング ………………………… 47
ポジトロン（陽電子）…………………… 222
ポテンシャルエネルギー ………………… 109
ボルト（V）………………………………… 29
崩壊定数 …………………………………… 220
放射性同位元素（RI）…………………… 219
放射線 ………………………………… 164, 218
　――治療 ………………………………… 226
放射能 ……………………………………… 218
膨張波 ……………………………………… 130
包絡面 ……………………………………… 135

マ

マイクロ波 ………………………………… 164
曲げモーメント …………………………… 67
摩擦熱 ……………………………………… 203
摩擦力 ………………………………… 46, 92, 98

ミ

見かけの粘性率 …………………………… 93
水の3重点 ………………………………… 23
脈波伝搬速度 ……………………………… 116

ム

無次元 ……………………………………… 101
　――数（単位をもたない数値）…… 17, 121

メ

メートル（m）……………………………… 21

モ

モーメント …………………………… 48, 65
モル（mol）………………………………… 24
毛管現象 …………………………………… 88

ヤ

ヤング率 …………………………………… 68

ユ

融解熱 ……………………………………… 193
有効半減期 ………………………………… 226
有毛細胞 …………………………………… 148

ヨ

陽子 …………………………………… 24, 210
　――線 …………………………………… 225
陽電子（ポジトロン）…………………… 222
　――線 …………………………………… 225
横ひずみ …………………………………… 68
横弾性率 ……………………………… 68, 129
横波 ………………………………………… 118
弱い力 ………………………………… 37, 216

ラ

ラジアン（rad）…………………………… 30
落下 ………………………………………… 55
乱流 …………………………………… 95, 99

リ

理想気体 …………………………………… 80
　――の状態方程式 ……………………… 81
理想流体 …………………………………… 96
力学的エネルギー ………………………… 108
力積 ………………………………… 43, 62, 106, 133
率 …………………………………………… 15
粒子 ………………………………………… 162
　――性 …………………………………… 171
流条線 ……………………………………… 95
流跡線 ……………………………………… 95
流線 ………………………………………… 95
流体（fluid）……………………………… 76
　――のオームの法則 …………………… 99
　――の運動 ……………………………… 98
　――の粘性 ……………………………… 98
流動 ………………………………………… 76
臨界レイノルズ数（Rec）……………… 101

レ

レイノルズ（Reynolds）数 …………… 17, 101
レプトン………………………………… 214
励起……………………………………… 177
　　――状態………………………… 176, 223

冷

冷受容器………………………………… 182
連続の式………………………………… 96
連続量…………………………………… 15

ワ

和音……………………………………… 157

■著者紹介■

嶋津 秀昭（SHIMAZU, Hideaki）

【現職】
北陸大学医療保健学部医療技術学科 教授
【専門】
医用工学(特に生体計測)，循環生理学
【略歴】
1974年に早稲田大学理工学部機械工学科卒業．卒業と同時に卒業研究の指導を受けた東京医科歯科大学医用機材研究所計測機器部門にて専攻生として指導を受ける．
1975年より同研究所同部門文部技官としておもに血圧，血流などの無侵襲，無拘束計測法の研究に従事．
1980年より北海道大学応用電気研究所メディカルトランスデューサ部門にて血管力学特性の計測法について研究．
1982年に杏林大学医学部第2生理学教室へ赴任．循環生理学を中心に教育，研究を行う．
1993年より杏林大学保健学部生理学教室教授．生体計測，循環生理学を中心に教育，研究を行う．
2006年より杏林大学保健学部生理生体工学教室教授．臨床工学科新設により医用工学に関する教育，研究が中心となる．
2016年より杏林大学保健学部特任教授(2017年，同名誉教授)
2018年より現職．おもに臨床工学技士養成のための医用工学関連領域の教育と指導を行っている．

臨床工学ライブラリーシリーズ⑥
医療専門職のための 二度目の物理学入門

2008年 2月 4日 第1版第1刷発行
2020年 1月10日 第1版第3刷発行

著 者	嶋津秀昭（しまづ ひであき）
発行人	影山博之
編集人	小袋朋子
発行所	株式会社 学研メディカル秀潤社 〒141-8414 東京都品川区西五反田 2-11-8
発売元	株式会社 学研プラス 〒141-8415 東京都品川区西五反田 2-11-8
印刷・製本	株式会社 廣済堂

この本に関する各種お問い合わせ
【電話の場合】●編集内容については Tel 03-6431-1211（編集部直通）
　　　　　　 ●在庫については Tel 03-6431-1234（営業部）
　　　　　　 ●不良品（落丁，乱丁）については Tel 0570-000577
　　　　　　 　学研業務センター
　　　　　　 　〒354-0045　埼玉県入間郡三芳町上富 279-1
　　　　　　 ●上記以外のお問い合わせは Tel 03-6431-1002（学研お客様センター）
【文書の場合】〒141-8418　東京都品川区西五反田 2-11-8
　　　　　　 学研お客様センター『臨床工学ライブラリーシリーズ⑥医療専門職のための二度目の物理学入門』係

©H. Shimazu 2008 Printed in Japan.
●ショメイ：リンショウコウガクライブラリーシリーズ6イリョウセンモンショクノタメノ ニドメノブツリガ
　　　　　 クニュウモン

本書の無断転載，複製，頒布，公衆送信，翻訳，翻案等を禁じます．
本書に掲載する著作物の複製権・翻訳権・上映権・譲渡権・公衆送信権（送信可能化権を含む）は株式会社 学研メディカル秀潤社が管理します．
本書を代行業者等の第三者に依頼してスキャンやデジタル化することは，たとえ個人や家庭内の利用であっても，著作権法上，認められておりません．

学研メディカル秀潤社の書籍・雑誌についての新刊情報・詳細情報は，下記をご覧ください．
https://gakken-mesh.jp/

[JCOPY]〈出版者著作権管理機構委託出版物〉
本書の無断複写は著作権法上での例外を除き禁じられています．複写される場合は，そのつど事前に，出版者著作権管理機構（電話 03-5244-5088，FAX 03-5244-5089，e-mail:info@jcopy.or.jp）の許諾を得てください．

カバーデザイン	花本浩一
カバー写真	Getty Images
図版作成	有限会社 ブルーインク
DTP 製作	株式会社 明昌堂

本書に記載されている内容は，出版時の最新情報に基づくとともに，臨床例をもとに正確かつ普遍化すべく，著者，編者，監修者，編集委員ならびに出版社それぞれが最善の努力をしております．しかし，本書の記載内容によりトラブルや損害，不測の事故等が生じた場合，著者，編者，監修者，編集委員ならびに出版社は，その責を負いかねます．
また，本書に記載されている医薬品や機器等の使用にあたっては，常に最新の各々の添付文書や取り扱い説明書を参照のうえ，適応や使用方法等をご確認ください．　　　　　　　　　　　　　　　　　　　　　　　株式会社 学研メディカル秀潤社

臨床工学ジャーナル［クリニカル エンジニアリング］

Clinical Engineering

臨床工学技士業務を網羅した唯一の専門誌

各号定価：本体1,900円（税別）
毎月25日発売（年12冊）

臨床工学技士は，生命維持管理装置の操作・保守点検はもちろん，今後，さらに高度化する医療に対応できるように，医学と工学の知識を広く身につけることが求められています．
本誌は，臨床工学（Clinical Engineering）の広範な分野をわかりやすく解説し，日常の業務に役立つ知識・情報を提供します！

臨床工学技士を取り巻く現状がわかる！

臨床実習に向けて読んでおきたい！

臨床工学技士を目指す学生も，「今」からの購読がオススメ

好評連載

最新の「第2種ME技術実力検定試験」の全問解説
毎年1～4月号に掲載！

学研メディカル秀潤社

〒141-8414 東京都品川区西五反田2-11-8
TEL: 03-6431-1234（営業部） FAX: 03-6431-1790
URL: https://gakken-mesh.jp/
「Clinical Engineering」Facebook
https://www.facebook.com/clinical.engineering.gakken/